准噶尔盆地勘探理论与实践系列丛书

准噶尔盆地
深层油气成藏理论

支东明　王小军　宋　永　等著
唐　勇　李学义　陈中红

石油工业出版社

内 容 提 要

本书结合国内外深层油气勘探成果，主要介绍准噶尔盆地近年来在深层油气藏勘探实践中形成的创新性油气成藏理论，包括下二叠统风城组烃源岩层系内全油气系统理论、以上二叠统上乌尔禾组为主力层位的古地貌控圈控藏理论、以下三叠统百口泉组为主力层位的源上砾岩大面积成藏理论、以石炭系—二叠系—侏罗系为主力层位的深层天然气多源复合成藏理论。

本书不仅为读者提供了准噶尔盆地深层油气勘探所形成的重要成果和成功范例，而且对国内外其他盆地深层油气勘探具有借鉴意义。本书可供从事油气勘探的科研工作者、技术管理人员及高等院校师生科研和教学参考。

图书在版编目（CIP）数据

准噶尔盆地深层油气成藏理论 / 支东明等著 . — 北京：石油工业出版社，2023.12

（准噶尔盆地勘探理论与实践系列丛书）

ISBN 978-7-5183-6512-8

Ⅰ. ①准… Ⅱ. ①支… Ⅲ. ①准噶尔盆地 – 油气藏形成 – 理论研究 Ⅳ. ① P618.130.2

中国国家版本馆 CIP 数据核字（2023）第 231980 号

出版发行：石油工业出版社

（北京安定门外安华里 2 区 1 号　100011）

网　　址：www.petropub.com

编辑部：（010）64523841

图书营销中心：（010）64523633

经　　销：全国新华书店

印　　刷：北京中石油彩色印刷有限责任公司

2023 年 12 月第 1 版　2023 年 12 月第 1 次印刷

787×1092 毫米　开本：1/16　印张：15.75

字数：460 千字

定价：150.00 元

ISBN 978-7-5183-6512-8

《准噶尔盆地深层油气成藏理论》
编写人员

支东明　王小军　宋　永　唐　勇　李学义　陈中红

阿布力米提·依明　陈　磊　吴爱成　李　菁　何文军

王　俊　白　雨　朱政文　熊　婷　刘超威　李艳平

准噶尔盆地近些年以深层为油气勘探的主要目标，在深层致密碎屑岩、火山岩、页岩等非常规油气资源勘探领域取得丰硕的成果，尤其在准噶尔盆地西北缘玛湖凹陷，经过多年持续勘探，已先后在断裂带和凹陷—斜坡区发现了克乌及玛湖两大百里油区，发现了多种类型的油气资源，形成了玛湖凹陷及周缘常规与非常规油气有序共存的勘探局面，包括全球最大洪积砾岩油藏克拉玛依油田、全球最大源上砾岩油藏玛湖油田等，并形成了创新性的源上砾岩大面积成藏等深层油气成藏理论。值得祝贺的是，本书对准噶尔盆地深层油气勘探重要理论成果进行了系统分析和总结，归纳出以下四个不同方面的成藏理论。

1. 全油气系统理论

发现了玛湖凹陷下二叠统风城组砂砾岩—白云质砂岩—白云质泥岩、泥质白云岩、泥岩等不同岩性源储耦合的有序共生，以及常规油藏—致密油藏—页岩油藏全类型油气藏有序分布等特征，明确了风城组烃源岩层系内常规—非常规油气大面积连续聚集的特点，建立了源储一体、源储紧邻、源储分离 3 类成藏模式，为含油气系统理论向全油气系统理论发展的首个勘探实例，为全油气系统成藏理论的构想和发展提供了首个实证。

2. 古地貌控圈控藏理论

突破经典源边超削带找油理念，构建了坳陷区迎烃面古地貌背景下大型地层圈闭模式，发现了中央坳陷上二叠统 16000km² 盆地级重大领域；突破传统深凹区缺乏规模有效储层认识，创立了坳陷区凹槽控制下的陡坡、缓坡退积型河控型扇三角洲和辫状河三角洲两类深埋优质储层发育模式，勘探深度范围拓展至 7000m；突破常规地层油气藏成藏理论，创建了坳陷区古地貌与湖平面共同控制的大型地层圈闭形成模式，以源储耦合关系的差异性建立了准噶尔盆地西部源储分离型和东部源储紧邻型两类大型地层型成藏模式，指导了上二叠统超 10×10^8t 规模的特大型地层油藏群的发现。

3. 源上砾岩大面积成藏理论

明确了玛湖凹陷及其周缘地区二叠系上乌尔禾组、下乌尔禾组及下三叠统百口泉组大型浅水退覆式扇三角洲沉积模式：发育一套坳陷盆地背景下近物源的砂砾岩，这些粗粒沉积物在凹陷内持续湖侵、多级坡折的影响下，分布广、延伸远、叠置连片，具有大面积满凹分布的特点，突破了砾岩沿盆缘断裂带分布的传统观点，丰富了粗粒沉积学理论；首次发现油气沿高角度断裂从下伏烃源岩垂向跨层运移 2000~4000m，在退覆式扇三角洲顶底板与侧向主槽致密砾岩立体封堵下，在扇三角洲前缘亚相砾岩大面积成藏，实现满凹含油，有效指导了凹陷区油气勘探重大突破与储量快速落实，发展了岩性油气藏理论。

4. 多源多成因天然气复合成藏理论

明确了准噶尔盆地深层发育石炭系、二叠系、侏罗系多套气源岩，因此天然气成藏具有多源多阶多成因特点：（1）以克拉美丽气田为代表的石炭系煤型气主控成因的高成熟凝析气；（2）二叠系风城组和佳木河组成因的西北缘油型气和煤型气；（3）盆1井西凹陷东部的腹部地区的二叠系下乌尔禾组成因的煤型气；（4）侏罗系煤型气为主控成因的南缘地区混合型天然气藏；（5）几个富油凹陷包括玛湖和沙湾凹陷下二叠统原油裂解气。受主力烃源灶控制，盆地内形成三大天然气系统：中东部的石炭系天然气系统、中央坳陷带内（玛湖凹陷、沙湾凹陷及盆1井西凹陷周缘）下二叠统天然气系统、南缘下组合侏罗系深层天然气系统。

本书是新疆油田多年重大勘探实践成果和经验认识的总结，成藏理论十分丰富，理论特色非常明显，具有很高的勘探实践指导价值，对陆相石油地质学的发展也有很大推动作用。需要指出的是，玛湖深层大面积油气藏的成功勘探不仅是突破常规思维取得深层油气成功勘探的一个示范，同时也揭示了深层油气藏存在页岩油、致密砂砾岩和常规砂砾岩等多种类型油气藏共存的复杂性，需要新疆油田同事们进一步拓展思维，研发新技术，发展新理论，在未来深层油气勘探开发的事业上取得更大的进步。

中国科学院院士

目前全球主要含油气盆地多数已进入高勘探程度期，国际油气勘探总体趋势正向深层及一些非常规油气领域拓展。准噶尔盆地近些年正以深层为油气勘探的主要目标，并取得了令人瞩目的勘探实践和理论成果。

准噶尔盆地面积约为 $13×10^4km^2$，油气勘探始于 20 世纪初，进入大规模有计划的勘探是在新中国成立之后，在 20 世纪 50 年代发现了"共和国石油长子"——克拉玛依油田，在 2002 年将其建成为中国西部第一个千万吨级大油区，至今原油储产量始终保持稳步上升的良好势头。前期盆地勘探的主攻区域为正向构造单元 4500m 以浅的领域，层位上也主要聚焦在三叠系以上的中—上组合，油气综合探明率目前预测仅为 29% 左右，处于勘探早期；随着地质认识与勘探工作的不断向纵深发展，发现盆地内规模性成熟—高（过）成熟轻质油气及非常规油气资源主要富集于坳陷区中—下组合深层领域，且目前勘探程度很低，准噶尔盆地深层勘探前景广阔。

对于准噶尔盆地油气富集规律的研究，已形成诸如"源控论""扇控论""梁控论"及"断控论"等认识，均为单一含油气系统的"烃源岩—圈闭"的勘探实践，更多地强调油气排出后的成藏要素或者某一关键控藏要素，并未反映出盆地叠合背景下复合含油气系统油气聚集的特点。自 2012 年以来，准噶尔盆地风险油气勘探不断取得突破，在深层富烃凹陷源内及近源勘探领域持续取得发现，勘探不断由浅层走向深层，由正向构造走向凹陷区，由单一油藏向大面积常规油藏、常规油藏向非常规油藏发展，深层油气成藏理论的认识在不断深化和提高。鉴于此，本书通过总结归纳前人研究成果，结合准噶尔盆地勘探实践成果，阐述勘探实践中形成的深层油气成藏理论，以期不断丰富发展中国陆相石油地质理论，为盆地勘探获得更大的突破提供理论依据。

本书所涉及的全油气系统理论、源上砾岩大面积成藏理论、凹陷区大型地层圈闭油气藏理论及深层多源多成因复合天然气成藏是在深层风城组、上乌尔禾组、百口泉组及石炭系和侏罗系煤系地层的油气勘探实践中不断探索形成的。

本书内容涉及准噶尔盆地全区、多个层位的深层油气成藏理论，内容丰富，为使读者能更好地了解本书内容和本书章节结构，对内容进行了图解归纳（图 1 至图 4）。

第一章对国内外深层油气勘探进展和近些年取得的油气地质理论的认识进行了总结介绍。本书主要内容的主题可以归纳为大面积成藏，分别为烃源岩层内大面积成藏（风城组）、源边地层圈闭大面积成藏（上乌尔禾组）、源上砾岩大面积成藏（百口泉组）。对于源上砾岩大面积成藏，不仅适用于百口泉组，也适用于盆地西部一些地区的上乌尔禾组及下乌尔禾组，但篇幅有限，文中讨论的主要是百口泉组，上乌尔禾组和下乌尔禾组仅有少

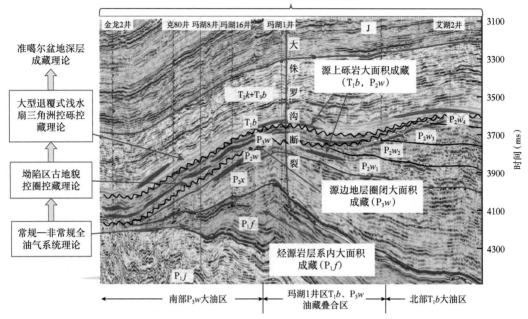

图1　本书所阐述的坳陷区深层大面积原油立体成藏理论框架

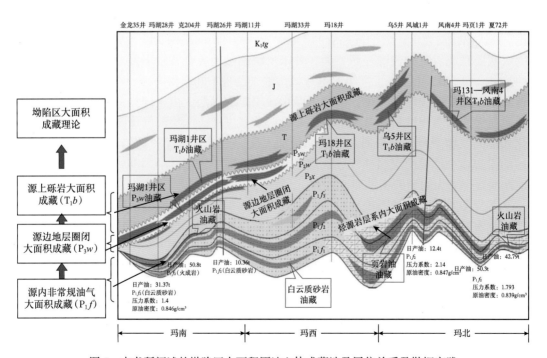

图2　本书所阐述的坳陷区大面积原油立体成藏涉及层位关系及勘探实践

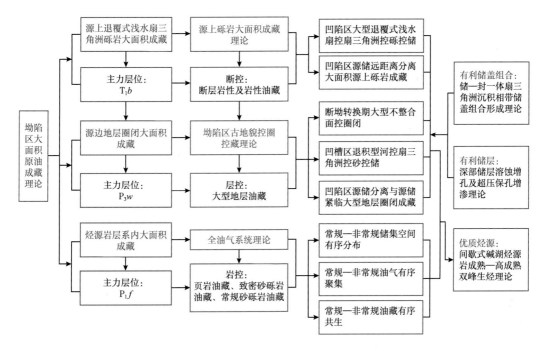

图 3   本书论述的坳陷区大面积原油成藏理论包含主要内容和逻辑关系图解

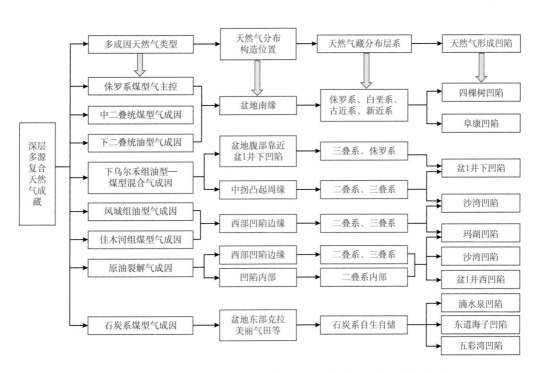

图 4   本书论述的天然气成藏包含的多源多成因复合天然气成藏内容图解

量涉及。天然气成藏比较独立，但目前最大气田是石炭系的克拉美丽气田，未来目标以南缘侏罗系勘探为主。无论是风城组烃源岩层系内大面积成藏，还是上乌尔禾组地层圈闭大面积成藏及百口泉组源上砾岩大面积成藏，都是依靠丰富的资源和良好的储集空间，因此第二章论述了准噶尔盆地深层地质背景及成藏条件（生—储—盖）。层位上来看，从风城组到上乌尔禾组和百口泉组，再到侏罗系，分别为第三章风城组全油气系统理论、第四章坳陷区古地貌控圈控藏理论、第五章源上砾岩大面积成藏理论和第六章天然气多源复合成藏。第三章、第四章、第五章重点对应生烃（烃源岩层系生烃成藏）、成圈（古地貌控圈）、成藏（源上砾岩原油成藏），再到第六章天然气成藏。从原油大面积成藏主控因素而言，可以理解为分别是岩控、层控和断控。

CONTENTS

目　录

第一章 深层油气勘探进展

近 20 年来，全球油气勘探不断取得重大突破。随着油气勘探认识和技术的不断进步，陆上深层、海域深水和非常规成为全球范围内三大重要油气勘探领域，尤其是深层—超深层领域已成为油气勘探开发的重要发展方向。近年来，中国的深层油气勘探也陆续取得了一系列重要发现，针对深部石油地质理论的研究取得了显著进展，深层—超深层逐渐成为中国油气勘探下一步重要的接替领域。因此，本章总结了全球深层油气勘探及中国深层碎屑岩和非常规储层（火山岩等）的油气勘探进展，之后阐述准噶尔盆地地质概况并分析深层油气形成条件、勘探潜力及盆地深层勘探的有利领域。

第一节 全球深层油气勘探进展

一、深层标准

关于深层的定义，国际上还没有统一的标准，不同国家、不同石油公司乃至不同学者对深层的界定都有一定差异。这一方面是由于不同含油气盆地的地质特征（如地温梯度等）不同，另一方面也与勘探目的层系有关。例如，美国和巴西将勘探深度超过 4500m 定义为深层，俄罗斯将勘探深度大于 4000m 定义为深层，道达尔公司将深度超过 5000m 定义为深层。在相关文献中，Appert（1998）、Glasmann（1992）、Girard 等（2002）、Bloch 等（2002）分别将 3500m、3700m、3800m、4000m 作为深层的深度界限，但更多学者，包括 Barker 和 Takach（1992）及 Dutton 等（2010）将 4500m 作为深层的界限。综合而言，目前国际上通常将埋深为 4000~6000m 视为深层，将 4500m 界定为深层界限，而将大于 6000m 定义为超深层（孙龙德等，2013）。

中国国土资源部（现自然资源部）在 2005 年发布的石油行业标准《石油天然气储量计算规范》（DZ/T 0217—2005）将埋深 3500~4500m 定义为深层，埋深超过 4500m 为超深层，并在 2009 年的《新一轮全国油气资源评价》中仍采用了这一划分标准。《页岩气资源储量计算与评价技术规范》（DZ/T 0254—2014）中将页岩气藏中的深层埋深定义为 3500~4500m，超深层则定义为 4500~6000m。中国常规钻井工程《石油天然气钻进工程术语》（GB/T 28911—2012）将钻探深度 4500~6000m 作为深层，超过 6000m 为超深层，将 9000m 作为特超深层的深度界限。

总之，中国油气勘探行业对深层的定义在东部和西部各异，东部地区以埋深 3500~4500m 为深层，超过 4500m 为超深层；西部地区以埋深 4500~6000m 为深层，超过 6000m 为超深层。

二、国外深层油气勘探现状

1.国外深层钻井及油气储层

随着石油需求的增长及技术的不断发展，自 20 世纪 50 年代末以来，越来越多的企业开始钻探更深的油气井，石油钻井的深度也在不断刷新纪录。2008年，卡塔尔的阿肖辛油井深度达到了12289m；2011年，俄罗斯在库页岛的奥多普图 OP-11（OdoptuOP-11）油井深度达到了12345m；2012年，埃克森美孚石油公司的 Z-44柴沃（Z-44 Chayvo）油井深度达到了12376m。目前，世界上最深的油井属于埃克森石油天然气公司（Exxon Neftegas Ltd），于2017年11月在库页岛萨哈林-1号项目实施、由鄂霍次克海查伊沃（Chaivo）油田奥兰（Orlan）平台所完成的"世界之最"钻井，井深达15000m。1956年，世界上第一个深层气藏在美国阿纳达科盆地卡特－诺克斯（Carter-Knox）气田被发现，该气藏埋深4663m，位于中奥陶统辛普森（Simpson）群碳酸盐岩内（Reedy，1968）。1977年，在深层钻井和完井技术改进的带动下，该盆地米尔斯牧场（Mills Ranch）气田在超过8000m发现了超深层气藏（Jemison，1979；Dyman等，2002），该气藏位于8097m深处的下古生界寒武系—奥陶系阿巴克尔（Arbuckle）群白云岩储层内。

在墨西哥和美国，深部工业油气田的发现率高达50%~71%，其中有25个是巨型油气田（庞雄奇，2010）。美国西内盆地阿纳达科凹陷米尔斯兰奇（Mills Ranch）油气田产层深度为7663~8103m，美国巴尔湖油田的油层深度达6060m，美国华盛顿油田埋深达6540m（翟光明，2012）。其中美国西内盆地阿纳达科凹陷米尔斯兰奇气田（Mills Ranch Field）是世界上已开发的最深碳酸盐岩气田，目的层下奥陶统白云岩埋深7663~8103m，孔隙度为5%~8%，平均渗透率为7mD，单井产气量为$6×10^4m^3/d$，可采储量为$365×10^8m^3$（冯佳睿等，2016）。墨西哥湾卡斯基达（Kaskida）油田和戴维琼斯（Davy Jones）气田的产层深度分别为7356m和7620m，其中Davy Jones气藏开采深度可达7620m，可采天然气储量达到（5660~17000）$×10^8m^3$。

其他地区，例如委内瑞拉、意大利、法国和阿联酋等国均发现了埋深大于5000m的工业性油气田，俄罗斯的滨里海盆地在7550m的深度（295℃）依然发现有液态烃聚集，科威特在6736m的深层发现了无硫天然气/凝析油藏，北极地区（如俄罗斯蒂曼—伯朝拉盆地）深层勘探也有一定的突破（张东东等，2021）。自1980年起，深层油气勘探由陆上逐渐向海域拓展。目前，深层油气勘探在墨西哥湾、巴西东部、西非等深水和超深水区已取得重大突破，使国外的深层油气勘探主要集中于海域，如墨西哥湾深水油气田，以产油为主，地层深度（含水深）接近10000m，其中水深为1309m。

2. 国外深层油气分布及相态特征

从深层油气分布的盆地看，深层—超深层油气藏在全球含油气盆地均有发现，美洲、亚洲和欧洲的含油气盆地集中发现规模性油气田（图1-1）。例如美洲墨西哥湾、东委内瑞拉盆地、马拉开波盆地和桑托斯盆地，亚洲除中国的塔里木盆地、准噶尔盆地、四川盆地、渤海湾盆地以外，还有南里海盆地、阿拉伯盆地和阿曼盆地、费尔干纳盆地，欧洲在北海地堑、德国北部盆地等发现超大规模深层—超深层碎屑岩油气藏。近10年深层油气发现比较突出的盆地为墨西哥湾盆地、塔里木盆地、桑托斯盆地、鲁伍马盆地、维拉克鲁斯盆地。其中东非鲁伍马盆地和桑托斯盆地深层油气新发现的平均可采储量分别为$2.5×10^8t$（油当量）和$0.85×10^8t$（油当量），为新发现的单体规模最大的两个盆地。

据统计，全球已有70多个国家在深层进行了油气勘探，在80多个盆地和油区深层发现2000多个油气藏、30多个深层大油气田（王兆明等，2022），共发现了560多个埋深大

于 4500m 的工业油气藏，其中近 10 年全球共发现深层油气藏（储层顶部埋深大于 4500m）
345 个，新增油气可采储量为 37.5×10^8t（油当量），深层储量占比为 11%（庞雄奇等，
2020；张东东等，2021；王兆明等，2022）。

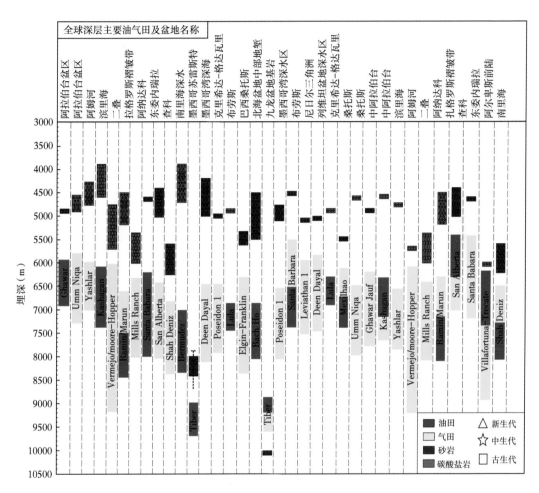

图 1-1　世界不同类型含油气盆地中已发现的埋深在 4000m 以深的深层油气藏的纵向分布

总体上深层油气藏的发现呈现逐年波动增长的趋势，其中 2020 年深层储量占比达到
27%，成为重要的增储接替领域（图 1-2）。在埋深大于 7000m 的超深层中发现的油气田超
过 35 个，显示全球深层油气资源储量十分可观（操应长等，2022）。从深度和层位看，发
现的深层油气主要分布在 4500~5500m 之间，其油、气储量分别占深层油、气总储量的
80% 和 84%；中生界—新生界（特别是白垩系、古近系和新近系）深层油气最集中，其中
白垩系深部油、气储量分别占深层油、气总储量的 48% 和 24%，古近系和新近系深层油、
气储量分别占深层油、气总储量的 21% 和 34%（张光亚等，2015）。

根据对近些年深层油气藏储量、产量分布的分析，显示深层油气藏主要发育在被动陆
缘、前陆冲断带、克拉通区中下组合和裂谷盆地深层等领域：被动陆缘深层油气主要富集
于深水油气区和超深水油气区，裂谷期和漂移期层序均可形成油气藏，以砂岩为主，亦有

碳酸盐岩，具有高温、高压特征；前陆盆地冲断带深层以构造圈闭为主，下盘发育背斜大油气田，常具有超压特征；克拉通盆地深层以生物礁碳酸盐岩储层、地层—构造油气藏为主，具有超压特征（张光亚等，2015）。

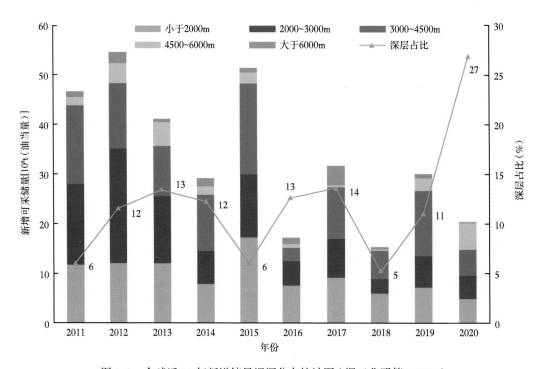

图1-2　全球近10年新增储量埋深分布统计图（据王兆明等，2022）

从深层碎屑岩角度而言，古生界到新生界不同时代的深层—超深层地层均发育有优质碎屑岩储层，在三叠系、侏罗系—白垩系、古近系—新近系更为广泛。例如英国和挪威等在北海盆地不同构造带的中生界三叠系、侏罗系和白垩系中发现一系列埋深超过4500m的优质碎屑岩储层；美国在墨西哥湾及邻近陆上的上侏罗统Norphlet组、海湾沿岸下白垩统Tuscaloosa组和古近系Wilcox组发现了一系列埋深超过6000m的大套碎屑岩储层；中亚地区费尔干纳盆地在新近系发现埋深超过5000m的高孔隙度、高渗透率砂岩油气储层；委内瑞拉马拉开波盆地在古近系发现埋藏深度超过4500m的优质砂岩储层。从地温梯度而言，地温梯度较低的冷盆和地温梯度较高的热盆的深层—超深层均有勘探突破，且目前冷盆中油气勘探突破深度更大。例如具有低地温梯度的塔里木盆地在近8000m深度仍发现规模性油气藏。

深层具有多种油气相态，与深部多种地质条件有关，包括地层温度、地层压力等。例如，新生代沉积坳陷区4000~7000m深处，存在异常高的地层压力，使大量的石油溶于天然气中，因而除油藏外，还形成大量的凝析气藏（表1-1）。阿尔卑斯褶皱区的山间盆地和边缘坳陷内带的新生界地层中，4500m以深的深层地层温度分布比较宽（90~180℃）。有的深层油气藏所在储层温度较高，但由于油气生成时间晚，热力发生作用的地质时间短，所以在深度6000~7000m处仍有油藏保存，例如苏联的南里海盆地、前高加索盆地，委内瑞拉的山间盆地、墨西哥湾内带等。

在古老地台区，如二叠盆地、西内部盆地等，埋深 4000~6000m 的深层油气藏，地层温度分布在 90~120℃ 之间，油气藏相态以气藏为主，也有凝析气藏，但缺少油藏，这是由于储层经历了长时间的高地温作用，致使液态烃热裂解为天然气。例如，以中生界沉积为主的中里海盆地等年轻地台区，储层埋深在 4000~4500m 之间，地层温度在 160~170℃ 之间，既有油藏分布又有气藏分布；在墨西哥湾盆地外带，新生代经历了强烈坳陷作用，油藏到气藏的更替深度约在 6000m，地层温度近 200℃，生油气母质为腐泥型有机质。但在亚述—库班盆地，由于生油气岩系中所含有机质以腐殖型为主，因而在 4500~7000m 范围内均以气藏、凝析气藏为主，缺少油藏。

表 1-1　全球部分深层盆地地温及油气相态分布

盆地环境	地层时代	深度（m）温度/相态	< 4000		4000~5000		5000~6000		6000~7000	
			地温（℃）	相态	地温（℃）	相态	地温（℃）	相态	地温（℃）	相态
地台	古老	二叠盆地、西内部盆地	90~110	气	110~120	凝析气/气	130~150	气/凝析气	170~180	气
		北里海盆地	80~90	油	90~110	凝析气/油	工业油流			
	年轻	中里海盆地	160~180	凝析气	180~200		> 200	凝析气		
		亚述—库班盆地	150~180	凝析气	180~200	气	> 200	气		
		墨西哥湾盆地外带	150~170	油	170~180	凝析气	180~200	凝析气	230	气
褶皱区	年轻	委内瑞拉加利福尼亚山间盆地	100~300	油	120~150	油	160~180	油		
		前高加索前喀尔巴阡坳陷	100~180	油	120~150	凝析气/油	160~180	凝析气		
		南里海、墨西哥湾内带	90~110	凝析气	110~140	油/凝析气	130~160	油/凝析气		油

三、国内深层油气勘探现状

1. 总体概况

近 10 年来，中国的深层—超深层碎屑岩油气勘探也取得了一系列重要进展。勘探实践显示，中国深层—超深层有效碎屑岩油气储层普遍发育，具有几个特征：（1）分布时代尺度大，从上古生代、中生代到新生代都有分布（图 1-3）；（2）深度分布范围大，从东部渤海湾的 3500m 延伸到西部塔里木盆地的 8000m；（3）深部储层形成的沉积相背景丰富，包括海陆过渡相三角洲、三角洲、浊积岩、扇三角洲、近岸水下扇、河流、湖底扇等（表 1-2）。中国深层碎屑岩储层具有东新西老特征，中西部盆地深层碎屑岩储层主要发育于古生界与中生界，东部断陷盆地深层碎屑岩储层主要发育于新生界古近系。

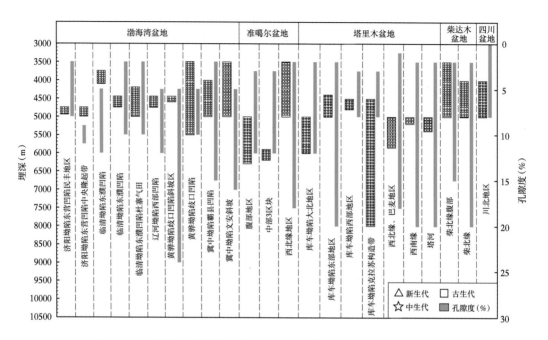

图 1-3　中国深层—超深层有效碎屑岩油气储层埋藏深度及孔隙度分布

表 1-2　国内含油气盆地深层—超深层碎屑岩油气储层实例

盆地	构造位置	层位	沉积相、岩性	深度范围（m）	孔隙度（%）	文献来源
渤海湾盆地	临清坳陷东濮凹陷	古近系	扇三角洲、辫状河	3750~4100	5~12	纪友亮等，1995
		古近系	三角洲、滩坝	4450~4750	2~10	纪友亮等，1995
	东濮凹陷杜寨气田	古近系	三角洲	4200~5000	2~10	张园园等，2016；吕雪莹等，2018
	辽河坳陷西部凹陷	古近系	辫状河三角洲、滩坝	4450~4700	5~12	池慧，2018
	黄骅坳陷歧口凹陷斜坡区	古近系	辫状河三角洲、扇三角洲、滩坝	4450~4600	5~24	蒲秀刚等，2013
	黄骅坳陷歧口凹陷	古近系	辫状河三角洲、扇三角洲、滩坝	3500~5500	5~10	肖敦清等，2018
	冀中坳陷霸县凹陷	古近系	扇三角洲、辫状河三角洲	4000~5000	2~15	蒽克来等，2014
	冀中坳陷文安斜坡	二叠系	河流、三角洲	3500~5000	5~16	梁宏斌等，2006；钱铮等，2016
准噶尔盆地	腹部地区	侏罗系—白垩系	辫状河三角洲、曲流河三角洲	5000~6300	3~12	董臣强等，2007
	中部3区块	侏罗系—白垩系	辫状河三角洲	5900~6200	3~12	徐国盛等，2007
	西北缘地区	二叠系	扇三角洲	3500~5000	2~18	Yuan 等，2017

续表

盆地	构造位置	层位	沉积相、岩性	深度范围（m）	孔隙度（%）	文献来源
塔里木盆地	库车坳陷大北地区	白垩系	扇三角洲、辫状河三角洲	5000~6000	2~12	刘春等，2009
	库车坳陷东部地区	下侏罗统	辫状河/辫状河三角洲	4400~5000	2~20	李国欣等，2018
	库车坳陷西部地区	下侏罗统	辫状河三角洲	4500~4800	3~8	寿建峰等，2001
	库车坳陷克拉苏构造带	白垩系巴什基奇克组	扇三角洲	4500~8000	1~18	高志勇等，2018；高文杰等，2018
	西南缘、巴麦地区	泥盆系东河塘组	滨海	5000~5850	2~20	张永东等，2019
	西南缘	石炭系卡拉沙依组	潮坪沉积、浅水辫状河三角洲	5000~5200	2~20	钟大康等，2013
	塔河	石炭系巴楚组	障壁沙坝、扇三角洲	5000~5400	2~20	范春花等，2007
柴达木盆地	柴北缘腹部	古近系	辫状河三角洲	3500~5000	2~15	郭佳佳等，2018
	柴北缘	古近系	辫状河三角洲	4000~5000	2~20	田继先等，2022
四川盆地	川北地区	三叠系	辫状河三角洲	4000~5000	0~8	周林等，2017

库车坳陷位于塔里木盆地和南天山造山带的交接部位，是塔里木油田寻找天然气、建设 3000×10⁴t 级大油气田的主战场。库车坳陷在克拉苏断裂的下盘克深区带 6000~8000m 深层发现了大北、克深等侏罗系—白垩系超深层陆相碎屑岩大气田，形成了克拉苏盐下深层大气田区（王招明等，2014）。克深 2 井、克深 5 井、大北 302 井分别获得日产 46×10⁴m³、14.6×10⁴m³、79×10⁴m³ 的高产工业气流，带动了克拉苏构造带深层白垩系整体突破，气藏深度由克拉 2 井的 4000m 到迪那的 5000m，再到克深地区超过 8000m 获得高产油气流，形成了克深—大北万亿立方米级储量区（梁顺军等，2014）。2019 年 10 月，位于库车坳陷大北—博孜南部的博孜 9 井完钻深度达 7880m，测试获日产天然气 41.8×10⁴m³、日产凝析油 115.2×10⁴m³。近几年，随着勘探程度的不断深入，塔里木油田在库车坳陷克拉苏构造带部署了一系列深层评价井，其中克深 7 井（钻深 8023m）、克深 902 井（钻深 8038m）均钻到 8000m 以深的白垩系碎屑岩，创造了中国陆上碎屑岩超深井的新纪录。

四川盆地川西新场地区 X851 井陆相须家河组深层致密砂岩在 2000 年测试获无阻流量日产 326×10⁴m³，显示四川盆地陆相深层致密碎屑岩亦具有油气勘探开发潜力，随后在川中须家河组、川东北陆相深层都有规模发现。柴达木盆地切克里克凹陷的切探 2 井在 4700m 深层自喷日产油 54.88m³、日产气 6899m³，切克里克凹陷深层首次获自喷高产工业油流，实现了新区勘探重大突破，同时将该油田碎屑岩孔隙型油藏有效勘探深度扩展到 5000m，实现了柴达木盆地深层碎屑岩勘探的一个重大突破。

东部的渤海湾盆地冀中坳陷、济阳坳陷、黄骅坳陷、东濮凹陷和渤中凹陷等在上古生界—新生界不同层位的深层—超深层碎屑岩储层中也取得了重要油气勘探突破。冀中坳陷从 1977 年开始进行深层油气藏的勘探，在 2000 年以前已钻探大于 4000m 的深井就有 200

多口，平均井深超过4700m，在4500m以深的深层中，有50多口井获得了工业性的油气流，探井成功率达到了40%。例如冀中坳陷的牛东1井，钻深为6027m，钻到古近系深层陆相碎屑岩。济阳坳陷的胜科1井，是近十年来胜利油田第一口科学探测井，也是目前我国东部最深的一口探井，设计井深达7000m。黄骅坳陷在深层找到了亿吨级的千米桥古潜山油气藏构造，在该构造上完钻的板深7井完钻井深5190m，钻遇7个油气层，厚200m以上，获日产油617m³和日产气27.5m³的高产工业油气流。据预测，该构造的含油面积约40km²，油当量在1.3×10⁸t左右。黄骅坳陷乌马营地区上古生界二叠系砂岩（4500~5000m）、济阳坳陷民丰地区新生界古近系砂岩（4500~5500m）中都取得了重要突破。东濮凹陷在前犁园次凹陷打了多口深度超过4500m的探井，并取得了较明显的效果。例如，濮深8井在4500m以深古近系沙河街组4488~4647m段获工业油流和少量的天然气，日产原油23.9m³。

近期，在渤海湾盆地渤中凹陷发现了渤中19-6大型凝析气田，天然气探明地质储量近千亿立方米，凝析油探明地质储量近亿吨，打开了渤海湾盆地深层油气勘探新局面。中国海油于2016年在东部海域渤中凹陷针对深层太古宇潜山钻探了一口深井——渤中19-6-1井，在孔店组砂砾岩发现气层242.8m、太古宇潜山揭示气层106m；2017年8月，继续部署评价井渤中19-6-2井，在太古宇潜山发现气层270m，中途测试获得日产气18.4×10⁴m³、日产油168m³，揭开了渤中19-6井潜山天然气勘探的序幕。随后的渤中19-6-2Sa井、渤中19-6-3井、渤中19-6-4井、渤中19-6-7井在砂砾岩和太古宇潜山中分别获得巨厚气层，这是中国首次在东部地区天然气勘探上获得重大突破。

2. 准噶尔盆地

准噶尔盆地深层油气勘探主要集中于陆相碎屑岩，勘探成果也比较显著。2006年准噶尔盆地第一口深层探井——莫深1井，完钻井深7500m，该井是中国石油在准噶尔盆地腹部实施的陆上最深科学探井，莫深1井揭示了深层具有良好的勘探潜力。该井在7000m以深的石炭系钻遇含裂缝玻屑凝灰岩储层，后效井口出气；在侏罗系及埋深近6000m的三叠系，钻遇相对优质储层，平均孔隙度为12.93%，平均渗透率为0.154mD，因此该井钻探证实准噶尔盆地中央坳陷的三叠系—侏罗系在深埋条件下依然存在相对优质储层。莫深1井7298.16m实测地层温度为180.72℃（关井温度），7362m处实测地层压力为130.239MPa，计算地层压力系数为1.8，显示出深部高温及异常高压特征。通过后效的石炭系天然气碳同位素组成分析，该井产出的甲烷碳同位素和乙烷碳同位素值分别为-35.35‰和-24.16‰，干燥系数达97%，成熟度高，母质类型偏腐殖型，具有石炭系气源特征，显示了盆地中央坳陷深部存在石炭系高成熟腐殖型气源岩。2022年4月，准噶尔盆地中国石化探区最深探井征10井在准中地区7600m的超深层见到油气流，进一步揭示了准噶尔盆地超深层发育良好的储层及有利成藏条件。

经过十余年的深层勘探，目前准噶尔盆地钻深超过4500m的探井超过150口，井深超过5000m的探井超过56口，井深超过6000m的探井超过9口，其中莫深1井、大丰1井钻深超过7000m。这些深井主要分布于盆地正向二级构造带，且以背斜圈闭为主要钻探目标，目前已有深层油藏发现，例如探明了夏72井工业油藏，有30余口探井在深层获得工业或低产油气流，整体显示深层勘探潜力较大（表1-3）。

表 1-3　准噶尔盆地深层领域部分探井钻探情况简表

区块	层系	层位	中深范围（m）	获油层数	代表井
陆东凸起周缘	C	C	4575~5368	6	滴探1井、石西4井、美8井等
玛湖凹陷周缘	C	C	4780~5852	3	玛东3井、夏盐2井、达探1井
	P	P_1j	4550~5300	8	中佳1井、中佳2井、中佳6井等
		P_1f	4580~5660	12	夏201井、夏202井、夏72井等
		P_2	4810~5340	7	盐探1井、达探1井等
		P_3w	4520.5	1	金探1井
腹部地区	T	$T_{2-3}xq$	4537.75	1	阜5井
	J	J_1b	4687~5132	5	莫21井等
		J_1s	4517~4611	7	盆参2井、盆4井、莫21井等
南缘地区	J	J_3q	6007	1	西湖1井、大丰井1
	K	K_1tg	5071~5518	3	西5井
	E	$E_{1-2}Z$	4698.5	1	西5井
		$E_{2-3}a$	4988.5	1	高泉1井

准噶尔盆地深层原油勘探取得重大突破，以玛湖凹陷为代表。玛湖凹陷是准噶尔盆地主力富烃凹陷，近些年原油勘探形成玛湖百里油区。例如，玛湖1井、玛18井等井百口泉组获得工业油流，使玛湖凹陷的三叠系百口泉组砾岩油藏已成连片分布；玛湖凹陷周缘的达探1井、盐探1井、夏72井、金探1井等均在深部二叠系钻遇到有利储层，证实了盆地深部二叠系存在裂缝—孔隙双重介质储层，由于二叠系储层更加接近烃源岩（风城组泥岩），可以推断深层存在大规模油气藏。另外，近两年在玛湖西斜坡成果不断扩大的同时，东斜坡和凹陷区二叠系、三叠系勘探也相继取得突破，东斜坡的玛192井、玛191井相继在百口泉组获工业油流，呈现了百口泉组油藏连片态势。石西凸起南部的石西4井则发现了新生古储的石炭系深层油藏，其油源来自南部盆1井西凹陷二叠系烃源岩。

在准噶尔盆地南缘，位于新疆维吾尔自治区乌苏市境内的风险探井高探1井于2019年在白垩系清水河组5768~5775m喜获高产油气流，日产原油1213m³、天然气32.17×10⁴m³，创整个盆地单井日产量最高纪录，使准噶尔盆地南缘下组合原油勘探获重大突破。2021年11月，东部阜康凹陷的风险探井康探1井在二叠系上乌尔禾组（5116~5121m、4994~5068m）获重大突破，均获高产工业油气流：上乌尔禾组二段日产油133.4m³，日产气6000m³；上乌尔禾组一段日产油158m³，日产气高达1.12×10⁴m³。康探1井的成功，标志着准噶尔盆地东部地区深层油气勘探取得历史性突破，实现准噶尔盆地东部油气勘探由源边凸起带向源内凹陷区战略转移，进一步坚定了盆地上二叠统坳陷湖盆区大型地层—岩性油气藏领域整体突破的信心，有望形成盆地规模增储、东西并进的新格局。

准噶尔盆地目前天然气勘探成果以煤型气为主，最大的气田为东部石炭系的克拉美丽气田（表1-4）。纯煤型气田（藏）发现数量虽然少，但单个气藏储量规模大，为已发现天然气储量的主体，煤型气是准噶尔盆地寻找大中型气田（藏）的主要目标。

表1-4　准噶尔盆地已发现天然气田（藏）概况表

气田（藏）名称	天然气类型	气藏类型	气源岩层系	探明储量（$10^8 m^3$）	探明年份
夏子街	油型气	伴生气	风城组	44.97	1983
三台	煤型气	伴生气	石炭系、侏罗系	27.35	1988
克拉玛依	混合气	伴生气	风城组	214.87	1991
独山子	煤型气	伴生气	侏罗系	4.88	1994
石西	煤型气	伴生气	下乌尔禾组	20.15	1995
车排子	混合气	伴生气	下乌尔禾组	6.12	1995
石南	煤型气	伴生气	下乌尔禾组	6.89	1997
五彩湾	煤型气	气层气	石炭系	8.33	1997
小拐	混合气	伴生气	佳木河组、下乌尔禾组、风城组	20.20	1998
莫北	煤型气	伴生气	下乌尔禾组	93.56	1999
呼图壁	煤型气	气层气	侏罗系	146.22	1999
莫索湾	煤型气	气层气	下乌尔禾组	119.20	2001
红山嘴	混合气	伴生气	佳木河组、下乌尔禾组	1.31	2001
彩南	煤型气	伴生气	石炭系	26.85	2002
陆梁	生物降解气	伴生气	下乌尔禾组	10.81	2006
克拉美丽	煤型气	气层气	石炭系	1115.63	2008
玛河	煤型气	气层气	侏罗系	167.66	2008
金龙	混合气	伴生气	佳木河组、下乌尔禾组、风城组	57.50	2014

　　莫深1井的钻探拉开了盆地深层天然气勘探的序幕，其后的几年间，盆参2井、莫21井及盆4井均在4500m以深的侏罗系八道湾组、三工河组获得工业油气流。克拉美丽气田的发现揭示了陆东凸起周缘石炭系火山岩发育岩性天然气藏的潜力。滴探1井、美8井等深井不仅在石炭系顶部不整合面附近发现工业气流，还在4800m以深的内幕火山岩储层中获得工业气流，证实了石炭系可以形成自生自储型天然气藏的勘探领域。

　　盆地南缘的呼探1井、西湖1井、大丰1井、高泉1井的钻探结果证实了南缘侏罗系、白垩系及古近系深层领域天然气资源丰富。例如，盆地南缘中段的风险探井呼探1井在7367~7382m井段试获高产工业油气流，日产天然气 $61 \times 10^4 m^3$，日产原油106.3 m^3，初步估算勘探有利面积近160km^2，气藏资源规模达千亿立方米级。呼探1井的突破展现了准噶尔盆地南缘中段天然气勘探的巨大潜力和盆地"油气并进"的规模增储新格局。

第二节 深层油气地质理论进展

一、深层液态窗分布范围较传统扩大

传统的干酪根晚期成油理论认为液态烃形成的温度范围为 60~120°C（即 R_o 为 0.6%~1.35%），当地层温度超过 120°C（$R_o > 1.35\%$）时，有机质和液态烃将发生分解形成以甲烷为主的气态烃（Kartsev 等，1971；Vassoevich 等，1974；White 等，1975；Bostick 等，1979；Hunt，1979）。Pusey（1973）在对世界上已发现的工业油气藏所处的温度和深度进行研究后，认为大部分石油均存在于 65.5~149°C 这一温度范围，高于此温度的石油将被天然气所取代，从而将这一温度范围定义为"液态窗"。当地层温度达到 150~200°C 时，液态烃受热而裂解变为轻质烃最终变成甲烷和石墨（Barker，1990；Braun 等，1992；Ungerer，1993；Hunt，1996）。石油地质学家 Hunt（1979）及 Tissot 和 Welte（1984）认为烃类开始形成于镜质组反射率 R_o 为 0.5%~0.6% 的条件下，在 $R_o=0.9\%$ 时，进入生成液态烃高峰期，此时大于 C_{15} 的重烃（C_{15+}）因受热而开始裂解；在 $R_o=1.35\%$ 时，所有的 C_{15+} 重烃都因受热而被破坏；到达 $R_o=2.0\%$ 时，所有的烃都裂解成了甲烷，而到 $R_o=4.0\%$ 时，甲烷也遭受到高温的破坏。因此，传统的石油地质理论认为，石油和天然气的形成与地层温度密切相关，油气勘探存在"油气窗"和"死亡线"（Tissot 等，1978；张厚福等，1999），还有学者提出地下温度 60~120°C 带为油气勘探黄金地带，该带储藏了世界上 90% 的石油和天然气，在此温度范围之外，特别是高于 120°C 的地带，找到石油和天然气的概率大幅降低。

但近年来，越来越多的勘探实践显示地下油气的稳定性和保存能力要超过上述温度界限。勘探显示，北海地区部分油层的温度处在 165~175°C 之间（Heum 等，1986；Horsfield 等 1992；Andresen 等，1993），美国 Willistion 盆地一些油层温度达到 182°C（Price，1980）。美国的列克—华盛顿湖油田（油层深度 6540m）、巴尔湖油田（油层深度 6060m）、墨西哥湾盆地的帕拉顿、列衣克油田及密西西比坳陷的油层温度均已超过 200°C。国外有些油田的产层温度甚至已经超过 230°C，例如，俄罗斯滨里海盆地布拉海地区 7000m 深的油藏并未发现明显的分解作用，在深度 7550m、温度 295°C 条件下仍有液态烃聚集；前苏联南里海（South Caspian）油田的油藏埋深可达 8000~9000m 等。美国瓦勒维尔杰盆地帕凯特油气田和特拉华盆地戈麦斯油气田在 4575~6100m 深度范围内仍然发现大量凝析油气，部分产层温度高达 232°C，波斯湾 Marun 油层温度也超过 230°C（庞雄奇等，2010）。另外，世界上一些超深钻岩心的地球化学研究资料也证实了深层液态烃具有良好的稳定性。例如，俄克拉何马州 1 号井岩心在 R_o 为 4.86%~6.0% 时，岩心中可溶有机质仍然稳定存在，较高的 S_2 含量说明干酪根仍然具有一定的残留生烃潜力。得克萨斯州 Jacobs-1 号井岩心 R_o 为 4.0%~5.0%，仍然能检测到可溶有机质，这也说明干酪根还具有一定的生烃潜力。Price（1993）对美国 4 个超深井岩心进行了检测，结果发现，在 R_o 为 7.0%~8.0% 时，C_{15+} 烃类还能达到检测浓度，并认为此 R_o 值可视为 C_{15+} 烃类的"死亡线"。

中国近些年的深层油气勘探也揭示出了深层油气具有良好的稳定性。例如在塔里木盆地满加尔坳陷地区近些年勘探的一些超深井（富源 1 井等），在超过 8000m 的深处仍有良好

的油气显示。塔里木盆地塔北地区塔深 1 井在埋深 8406.4m、储层温度 175~180℃、压力 138MPa 的情况下，发现了褐黄色的液态烃，而且该液态烃正构烷烃系列保留齐全（翟晓先等，2007）。因此越来越多的勘探实践证实深层油气的稳定性要超出传统认为的"死亡线"。有研究工作表明，原油在 200℃ 或 250℃ 甚至更高的温度下都是稳定的（Price，1993）。孙龙德等（2013）通过原油裂解实验和地质推演结果证实，受控于原油性质和该盆地特殊的热史条件，塔里木正常原油完全裂解的温度门限可延伸至近 230℃（图 1-4）。从塔里木盆地顺北、顺南地区深度 7000m 乃至 8000m 以深的奥陶系储层中仍然存在大量高成熟油来看，液态烃的保存下限温度无疑比传统认知的要大。

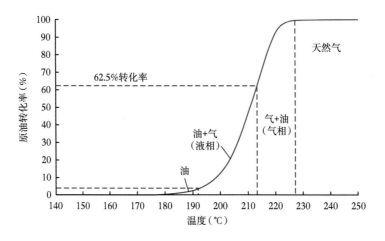

图 1-4　塔里木正常原油（哈德逊原油）升温条件下的裂解转化曲线

地下深层是高温高压的环境，因此深层油气的保存与异常高压的作用密切相关，深层高温高压生烃机理超越传统理论。经典油气生成理论认为，温度和时间是有机质成熟和烃类生成的重要控制因素，与这一理论相呼应的看法是，压力对有机质成熟和油气生成无明显影响，或认为压力的作用可以忽略，以及对有机质的变质作用不会产生明显影响。目前多数研究结果显示，超压抑制原油裂解（Domine，1991；Domine 和 Enguehard，1992；Jackson 等，1995；Hill 等，1996）。赵文智等（2007）研究认为，压力对原油裂解作用的影响较为复杂，在慢速升温条件下，压力对油裂解生气有抑制作用；而在快速升温条件下，压力对油裂解生气作用影响不显著；压力的大小在原油裂解的不同演化阶段作用效果也不同。总之，越来越多的深层地质—地球化学证据显示，在温度和压力的双重作用下，异常高压会抑制有机质热演化过程，进而抑制烃类的生成和分解，使生烃作用迟滞，导致深部晚期仍然可以规模生成液态烃，从而延长液态窗的分布范围。

二、深层存在有机质接力成气（液态烃裂解气）

有机质接力成气模式的对象主要是针对在高成熟—过成熟阶段烃源岩中的滞留烃。由于深层烃源岩现今多处于高成熟—过成熟阶段，因此深层天然气成因既包括了干酪根直接裂解生气，也包括了早期形成的聚集型古油藏、源内滞留液态烃和源外分散液态烃在高温演化阶段裂解生气，同时可能还存在无机成因气（赵文智等，2006，2007；王兆云等，2009）。因此，从有机成因而言有两种：一是由深层液态烃裂解作用生成的天然气；二是由分散干酪根在深部裂解生成天然气。勘探实践和模拟实验均表明：在高温高压条件下，液态烃会裂解成气态烃。早期形成的油藏中液态烃在高温高压条件下发生裂解，成为深层天然气的一个重要来源。

赵文智等（2005）提出了有机质"接力成气"机理及模式（图1-5），有机质"接力成气"机理是指成气过程中生气母质的转换和生气时机与贡献的接替，有两层含义：一是干酪根热降解成气在先，液态烃和煤岩中可溶有机质热裂解成气在后，二者在成气时机和先后贡献方面构成接力过程；二是干酪根热降解形成的液态烃只有一部分可排出烃源岩，形成油藏，相当多的部分则呈分散状仍滞留在烃源岩内，在高成熟—过成熟阶段会发生热裂解，使烃源岩仍具有良好的生气潜力。这一理论的提出，回答了我国热演化高成熟—过成熟地区勘探潜力问题与天然气晚期成藏的机理问题，对拓展勘探领域有重要意义。研究显示，含Ⅰ型、Ⅱ型有机质的烃源岩在高成熟—过成熟阶段，干酪根降解气和液态烃裂解气的贡献比大致为1:3，干酪根降解形成的液态烃只有一部分可排出烃源岩，绝大部分则呈分散状滞留在烃源岩内，在高成熟—过成熟阶段（$R_o > 1.6\%$）发生裂解，使烃源岩仍然具有良好的生气和成藏潜力（赵文智等，2005，2006，2011）；Ⅰ型、Ⅱ型干酪根以生油为主，Ⅰ型、Ⅱ型干酪根的主生气期在R_o值为1.1%~2.6%，但在高成熟—过成熟阶段，沉积有机质会由倾油性向倾气性转变，生气母质在不同热演化阶段也发生转换，并且煤系地层在不同演化阶段的生气物质也有变化，其中存在着有机质"接力成气"的过程（赵文智等，2005）。

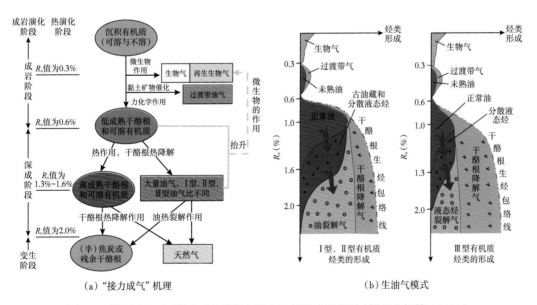

（a）"接力成气"机理 　　　　　（b）生油气模式

图1-5　深层有机质"接力成气"机理及生油气模式示意图（据赵文智等，2005）

三、深部存在多种有效储层发育机理

勘探实践显示，深部有效储层突破传统"死亡线"，存在多种有效储层发育机理。传统理论认为，随着地层埋藏深度的增加，在压实、成岩等作用等影响下，有效储层埋深一般不会超过4500m（赵厚福等，1999）。但近些年的深层油气勘探揭示，在储层埋深大于4500m时，储层的有效孔隙度仍可达5%~10%，甚至更高（马永生等，2011；孙龙德等，

2013；操应长等，2013；张荣虎等，2014）。

深层优质储层可分为原生成因和次生成因的优质储层。深部岩石的原生孔隙随埋深增大而大幅减少，但由于次生作用的缘故，仍存在形式各样的储集体：孔隙型、裂缝型、溶洞—裂缝型、孔隙—裂缝型，深层储集岩包括各种成分的沉积岩、基底结晶岩或火成岩，但主要是碎屑岩和碳酸盐岩。

深层碎屑岩油气藏已成为油气储量新的重要增长点，相对高孔隙度、高渗透率的优质储层是深部致密储层背景下油气勘探中的"甜点"，相关深部储层保孔机制问题是油气地质学中的重要科学问题，对深层勘探尤为重要。对中国典型盆地深层碎屑岩储层分析表明，塔里木盆地库车坳陷、准噶尔盆地腹部和渤海湾盆地济阳坳陷分别在 5500m、5000m 和 4500m 以深，有大量的有效储层和液态油藏分布（图 1-6）。

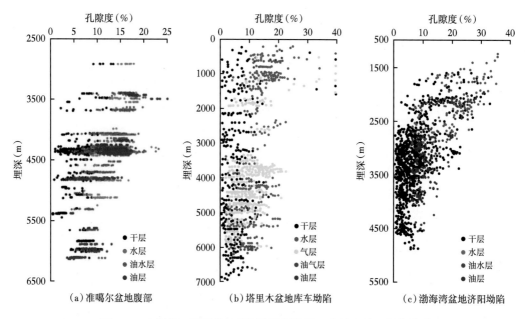

图 1-6　中国东、西部盆地碎屑岩储层物性—含油气性—深度关系

针对深层碎屑岩有效储层，相关研究认为：（1）早期的沉积岩相是形成深层有效储层的先决条件，其控制着储层颗粒结构成熟度、组分成熟度及杂基含量，对深层的成岩演化具有明显的影响（Fawad 等，2010；Marcussen 等，2010）；（2）深层储层的孔隙度、渗透率的大小和有效性受控于成岩作用，深埋作用会导致储层压实和胶结成岩，物性变差；地下流体的溶蚀作用可以产生大量的次生孔隙，物性变好（贾承造等，2015）；（3）在构造作用下，一方面受到应力作用后储层孔隙度和渗透率变差，另一方面产生断裂和裂隙，使孔隙度和渗透率变好（钟大康等，2008；赵文智等，2005）；（4）储层富集油气能力被认为还与其内、外界面势差有关，储层内外势差越大，储层油气富集程度越高（庞雄奇等，2014）；（5）实际地质条件下，有效砂岩储层判别的临界孔隙度标准随埋深增大逐渐变小，反映了深层与浅层油气富集成藏动力学机制的差异性（贾承造等，2015）。对于不同盆地或地区的深层碎屑岩储层，其储集空间的形成和保存机理不同。目前的研究成果表明，在具有相对优质沉

积作用的基础上，次生溶解成孔作用、构造成缝作用及早期（浅层）胶结作用（颗粒包壳和砂层包壳）、中—浅层流体超压和早期烃类充注的保孔作用、早期浅埋藏—晚期快速深埋作用等是深层碎屑岩储层储集空间发育的主要成因机制（Bloch 等，2002；贾承造，2015；远光辉等，2015；操应长等，2022）。

埋藏压实作用是碎屑岩孔隙度降低的一个主要因素。深层优质碎屑岩储层分为早期浅埋晚期快埋型、长期慢埋型和短期快埋型三种，其中早期浅埋—晚期快埋型储层物性好，利于原生粒间孔保存，优质储层厚度大，分布广，成岩演化程度低，油气储量丰度大（孙龙德等，2013）。例如，我国中西部前陆盆地塔里木盆地库车地区和准噶尔盆地南缘地区都经历了特有的早期长期浅埋、晚期快速深埋的埋藏过程，这对砂岩储层的孔隙度存在显著的保存作用（高志勇等，2010；于志超等，2016；张惠良等，2014）。

深部有效碎屑岩储层的保存还与超压的发育有关。盆地的快速沉降、沉积物的快速充填、早期地层欠压实及后期构造挤压应力改造等因素，都可以造成深层超压的发育。深部地层中的超压一方面可以有效减弱机械压实程度，使储层保持较多原生孔隙，另一方面还可以减弱深部流体流通性引起的化学胶结作用（贾承造，2015）。例如，北海中央地堑Shearwater油气田上侏罗统Fulma组砂岩储层由于受古近系—新近系快速沉降作用影响，超压带与高孔隙度储层具有良好的对应性，在埋深4724~5394m的超压带（压力系数为1.93）砂岩孔隙度还能达到20%~30%（张光亚等，2015）。板桥凹陷和歧北凹陷沙河街组位于高压封盖层之下的砂岩储层孔隙度比具正常压实趋势的砂岩高出5%~8%。东濮凹陷深层异常高压的砂岩比常压砂岩的平均孔隙度高2%~4%，渗透率高一个数量级（远光辉等，2015）。

次生孔隙的形成对深层优质碎屑岩储层的形成很关键。这些深层的碎屑岩次生孔隙可能是在中—浅层形成并在后续埋藏过程中有效保存到深层—超深层，也可能是在深层—超深层阶段直接通过溶解作用形成（陈丽华等，1999；朱筱敏等，2006；蔡进功等，2002）。关于深层碎屑岩中矿物的溶解作用，不同学者提出了多种机制，例如有机酸溶解机理（Meshri 等，1985；陈传平等，1995；蔡春芳等，1997；Surdam 等，1987）、大气淡水淋滤机制（黄思静等，2003；Emery 等，1990）、有机质热脱羧作用生成 CO_2 溶解机理（Schmidt 等，1979）、黏土—碳酸盐矿物反应溶解机制（Hutcheon 等，1990）、烃类微生物降解作用溶解机制（BSR）和烃类热化学硫酸盐还原作用溶解机制（TSR）（Cai 等，1996，2003；Machel，1995，2001）、深部热液溶蚀机理（Taylor 等，1996）和碱性溶解作用（邱隆伟等，2001；Pye 等，1985）等。

裂缝是深部有效碎屑岩储层形成的一个重要途径。无论是碳酸盐岩、碎屑岩，还是火成岩，深部储层的普遍特点是裂缝发育，特别是在断裂带附近，裂缝分布密集成网络状。大量生产实践和研究成果表明，深层碎屑岩储层中发育的裂缝对储层孔隙度贡献极小，但其对储层渗透性的改善作用十分明显（孙龙德等，2013）。例如，对于库车地区的砂岩来说，7000m以深埋深的储层孔隙度一般小于5%~8%，而渗透率为1~100mD，如此致密的砂岩能够成为有效储层且获得高产气流，与裂缝对储层的改善作用密切相关（朱光有等，2009）。大北202井目的层裂缝发育，砂岩储层未经改造，日产气 $110 \times 10^4 m^3$；该结果被认为与裂缝对储层渗透性的有效改善有关，如果没有裂缝的影响，许多深部地层将难以成为有效储层（孙龙德等，2013）。

四、深部油气藏存在多种形成模式

从油气成藏过程角度而言，深部油气藏的成藏类型可以划分为三类（朱光有等，2009）：早期成藏后期深埋型、深埋后晚期成藏型和多期充注成藏型。

（1）早期成藏后期深埋型：这类油气藏与中浅层油气藏的形成过程相似，只是在后期随上覆地层的增加而发生了深埋，典型例子是塔里木盆地塔北哈拉哈塘地区，在海西晚期塔北地区发生了一次强度大、范围广的油气充注过程，使奥陶系层状含油，油气富集程度高。三叠系沉积前，由于整体抬升，油藏变浅，局部遭受破坏；三叠系以来，哈拉哈塘地区发生沉降而成为一个凹陷区，后期并未发生油气的充注，部分油藏发生了调整和定型。

（2）深埋后晚期成藏型：这类油气藏形成时间较晚，主要与圈闭形成时间较晚或烃源岩成熟时间较晚有关，例如库车地区深部构造发育这种类型的气藏，克拉苏深部构造带在康村期之前不存在圈闭，深部三叠系、侏罗系煤系烃源岩在晚期高演化阶段依然具有较强的生烃能力，上覆膏岩盖层发育，发育大断裂作为输导条件，以垂向运聚成藏为主，发生近源富集，油气富集程度高。

（3）多期充注成藏型：该类油气藏一般较常见，包含浅埋成藏过程和深埋成藏过程，最典型的是塔里木盆地轮南东部地区和塔中地区，原油中存在不同期次充注的证据，生物降解的迹象十分明显，25 降藿烷系列含量较高，气相色谱图上基线上"鼓包"明显，但是正构烷烃系列保存完好，这是多期充注成藏在谱图上属性叠加的结果。

张东东等（2021）按照油气藏的形成主因、演化历程及成藏特征将深层油气藏划分为浅成深埋型、深层成藏型和浅备深成型油气藏三种类型。前两种和前面划分基本一致，只是后者有所区别。这里的浅备深成型被认为是地层浅部成烃和储备条件不足以成藏，但随着地层埋深过程中深层温度和压力的提升及成岩作用的改造，不同类型的烃源可以形成足够的烃类物质，聚集在改造后的储层中得以最终深层成藏，主要发育于大型、中型沉积盆地，特别是在叠合盆地当中。

深层成藏型油气藏成藏过程相对较单一，属于晚期成藏。因埋深大，深层储层更多地表现为低—超低孔隙度、低—超低渗透率的物性特征（孙龙德等，2015）；成岩改造作用强烈，次生孔隙或裂缝是最主要的储集空间（妥进才，2002）；有机质裂解、深部流体活动及构造应力的作用所造成的源—储之间、油气藏之间的高压力差可能成为更为重要的运移动力（庞雄奇等，2012）。浅成深埋油气藏成藏过程较为复杂，如鄂尔多斯盆地致密气藏，早期在中—浅层，储层孔隙度和渗透率较高，形成常规气藏，晚期经过深埋后，由于储层变为致密气藏。例如，塔里木盆地塔中奥陶系碳酸盐岩凝析气藏，早期在中—浅层形成碳酸盐岩油藏，中期由于构造变动，使早期形成的油气藏经历了调整改造与破坏的过程，晚期由于温压较高，原油开始裂解成气对早期形成的油藏进行气侵改造，形成了现今的凝析气藏（罗晓容等，2016）。

对于深层油气藏而言，由于多期构造运动的影响，大多在其演化过程中表现出不同类型盆地相互叠加、不同地质过程相互复合，甚至圈闭形态和位置也不断发生变化，改变了原生油气藏的保存条件，使油气藏中已聚集的油气处于不断再分配的调整过程中，油气藏破坏或深埋作用使原油发生裂解成气等，从而造成油气相态与分布规律极为复杂（苏劲等，2011；朱光有等，2012）。油气相态呈现不同的特征，存在未饱和气藏、饱和气藏、饱和油藏及未饱和油藏等变化特征（张水昌等，2011）。例如，在塔北地区奥陶系油气藏从北向南展现出稠油油藏、普通油藏、挥发性油藏、气藏、干气藏有序分布的特征。输导体系与原油气藏的联通作用对于调整再成藏型油气藏的形成甚为关键，依据输导体系，可以将晚期调整改造再成藏型油气藏划分为三种成因类型：垂向调整再聚集型、侧向溢出再聚集型和复合作用再聚集型（朱光有等，2012）。

断裂是深层油气成藏最主要的主控因素之一。深部断裂活动不仅形成了规模性的储集空间，还是油气运移的优势通道，断裂带来的深部流体对烃类物质存在萃取性。一些深大断裂输送的 CO_2 在地下往往处于超临界状态（Mckirdydm 等，1992），对有机组分具有较强的溶解萃取能力（Bondar 等，1998），当经过烃源岩层系和致密储集体时，通过溶解萃取烃源岩层系和致密储集体中油气并携带其向浅部运移，可以有效地增强油气聚集能力（朱东亚等，2018）。来自更深处流体的加入也可能造成深层油气藏的化学成分变化，使一部分油气散失（Larter 等，1991；张水昌，2004）。沿塔里木盆地顺北 1 号、5 号断裂带的一系列钻井获得高产，揭示了深层断裂对储集空间的形成和油气运移聚集所起的决定性作用（焦方正，2017；邓尚等，2018）。

深部保存条件是深部油气成藏需要考虑的重要问题之一。盆地深层含油气系统在埋藏至现今深度的过程中，可以以多种形式、在系统内不同的位置、在多个盆地演化阶段供烃，烃类的成分和相态也不完全由温度场或成熟阶段控制，而是随成藏条件和过程而变化，导致深层油气藏类型和分布复杂化（庞雄奇等，2012；罗晓容等，2013）。盆地深层经历了多期埋藏—抬升改造过程，盖层封闭能力动态演化过程决定封闭有效性和深层油气勘探潜力。抬升过程中，伴随应力释放和围压减小，盖层易于产生裂缝而失效。基于盖层封闭能力动态演化过程来确定有效盖层分布、研究深层盖层有效性保持的机制和条件是当前深层油气成藏与保存研究的重要方向。总体来看，深层油气成藏要素和过程与中浅层存在显著差别，因为高温高压流体相态的改变，加之储层致密或非均质性，导致排烃、运移、聚集方式发生显著改变；深埋条件下盖层性能总体会变好，但膏盐岩塑性流动会导致局部加厚或减薄，特别是断裂活动和活跃的流体，使深层保存条件异常复杂。

第二章　准噶尔盆地深部地质背景及生—储—盖条件

准噶尔盆地深层领域主要包括中央坳陷斜坡—凹陷区下组合二叠系—三叠系、腹部—南缘地区中组合侏罗系—白垩系及盆地坳陷周缘及凸起区石炭系。准噶尔盆地冷盆背景下，多套烃源岩、多套储集体及多套区域性盖层的发育使该盆地深层具备油气成藏的地质条件。盆地内的气源岩分布于石炭系、二叠系及侏罗系，下二叠统风城组及芦草沟组是准噶尔盆地深层的主要生油岩地层。

第一节　准噶尔盆地深层地质背景

一、盆地概况

准噶尔盆地位于新疆地区北部，是欧亚板块的组成部分，北邻西伯利亚板块，西接哈萨克斯坦板块，南依天山造山带，是一个赋存于拼合地块之上的多期叠合盆地。区域构造位置处于阿尔泰褶皱带、西准噶尔褶皱带和北天山褶皱带所挟持的三角地带。盆地四周被褶皱山系所围限，西北边界为扎伊尔山和哈拉阿拉特山，东北边界为阿尔泰山、青格里底山和克拉美丽山，南界为依连哈比尔尕山和博格达山，总体形状为三角形，东西长、南北窄，地形呈东高西低，海拔 250~1000m，面积约 $13×10^4km^2$。盆地内大部分是沙漠、戈壁和盐碱地，河流、湖泊、绿洲较少。

准噶尔盆地具有双重基底结构，即古生界浅变质基底和可能存在的前寒武结晶基底，自晚古生代至第四纪经历了海西、印支、燕山、喜马拉雅等多期构造运动。从基底属性和构造演化史分析，准噶尔盆地为典型的中央地块型复合叠加盆地。多旋回的构造运动在盆地中造成了多期活动明显、类型多样的构造组合和沉积体系，进而控制了油气多期成藏过程。根据石炭系顶面的隆坳格局，同时考虑新生代以来的构造变形影响，盆地现今划分为中央坳陷、陆梁隆起、乌伦古坳陷、东部隆起、南缘冲断带、西部隆起 6 个一级构造单元及 42 个二级构造单元（图 2-1）（王小军等，2021）。

准噶尔盆地自下而上发育石炭系、二叠系、三叠系、侏罗系、白垩系及新生界（图 2-2、图 2-3）。同一套地层在盆地不同地区埋深差异较大，尤其是白垩纪以来的盆地整体的南降北升运动，形成了现今盆地的箕状特征。

石炭系发育滨浅海相、海陆交互相火山岩、火山碎屑岩。石炭系从下至上发育滴水泉组、松喀尔苏组、双井子组、巴塔玛依内山组和石钱滩组。滴水泉组和双井子组主要发育火山碎屑岩和沉积岩，部分地区发育碳酸盐岩。松喀尔苏组和巴山组为多套火山岩夹火山碎屑岩构造，其中松喀尔苏组以中—基性火山岩为主，巴山组以中—酸性火山岩为主。石钱滩组则主要为一套坳陷期沉积岩。

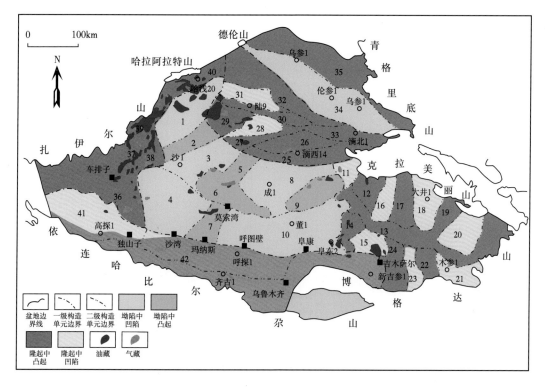

图 2-1 准噶尔盆地构造区划与油气分布图

Ⅰ—中央坳陷：1—玛湖凹陷；2—达巴松凸起；3—盆 1 井西凹陷；4—沙湾凹陷；5—莫北凸起；6—莫索湾凸起；7—莫南凸起；8—东道海子凹陷；9—白家海凸起；10—阜康凹陷；Ⅱ—东部隆起：11—五彩湾凹陷；12—帐北断褶带；13—沙奇凸起；14—北三台凸起；15—吉木萨尔凹陷；16—大井凹陷；17—黄草湖凸起；18—石钱滩凹陷；19—黑山凸起；20—梧桐窝子凹陷；21—木垒凹陷；22—古东凸起；23—古城凹陷；24—古凸凸起；Ⅲ—陆梁隆起：25—滴南凸起；26—滴水泉凹陷；27—石西凸起；28—三南凹陷；29—夏盐凸起；30—三个泉凸起；31—英西凹陷；32—石莫滩凸起；33—滴北凸起；Ⅳ—乌伦古坳陷：34—索索泉凹陷；35—红岩断阶带；Ⅴ—西部隆起：36—车排子凸起；37—红车断裂带；38—中拐凸起；39—克百断裂带；40—乌夏断裂带；Ⅵ—南缘冲断带：41—四棵树凹陷；42—南缘断褶带

　　二叠系自下而上发育佳木河组、风城组、夏子街组、下乌尔禾组和上乌尔禾组。下二叠统在西北缘发育火山岩，在南缘发育碎屑岩，不整合于石炭系之上；中二叠统发育大型湖泊沉积体系；上二叠统为粗碎屑沉积体系，全盆发育。三叠系自下而上发育百口泉组、克拉玛依组和白碱滩组。下三叠统发育扇三角洲—湖泊沉积体系，沉积一套褐色、紫红色砾岩夹砂岩。中—上三叠统发育大型湖泊沉积，岩性以砂岩、泥质粉砂岩和泥岩等为主。

　　侏罗系自下而上发育八道湾组、三工河组、西山窑组、头屯河组、齐古组和喀拉扎组。中—下侏罗统为湖泊—沼泽相，煤层发育。上侏罗统为河流—湖泊相，主要岩性为砂砾岩，盆缘发育冲积扇体系。白垩系自下而上发育清水河组、呼图壁河组、胜金口组、连木沁组、艾里克湖组和红砾山组。下白垩统为河流—湖泊相，岩性主要为泥岩夹中—薄层砂岩；上白垩统遭受剥蚀，为干旱炎热气候环境的红层。

　　古近系发育紫泥泉子组和安集海河组。紫泥泉子组以棕红色泥岩、粉砂岩为主；安集海河组以灰色、灰黑色泥岩为主，夹少量碳酸盐岩。新近系—第四系主要发育一套砂砾岩沉积，在山前带明显增厚。

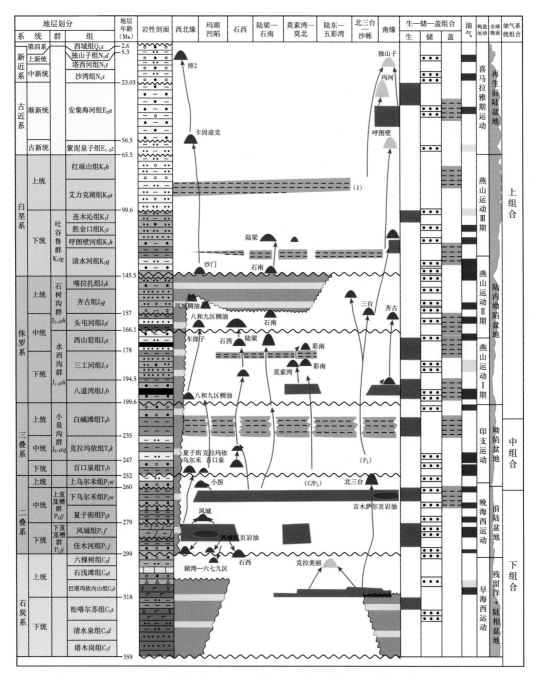

图 2-2 准噶尔盆地地层系统与生—储—盖分布及成藏组合

如图 2-4 所示，石炭纪到中二叠纪（C—P₂）准噶尔盆地为前陆盆地，对应油气成藏下组合，下乌尔禾组泥岩形成了上覆区域性盖层；晚二叠纪（P₃），准噶尔盆地为坳陷盆地，该时期三叠系白碱滩组泥岩形成了上覆区域性盖层；中生代侏罗纪—白垩纪（J—K）及新近纪—第四纪（E—Q），准噶尔盆地分别为内陆坳陷盆地和再生前陆盆地，其中白垩系胜金口组、连木沁组及艾里克湖组发育大套泥岩，形成区域性盖层。

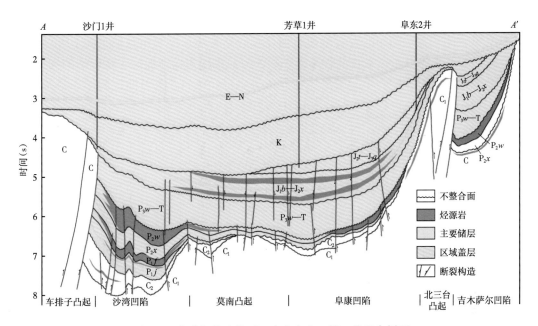

图 2-3　准噶尔盆地北西—南东向生—储—盖组合剖面

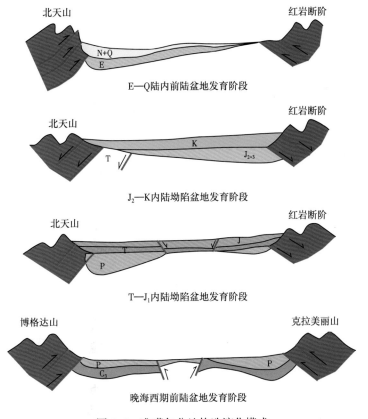

图 2-4　准噶尔盆地构造演化模式

二、含油气系统及油气成藏组合分布

根据源—储—盖—圈组合及盆地叠合演化与改造特征，准噶尔盆地纵向上可以划分为石炭系、二叠系和侏罗系三大含油气系统（图 2-5）。准噶尔盆地经历了多旋回的构造运动，纵向上形成了石炭系、中—下二叠统、侏罗系等多套烃源岩及与其匹配的储—盖组合，造

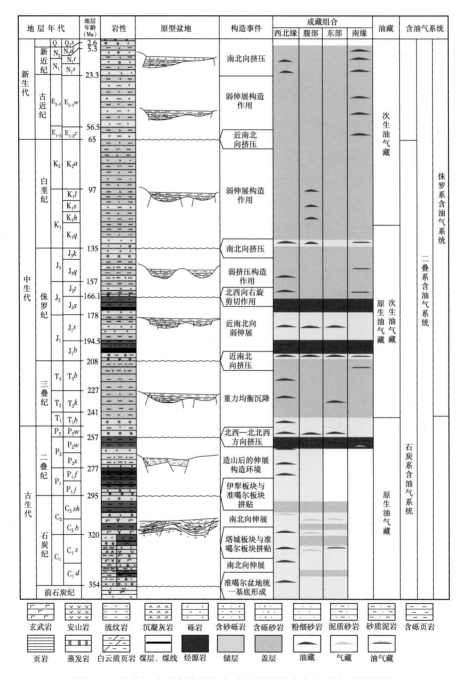

图 2-5　准噶尔盆地多旋回叠合盆地地层分布与含油气系统划分

成不同含油气系统之间存在叠加现象（陈建平等，2016；吴海生等，2017）。石炭系、中—下二叠统、中—下侏罗统的八道湾组和西山窑组及侏罗系顶面，都与上覆地层构成了大型不整合面，控制了三大含油气系统原生油气藏分布；自海西晚期—喜马拉雅期发育了四期主要断裂，在盆地内构成了立体输导网络，将三大含油气系统纵向沟通，形成了既相互独立又有关联的原生油气藏与次生油气藏有序分布的复杂油气成藏系统（王小军等，2021）。

2003年，李学义等在对准噶尔盆地南缘生—储—盖组合深入研究基础上，根据白垩系吐谷鲁群泥岩层、古近系安集海河组泥岩层及塔西河组膏泥岩层三套区域性盖层与其下储层的配置关系，首次划分了该区上部、中部和下部三套成藏组合，对该区油气勘探起了很大的指导作用。目前南缘划分的油气成藏组合思想（李学义等，2003）已经推广到整个准噶尔盆地的勘探实践中（图2-2），对油气的勘探开发起到了有力的指导作用。

油气成藏组合涉及的重要元素就是"生""储""盖"，与以烃源岩为核心的含油气系统理论不同，油气成藏组合中盖层的重要性更加凸显，尤其是对于深层油气成藏组合而言，盖层的发育是深部油气藏得以保存的基础。以玛湖凹陷为例，图2-6为过玛湖1井—玛中4井—达18井—玛东4井的地震地质解释剖面，显示了准噶尔盆地北部玛湖凹陷油气成藏组合的划分。各不同成藏组合具有相应的成藏组合要素特点。

（1）油气成藏上组合：白垩系是盆地区域性盖层，厚度在150~700m；白碱滩组区域盖层之上的储层以侏罗系、白垩系浅层油气藏为主；上组合内部又发育多套储—盖组合，凹陷区八道湾组、三工河组发育厚层湖泛泥岩，与多类型规模砂体形成组合，主要目的层储层发育于侏罗系—白垩系，远源的油气运移到浅层构成油气聚集。

（2）油气成藏中组合：白碱滩组是盆地区域性盖层，为泥包砂结构，厚度在150~480m；白碱滩组与中二叠统之间，主要目的储层在上二叠统—三叠系；中组合内部又发育多套储—盖组合，属于远源油气运移到浅层聚集的模式。

（3）油气成藏下组合：中二叠统下乌尔禾组既是盆地重要的烃源岩，又是区域性盖层，厚度300~830m，主要目的储层分布于石炭系与中二叠统；下组合内部又发育多套储—盖组合，属于近源油气规模性运移聚集模式，是目前中深层油气规模勘探的领域。

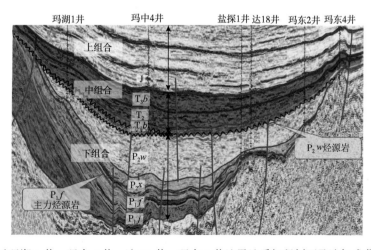

图2-6 过玛湖1井—玛中4井—达18井—玛东4井地震地质解释剖面及油气成藏组合划分

第二节 准噶尔盆地深层油气成藏的烃源条件

一、深部烃源灶的总体分布

准噶尔盆地存在多套烃源岩，对深层油气有贡献的包括石炭系、二叠系（佳木河组、风城组、下乌尔禾组）及侏罗系（八道湾组、西山窑组）（图2-7、表2-1）。各套烃源岩分布广泛，总的生烃量规模大，其中下二叠系统发育腐泥型有机质，为优质生油层系，因此可形成优越的烃源岩条件。石炭系烃源岩主要分布于克拉美丽山前、陆梁隆起东部—五彩湾及北三台地区，以泥岩和碳质泥岩为主；其中中—上石炭统主要分布在盆地边部和中部的张裂凹陷，干酪根类型为腐殖型，镜质组反射率 R_o 普遍大于 0.9%，为成熟度较高的烃源岩。下二叠统为海陆交互相，盆地西北缘下二叠统厚度为 2000~4000m。玛纳斯湖和克乌断阶带是下二叠统沉积中心，生油岩中干酪根类型为腐殖型—腐泥型。

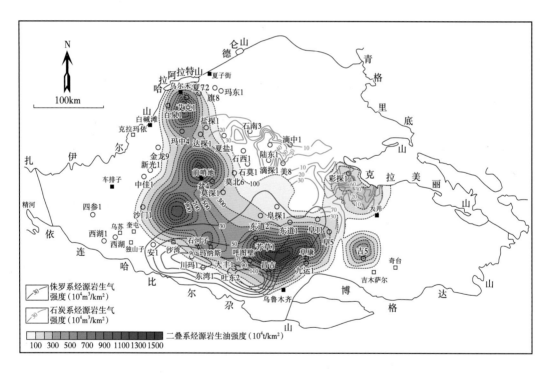

图 2-7　准噶尔盆地深层主要烃源岩分布及其生烃强度

侏罗系烃源岩分布最为广泛，烃源岩厚度达 500m 以上，为湖盆坳陷期范围最广时期形成的产物。但从成熟度角度来看，成熟的烃源岩分布相对局限，主要分布于莫索湾凸起南部的沙湾—阜康凹陷及南缘山前断褶带中段的深层。岩性以灰色、灰黑色泥岩夹煤线为主，形成于湖沼环境，主要包括八道湾组、西山窑组。腹部地区及南缘地区临近侏罗系生烃灶，对油气聚集非常有利。

表 2-1 准噶尔盆地深层主要烃源岩生烃指标

层系	层位	岩性	有机质丰度指标			成熟度 R_o（%）	干酪根类型	综合评价	分布区域
			$w_{有机碳}$（%）	$w_{氯仿沥青"A"}$（%）	$w_{(S_1+S_2)}/$（mg/g）				
侏罗系（J）	西山窑组（J_2x）	泥岩	$\dfrac{0.39 \sim 4.67}{1.06}$	$\dfrac{0.0038 \sim 0.4282}{0.13}$	$\dfrac{0.18 \sim 4.0}{1.09}$	$\dfrac{0.49 \sim 1.56}{0.76}$	Ⅲ	低成熟—成熟好烃源岩	南缘冲断带中段深部
		煤层	$\dfrac{15.7 \sim 75.48}{46.16}$	$\dfrac{0.2886 \sim 2.4931}{1.26}$	$\dfrac{0.07 \sim 122.8}{20.0}$				
	三工河组（J_1s）	泥岩	$\dfrac{0.73 \sim 15.43}{3.35}$	$\dfrac{0.0075 \sim 1.4152}{0.24}$	$\dfrac{0.22 \sim 7.0}{1.65}$	$\dfrac{0.61 \sim 1.30}{0.78}$	Ⅱ₂/Ⅲ	低成熟—成熟好烃源岩	莫南—阜康凹陷
	八通湾组（J_1b）	泥岩	$\dfrac{0.17 \sim 10.6}{2.35}$	$\dfrac{0.0088 \sim 0.4762}{0.14}$	$\dfrac{0.22 \sim 6.58}{1.09}$	$\dfrac{0.49 \sim 1.43}{0.69}$	Ⅲ	低成熟—成熟好烃源岩	莫索湾凸起南部
		煤层	$\dfrac{2.4 \sim 91.94}{46.92}$	$\dfrac{0.5052 \sim 1.8704}{1.73}$	$\dfrac{1.09 \sim 22.14}{9.46}$				
中二叠统（P_2）	下乌尔禾组（P_2w）	泥岩	$\dfrac{0.3 \sim 4.2}{1.0}$	$\dfrac{0.027 \sim 0.57}{0.177}$	$\dfrac{1.45 \sim 4.69}{2.68}$	$0.5 \sim 1.7$	Ⅲ	成熟—高成熟差—较好烃源岩	玛湖—盆1井西—沙湾凹陷
	平地泉组（P_2p）	泥岩云质岩	$\dfrac{0.3 \sim 5.1}{3.45}$	$\dfrac{0.08 \sim 0.92}{1.70}$	$\dfrac{0.88 \sim 3.7}{2.20}$	$0.54 \sim 1.21$	Ⅱ₁	成熟—高成熟好烃源岩	克拉美丽山前凹陷
	芦草沟组（P_2l）	泥岩云质岩	$\dfrac{0.4 \sim 7}{5.16}$	$\dfrac{0 \sim 10.5}{4.44}$	$\dfrac{0.3 \sim 71.2}{20.98}$	$\dfrac{0.7 \sim 1.0}{0.8}$	Ⅰ/Ⅱ₁	低成熟—高成熟很好烃源岩	博格达山前凹陷
	红雁池组（P_2h）	泥岩	$\dfrac{0.41 \sim 5.18}{3.3}$	$\dfrac{0.004 \sim 0.434}{0.15}$	$\dfrac{0.06 \sim 23.7}{}$	$\dfrac{0.4 \sim 1.1}{0.6}$	Ⅲ	低成熟—成熟好烃源岩	南缘东段乌鲁木齐一带
下二叠统（P_1）	风城组（P_1f）	泥岩云质岩	$\dfrac{0.5 \sim 3.6}{1.26}$	$\dfrac{0.759 \sim 16.185}{3.804}$	$\dfrac{1.29 \sim 17.7}{5.6}$	$0.85 \sim 1.3$	Ⅰ/Ⅱ₁	成熟—高成熟好生油岩	玛湖、盆1井西、沙湾、阜康凹陷
	佳木河组（P_1j）	泥岩	$\dfrac{0.085 \sim 2.0}{0.56}$	$\dfrac{0.014 \sim 0.346}{0.053}$	$\dfrac{0.13 \sim 6.6}{1.61}$	$1.38 \sim 1.9$	Ⅲ	成熟—高成熟较好烃源岩	玛湖、沙湾凹陷
石炭系	松喀尔苏组（C_1sb）	碳质泥岩和煤岩	$\dfrac{0.22 \sim 8.2}{3.05}$	0.105	$\dfrac{0.07 \sim 10.5}{7.17}$	$0.54 \sim 1.21$	Ⅲ	成熟—高成熟好气源岩	陆东—五彩湾地区

注：表中数字意义为 $\dfrac{最小值 \sim 最大值}{平均值}$。

准噶尔盆地不同地区油气性质存在差异性，与烃源岩的供烃相态类型有关（图 2-8），环玛湖地区目前的发现以油藏为主，油源分析显示主要为玛湖凹陷的风城组和下乌尔禾组烃源岩的贡献（陈建平等，2016）；陆东凸起周缘则主要以气藏发现为主，其气源岩为石炭系含腐殖型母质的烃源岩；盆地东部白家海凸起—北三台地区发现的油气藏的油源为二叠系平地泉组，气源则为阜康凹陷侏罗系成熟的气源岩；盆地腹部及南缘大部分地区发现的气藏主要来源于侏罗系气源，莫索湾凸起及莫北凸起发现的油气藏则主要来源于二叠系下乌尔禾组成熟—高成熟的烃源岩（杨永泰等，2002）；中拐凸起新光 2 井区佳木河组气藏则主要为佳木河组自生。

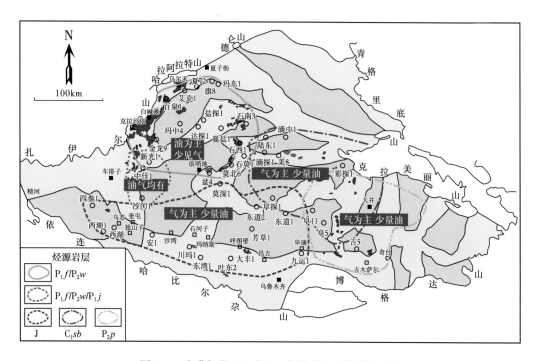

图 2-8　准噶尔盆地已发现油气分布与烃源岩分布图

二、下二叠统发育优质生油岩

早—中二叠世，克拉美丽洋、西准噶尔洋、北天山洋依次关闭，在准噶尔盆地的洋陆拼合带发育系列水体盐度较高的近海陆缘咸化湖盆。早二叠世，海水由西向南、向东逐渐退出准噶尔盆地，沿玛湖凹陷、沙湾凹陷、阜康凹陷形成多个近海陆缘咸化湖盆，沉积了风城组烃源岩（图 2-9）。中二叠统芦草沟组沉积时期，随着洋陆闭合带向东迁移，北天山洋东段关闭，在阜康—博格达山前一带发育以吉木萨尔凹陷、阜康凹陷为代表的近海陆缘咸化湖盆，沉积了芦草沟组烃源岩（图 2-9）（匡立春等，2015；支东明等，2019）。由于咸化湖盆中发育大量嗜盐类菌藻生物，高盐度抑制了喜氧生物的生长，形成强还原环境及盐度分层，对有机质的聚集与保存非常有利（曹剑等，2015）。

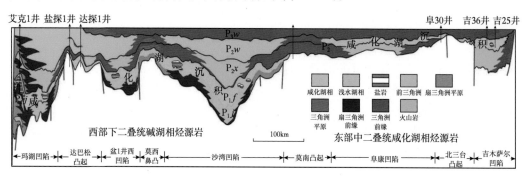

图 2-9　盆地咸水湖相烃源岩东西部区域性分布

整体上，准噶尔盆地中—下二叠统咸化湖相烃源岩的有机质丰度高，且具有特殊的生烃母质，为持续大量生烃的优质烃源岩。风城组烃源岩主要分布在玛湖凹陷、盆1井西凹陷和沙湾凹陷，平均厚度为100~650m，近断裂带区域的厚度较大；厚度大于150m的烃源岩分布面积达1.85×10⁴km²。玛湖凹陷风城组烃源岩有机质母源以杜氏藻、褶皱藻、沟鞭藻、红藻和嗜碱蓝细菌等低等水生生物为主，显微组分以腐泥组为主，壳质组较发育，而惰质组含量很低，类脂化合物含量高（陈建平等，2016）。从总有机碳含量、生烃潜量和氯仿沥青"A"含量三方面来看（表2-2），玛湖凹陷风城组总体都达到了中等—优质烃源岩的标准。

表2-2　准噶尔盆地玛湖凹陷风城组烃源岩有机地球化学特征

地层	总有机碳含量（%）	生烃潜量（mg/g）	氯仿沥青"A"含量（%）	干酪根碳同位素（‰）	热解氢指数（mg/g）	热解氧指数（mg/g）	热解峰温（℃）
风城组一段	0.03~1.76 0.79(21)	0.02~17.51 3.55(21)	0.011~4.564 1.125(17)	−27.2~−23.0 −25.2(5)	21.74~794.32 240.87(21)	5.11~138.00 58.46(8)	413~489 432(19)
风城组二段	0.28~3.58 1.03(67)	0.06~24.58 5.43(67)	0.060~11.088 2.017(59)	−30.9~−22.7 −26.9(43)	3.57~981.82 362.80(67)	4.15~186.49 36.92(40)	401~450 430(66)
风城组三段	0.12~2.73 0.92(73)	0.01~25.29 4.10(73)	0.025~6.821 1.247(66)	28.0~−20.1 −26.0(34)	3.23~800.81 270.82(71)	3.15~107.41 31.69(20)	407~454 438(69)

注：表中数字意义为 $\dfrac{最小值 \sim 最大值}{平均值（样品数）}$。

芦草沟组咸化湖相烃源岩主要分布在莫索湾凸起以东的阜康、东道海子等凹陷，展布面积达1.61×10⁴km²。盆地东部的芦草沟组烃源岩TOC含量平均值为5.16%，氢指数平均值为334mg/g，为一套富有机质的Ⅱ型烃源岩；生物标志化合物特征主要表现为C_{30}藿烷质量分数占绝对优势、伽马蜡烷含量相略高、C_{24}四环萜烷质量分数相对较高，反映芦草沟组烃源岩形成于较还原的微咸水环境，有机质母源主要为藻类、浮游植物和一些陆生高等植物。

三、多套气源岩广泛分布

准噶尔盆地受海西、印支、燕山、喜马拉雅期等构造沉积旋回控制，自下而上发育四套规模气源岩，分别为较古老的石炭系、二叠系（佳木河组、风城组、下乌尔禾组）及侏罗系（八道湾组、西山窑组）（图2-10）。

石炭系烃源岩为海陆过渡相的产物（何登发等，2010），主要分布在准东、腹部的陆梁隆起东部，且以气藏为主。目前钻井揭示的石炭系可靠烃源岩分布比较局限，主要分布于陆东凸起周缘、白家海—北三台地区，以黑灰色—灰色泥岩、粉砂质—砂质泥岩、黑灰色凝灰质泥岩为主。上石炭统烃源岩R_o值为0.54%~1.83%（平均值为0.97%），大部分样品处在成熟—高成熟阶段。下石炭统烃源岩镜质组反射率（R_o）为0.55%~4.21%（平均值为1.42%），大部分样品处在高成熟—过成熟阶段。生烃动力学模拟表明，石炭系烃源岩生烃过程相对滞后，R_o值大于1.2%才开始大量生气。在三大陆缘的不同位置，石炭系泥岩都有发育，不同位置其生烃指标会有一些差异（表2-3）。克拉美丽气田的发现，证实石炭系具有较大的生气潜力，是盆地重要的气源岩。盆地腹部的石炭系埋深过大并未钻到泥岩，但按照西北缘和东部钻井及露头情况分析，腹部地区石炭系也发育有泥岩。

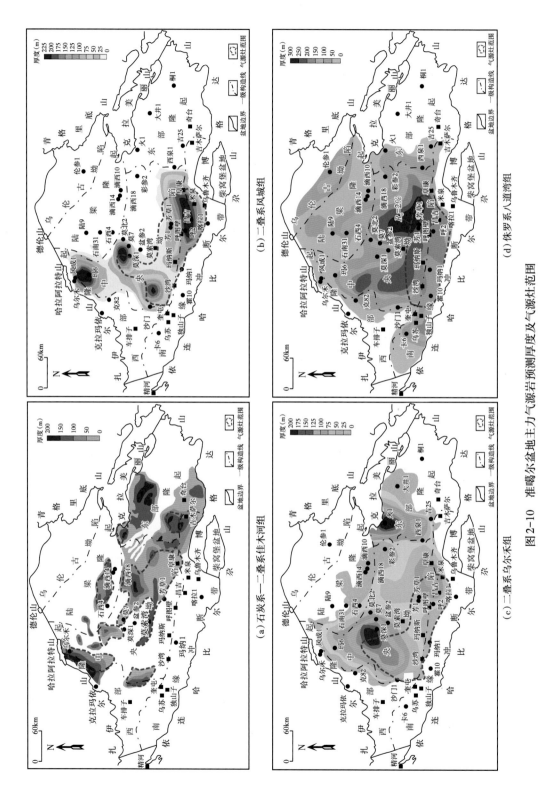

（a）石炭系—二叠系佳木河组

（b）二叠系风城组

（c）二叠系乌尔禾组

（d）侏罗系八道湾组

图2-10 准噶尔盆地主力气源岩预测厚度及气源灶范围

表 2-3　准噶尔盆地三大活动陆缘带石炭系主要生烃凹陷及烃源岩生烃指标

陆缘带	凹陷	面积（km²）	层位	烃源岩岩性	源岩厚度（m）	TOC（%）	S_1+S_2/（mg/g）	干酪根类型	中子孔隙度（%）	气藏/出气点
东北	五彩湾	785	下石炭统滴水泉组、松喀尔苏组	深灰色泥岩、凝灰质泥岩	100~300	0.5~37.6/3.0	0.12~58.00/5.20	Ⅱ₂—Ⅲ	0.55~3.50/1.30	五彩湾
	滴水泉	1530		深灰色泥岩、炭质泥岩	100~300	0.5~43.7/4.7	0.10~71.40/7.30	Ⅱ₂—Ⅲ	0.69~2.00/1.20	克拉美丽
	东道海子	4700			100~200	无数据，参考五彩湾—滴水泉凹陷				
	大井	1620		深灰色泥岩、炭质泥岩	50~100	0.5~4.4/2.5	0.02~6.11/1.80	Ⅱ₂—Ⅲ	0.81~1.70/1.00	
东南	阜康	1420	下石炭统滴水泉组、松喀尔苏组	深灰色泥岩、炭质泥岩	75~200	0.5~41.2/11.8	0.20~121.40/22.60	Ⅱ₂—Ⅲ	0.50~1.52/0.85	西泉 2、西泉 10、阜 26
	吉木萨尔	2040		深灰色泥深、凝灰质泥岩	100~225	2.0~41.2/23.4	0.90~79.20/39.00	Ⅱ₂—Ⅲ	0.64~1.00/0.74	
西北	玛湖—盆 1 西	1580	上石炭统车排子组、下二叠统佳木河组	深灰色泥岩、凝灰质泥岩	50~200	0.5~5.8/2.2	0.13~6.60/1.61	Ⅱ₂—Ⅲ	1.02~3.64/1.67	
	沙湾	1000		灰色炭质泥岩、凝灰质泥岩	50~200	0.5~5.8/2.2	0.19~20.00/2.60	Ⅱ₂—Ⅲ	0.70~0.77/0.74	中佳 2H、车峰 6、金龙 43

注：表中类似 0.5~4.4/2.5 表示的意义为最小值~最大值/平均值。

　　下二叠统佳木河组在准噶尔盆地分布较广，集中于中央坳陷内，是陆内坳陷阶段开始沉积时形成的一套地层。钻井揭示的佳木河组仅分布于西北缘中拐凸起周缘地区，具备生烃能力的烃源岩主要分布在佳木河组下部，以灰色泥岩为主。根据地震解释的结果推断，佳木河组在西北缘存在一个明显的烃源中心，烃源岩厚度向盆地边缘方向加厚，最厚可达250m。目前，已发现的中拐凸起南斜坡新光 2 井、中佳 1 井佳木河组产出的天然气源于其自生烃源岩。

　　风城组烃源岩前面已经述及，主要分布于西北缘，尤其在玛湖凹陷分布广泛，以生油为主。然而生烃模拟实验结果表明，在封闭条件下，风城组烃源岩有机碳甲烷产率最高可达637mL/g，远高于侏罗系和石炭系烃源岩（图2-11），说明风城组也具有较高的生气潜力。并且，受深层样品所限，目前的一些取样分析显示处于生油高峰阶段，但推测在凹陷深处已达到裂解生气阶段，气源岩面积可达 $1.71×10^4km^2$。

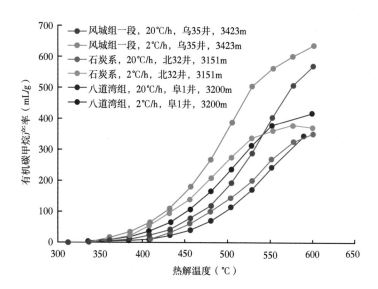

图 2-11　准噶尔盆地烃源岩生烃热模拟实验产气特征

中二叠统烃源岩主要包括西北缘和腹部地区的下乌尔禾组、克拉美丽山前平地泉组和南缘东部的芦草沟组、红雁池组。中二叠统烃源岩的分布范围较风城组有所扩大，中央坳陷几乎均有分布。芦草沟组是盆地内有机质最丰富的烃源岩，主要分布在南缘东部博格达山前凹陷，地面出露的为一套油页岩，目前钻井揭露的地区主要在乌鲁木齐以东的小渠子和吉木萨尔凹陷。红雁池组主要分布在南缘山前凹陷。平地泉组主要分布在东部克拉美丽山前五彩湾—大井凹陷，岩性为黑色白云岩夹灰色泥岩。莫索湾—莫北地区、北三台凸起周缘、沙帐—大井地区及吉木萨尔凹陷发现的油气已证实主要来源于平地泉组烃源岩。下乌尔禾组烃源岩主要分布在盆地中央坳陷带的玛湖、盆 1 井西、沙湾和阜康等次级凹陷，厚度为 0~200m，有机质类型为 Ⅱ—Ⅲ 型，TOC 值为 0.50%~9.16%（平均值为 1.73%），R_o 值为 0.7%~1.0%，目前刚进入生油高峰阶段，推测在凹陷深部普遍进入生气阶段，R_o 值大于 1.6% 的气源岩面积达 $1.55 \times 10^4 km^2$。

侏罗系的八道湾组和西山窑组煤系地层是盆地一套重要的气源岩，主要为浅水湖泊—沼泽相，厚度为 100~800m，面积为 $9.4 \times 10^4 km^2$，有机质类型为 $Ⅱ_2$—Ⅲ 型，岩性主要为炭质泥岩和煤，前者 TOC 值为 6.03%~39.96%（平均值为 18.22%），后者 TOC 值为 41.79%~91.94%（平均值为 64.73%）。由于喜马拉雅期准噶尔盆地整体向南掀斜，导致侏罗系成熟烃源灶分布相对局限，主要分布于莫索湾凸起南部的沙湾—阜康凹陷及南缘山前断褶带中段的较深部位。露头剖面和少量探井样品显示实测 R_o 值为 0.61%~0.72%，处在低成熟—成熟阶段。由于这些样品普遍位于构造高部位，因此不能全面反映凹陷深部的实际成熟情况。南缘齐古断褶带发现的气藏多来源于该套气源岩。据盆地模拟和天然气地球化学特征推算，盆地南缘主要构造部位的中、下侏罗统煤系烃源岩都已进入高成熟—过成熟阶段，等效 R_o 值为 1.3%~2.6%。当 R_o 值大于 1.2% 时侏罗系烃源岩开始大量生气，气源灶范围达 $1.41 \times 10^4 km^2$。腹部地区及南缘地区临近侏罗系烃源岩生烃灶，对天然气聚集非常有利。

四套烃源岩主力气源灶平面分布具有分区性，纵向上不完全叠置，气源灶叠合面积达

$6.64×10^4km^2$，具备大中型气田（藏）形成的资源基础。

第三节　准噶尔盆地深部油气成藏的储集条件

一、深部发育多种类型储集岩

准噶尔盆地深部存在火山岩、碎屑岩、白云质混积岩三大类型储集岩。其中，火山岩类储层主要分布于石炭系、二叠系的佳木河组，主要岩石类型有安山岩、玄武岩、凝灰岩、流纹质角砾熔结凝灰岩等。碎屑岩类主要发育于二叠系、三叠系、侏罗系、白垩系，以砂岩、砂砾岩及砾岩为主。云质岩类储层主要发育于二叠系风城组、芦草沟组（平地泉组），主要岩石类型有白云岩、白云质粉砂岩、白云质泥岩等混积岩。

从垂向分布看，不同层位储层成因有所不同：石炭系—二叠系火成岩及碎屑岩储层，三叠系—侏罗系扇三角洲粗碎屑岩及辫状河三角洲砂岩储层，白垩系—古近系河流、三角洲砂岩及扇三角洲粗碎屑岩储层。石炭系—二叠系规模储层在西北缘、腹部及准东等地区均较发育，三叠系—侏罗系规模储层在玛湖、腹部、准东地区广泛发育，白垩系—古近系规模储层在南缘、车排子、腹部及准东地区较发育。三套规模储层厚度大、分布广，为油气提供了优质的储集空间。

准噶尔盆地深层储层物性因深埋压实作用整体相对较差，孔隙度普遍小于12%，但在不同岩石类型的储层中均有油气发现（表2-4）。例如，南缘地区西湖1井砂岩孔隙度可高达12.9%，埋深超过6000m的侏罗系齐古组孔隙度分布在1.5%~9.5%之间，平均值为6.96%（46个数据），并且试油结果为日产油0.2t，日产气500m³；大丰1井5500m深度下白垩统试气，日产气量达3800m³。总体上随着埋深的增大，由于成岩作用加强，储层孔隙度明显减小，但在深部因其他成岩环境的影响，往往会发生次生变化，形成次生孔隙，或者因局部构造应力变化形成裂缝等储集空间，改善储层的物性（张光亚等，2015），形成有效储层。例如，盆1井西坳陷北侧盆东1井在深部下乌尔禾组取心显示裂缝较发育，井壁成像测井显示发育诱导缝、高角度缝，岩心出桶见原油外渗，整体可见裂缝含油，形成孔隙—裂缝双重介质储层。

表2-4　准噶尔盆地不同地区深层储层特征统计表

区块	层位（系）	储层岩性	储集空间类型	相带	孔隙度（%）	含油气性
克拉美丽山前	C	中基性火山岩、凝灰岩、角砾岩	孔隙、裂缝	火山岩相	0.2~15.0	气为主油次之
玛湖凹陷周缘	C	安山岩、角砾岩等	孔隙、裂缝	火山岩相	0.5~10.5	油、气
	P_1j	火山岩、砂砾岩及其混积岩	孔隙、裂缝	火山岩相冲积扇	0.3~9.8	油、气
	P_1f	云质岩、砂砾岩及其混积岩	孔隙、裂缝	碱湖扇三角洲	2.6~12.0	油
	P_2x	砂砾岩	孔隙	扇三角洲	3.5~14.0	油
	P_2w—P_3w	砂砾岩	孔隙	扇三角洲	3.2~21.0	油

续表

区块	层位（系）	储层岩性	储集空间类型	相带	孔隙度（%）	含油气性
盆地腹部	T	中砂岩、砂砾岩	孔隙	扇三角洲	2.7~23.0	油、气
	J	砂岩、细砂岩	孔隙	河流、三角洲	7.2~17.0	油、气
盆地南缘	J	砂岩、细砂岩	孔隙	辫状河、三角洲、滨浅湖	6.5~12.0	油、气
	K	砂岩、细砂岩	孔隙	冲积扇、辫状河、三角洲	2.2~11.8	油、气

对准噶尔盆地实测孔隙度与深度关系统计发现（图 2-12），4500m 以深的碎屑岩储层中，存在两个物性明显改善的层段。在西部隆起深度 4500~5000m 处，碎屑岩孔隙度可高达 30%；中央坳陷区在深度 6000m 的碎屑岩中，仍存在孔隙度超过 12% 的储层。准噶尔盆地深部储层多以次生孔隙体积为主，溶蚀作用和早期的油气充注对成岩作用的抑制等因素都在一定程度上改善了深部储层的物性。

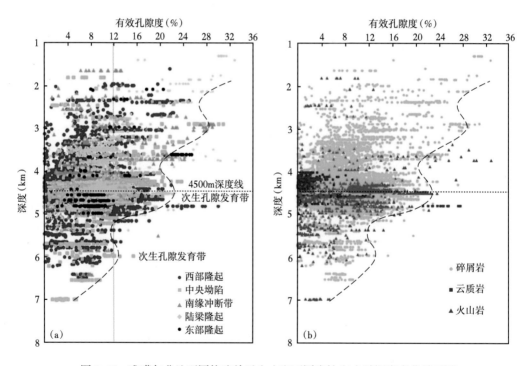

图 2-12　准噶尔盆地不同构造单元（a）和不同岩性（b）随深度变化关系图

深部火成岩物性与埋深关系显示，现今埋藏深度对火成岩储层物性的影响比较小。对陆东凸起周缘的石炭系火山岩储层物性分析发现，火山岩物性距离石炭系顶面不整合面越近，孔渗条件越好，在距离不整合面 800~1000m 也可能存在相对优质的储层，虽然其形成与岩溶作用关系不大，但可能与石炭系存在的沉积岩及火山岩的多期喷发形成的含气孔的火山岩有关。滴探 1 井、美 8 井在深度 4580m 左右的石炭系火山岩顶面获得工业气流，在深度 4800m 的内幕火山岩储层中也获得工业气流，可见深部火山岩有效储层不仅发育于风化壳表层，也可以发育于火山岩内部，形成内幕型储层。

深部云质岩受深埋压实作用强，储层非常致密。但随云质含量增加，其脆性增强，可以形成裂缝。例如，在玛湖凹陷百泉 1 井深度 4914m 的微层状白云质粉粒—极细粒岩屑长石砂岩内见到发育非常好的裂缝，裂缝的发育改善了储层物性，使该细粒岩层中常规试油即见油流，形成致密背景下的"甜点"储层（庞宏等，2015）。

二、深部碎屑岩具备多种保孔、增孔机制

准噶尔盆地深层有效储层的成因主要为溶蚀作用增孔、微裂缝扩孔增渗和异常高压保孔扩缝增渗几种机制，其他一些地质因素，包括沉积微相、岩石成分、地层埋藏方式等对深部储层也有明显影响。在不同地质背景的地区，深部储层保孔的主控因素会有差别，玛湖地区周缘二叠系深部储层以溶蚀保（增）孔机制为主，盆地腹部侏罗系深部储层异常高压保孔机制较为典型，而在盆地南缘侏罗系深部储层，裂缝的增孔、增渗较为关键，较低的古地温梯度和早期浅埋、晚期快速深埋的地层埋藏方式也是其深部储层保孔的主要因素。

1. 溶蚀作用增孔

准噶尔盆地自海西期至喜马拉雅期经历了多期构造运动，发生了多期沉降、抬升、挤压、拉伸等构造运动，形成了多个大型不整合，大气水会在这些不整合之下的地层发生长期、大规模淋滤，使长石、方解石、浊沸石等不稳定矿物发生溶蚀，形成大量溶蚀孔隙和溶蚀型裂缝，可有效改善储层的孔隙度和渗透率，形成次生孔隙发育带。

除了大气降水淋滤之外，在不整合不发育的地层内，产生溶蚀孔隙的原因主要为有机酸的溶蚀作用，而黏土矿物的转化脱水也对次生溶孔的形成具有促进作用。有机酸一般大量产生于烃源岩的大规模生排烃和油气充注之前，这些有机酸会对易溶型碎屑颗粒和胶结物产生强烈溶蚀作用，形成大量的次生孔隙。

以玛湖地区深层致密砾岩储层为例。溶蚀作用是玛湖地区深部储层形成的主要成因机制，有以下几方面特征。

（1）深部储层溶蚀作用以长石溶蚀和粒内溶蚀为主。

玛湖地区深层溶蚀作用主要分为粒间溶蚀和粒内溶蚀两种类型。粒间溶蚀可分为胶结物溶蚀和杂基溶蚀两类，这些胶结物和泥质杂基受溶蚀作用影响，完整的自形晶体基本不发育，均发生部分溶蚀或全部溶蚀，呈港湾状、河口状、牙齿状或不规则状，被溶蚀部分则在颗粒间形成各种形态的、成群连片分布的粒间溶孔。粒内溶蚀长石溶蚀最为普遍，溶蚀程度也相对较高，形成大量溶蚀型次生孔隙，溶蚀孔隙相互连通，形成孔隙网络，增孔效应明显。

垂向上看，溶蚀作用在埋深大于 4000m 的储层内非常发育，尤其是大于 4500m 的深层（图 2-13）。总体上看，埋深超过 4500m，粒内溶蚀作用相对更发育，占据的孔隙空间的体积分数更大，且体积分数随着埋深的增加先是缓慢增加，直至埋深达到 4700~4800m 后开始缓慢下降；粒间溶蚀作用与此不同，在埋深 4400m 以深发育较少，但随着埋深的增加，粒间溶蚀发育程度增加，所占据的孔隙空间体积分数增大。

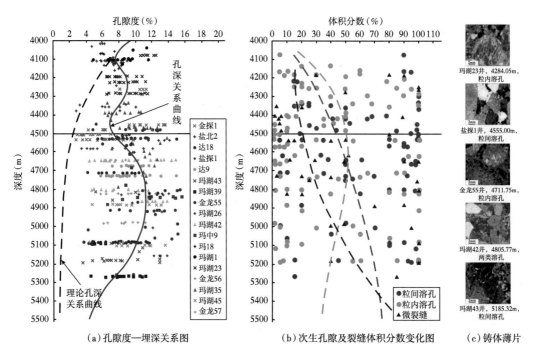

图 2-13　玛湖地区深层致密砾岩储层孔隙度—深度关系及次生孔隙和裂缝变化

（2）水下分流河道优势微相贫泥砂体有利于溶蚀作用。

物性统计表明，不同沉积微相对应的储集物性具有明显的差异，扇三角洲水下分流河道及河口坝砂体物性最好，这是因为河道水动力强，且搬运碎屑物质的距离相对较远，导致颗粒分选性与磨圆度均较好，泥杂基含量较低，这不仅有利于原生孔的保存，还有助于溶蚀作用产生次生孔隙。扇三角洲平原辫状河道砂体物性稍差，因为其搬运距离远，沉积分异作用较弱，泥杂基含量较高。以玛东地区为例，由图 2-14 可以看出，平原相辫状河道含泥砂砾岩由于泥质含量较高，原始物性较差，受早成岩期碱性溶蚀改造弱，其储层孔隙度随埋深增加急速降低；而前缘相贫泥砂砾岩，由于泥杂基含量低，原始物性好，受早成岩期碱性溶蚀作用增孔，其原生孔及溶孔被很好地保存下来，表现为随着埋深的加大，其储层孔隙度偏离正常的压实曲线，表现为异常高孔隙度的特征，其储层孔隙度在埋深超过5000m 时还可超过 10%。

（3）沸石的溶蚀改造是次生孔隙形成的重要途径。

浊沸石溶蚀孔是研究区重要的储集空间类型。柱状浊沸石集合体以孔隙充填的形式出现，在局部观察到浊沸石溶蚀现象。玛湖地区深层储层胶结物类型主要有浊沸石、方解石、硅质、绿泥石，其中以浊沸石胶结物最为典型。沸石胶结物常充填砂砾岩原生粒间孔隙，使得孔隙度大幅降低。但部分沸石在后期会发生溶蚀，大量次生孔隙的产生可改善砾岩储层。从下乌尔禾组到上乌尔禾组再到百口泉组，沸石呈现出方沸石逐渐增加，浊沸石与片沸石逐渐减少的趋势。受浊沸石溶蚀作用的影响，玛湖地区深层贫泥支撑砾岩具有"早期浊沸石胶结保孔，晚期溶蚀增孔"的储层改造模式（图 2-15）。

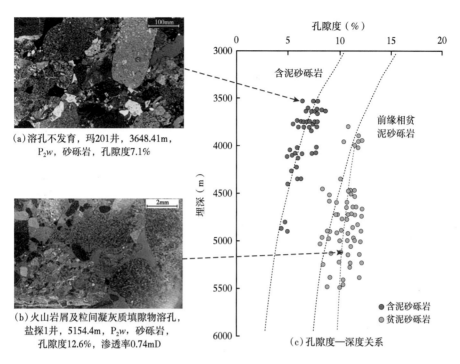

(a)溶孔不发育，玛201井，3648.41m，
P₂w，砂砾岩，孔隙度7.1%

(b)火山岩屑及粒间凝灰质填隙物溶孔，
盐探1井，5154.4m，P₂w，砂砾岩，
孔隙度12.6%，渗透率0.74mD

(c)孔隙度—深度关系

图2-14　玛东地区下乌尔禾组深部储层孔隙度—埋深关系图

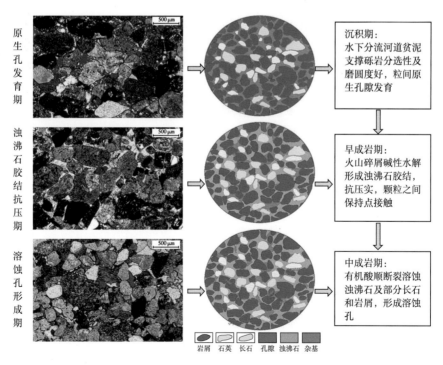

图2-15　玛湖深部贫泥支撑砾岩"早期浊沸石胶结保孔，晚期溶蚀增孔"模式

2. 微裂缝扩孔增渗

准噶尔盆地南缘深层—超深层碎屑岩储层中，发育大量的微裂缝，微裂缝对于储层物性的改善及油气的输导均起到重要的作用。裂缝部位的溶蚀作用增强，另外裂缝也沟通了孔隙网络，从而扩大了溶蚀空间。南缘清水河组碎屑岩储层特征显示，在埋深超过4500m的条件下，上覆地层压力大、持续时间长，而砾石抗压能力相对较弱，颗粒会发生大规模破碎，形成大量裂缝，甚至是不同宽度、不同展布方向、不同期次的裂缝网络，与孔隙组成了类型多样的孔—缝组合。研究结果显示，该区主要发育三类储层：Ⅰ类储层的储集空间以裂缝—原生粒间孔隙组合为主导［图2-16（a）、（b）］，压实作用整体相对较弱，储集空间以残余的原生粒间孔隙为主，颗粒微裂缝发育，粒间胶结物含量低；Ⅱ类储层的储集空间以裂缝—溶蚀孔隙组合为主导［图2-16（c）、（d）］，储层压实作用与胶结作用强，裂缝与次生孔隙存在良好的伴生关系，为该类储层的主要储集体；Ⅲ类储层的储集空间以裂缝为主导，钙质胶结强烈，溶蚀作用仅发生在微裂缝内部［图2-16（e）、（f）］。

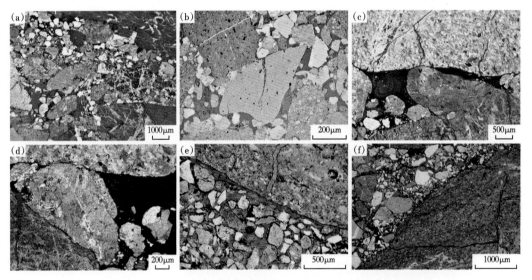

图2-16　准噶尔盆地南缘西段清水河组碎屑岩储层储集空间特征
（a）GHW001井，5829.04m，剩余粒间孔隙发育，微裂缝切穿颗粒，铸体薄片；（b）GHW001井，5828.19m，
微裂缝切穿颗粒，铸体薄片；（c）G101井，6020.83m，微裂缝与次生溶蚀孔隙相伴生，铸体薄片；
（d）G101井，6020.83m，微裂缝与次生溶蚀孔隙相伴生，铸体薄片；（e）G101井，6018.60m，
微裂缝切穿方解石胶结物，粒间孔隙不发育，微裂缝内部可见方解石溶蚀残余，铸体薄片；
（f）G101井，6018.60m，微裂缝切穿方解石胶结物，铸体薄片

3. 异常高压保孔扩缝增渗

准噶尔盆地深部地层普遍发育异常高压（图2-17），主要成因是烃源岩大规模生排烃和黏土矿物成岩转化造成的流体内部增压，该类超压除南缘冲断带以外均有发育；另一个成因是垂向不均衡压实作用和侧向挤压构造应力作用造成的岩石外部增压，该类超压主要发育于南缘冲断带，西部隆起带也有局部发育。总体上，无论是原生孔隙带，还是不同类型、不同区块、不同深度的次生孔隙带均与超压带密切相关，显示了异常高压的保孔甚至增孔作用（图2-17）。

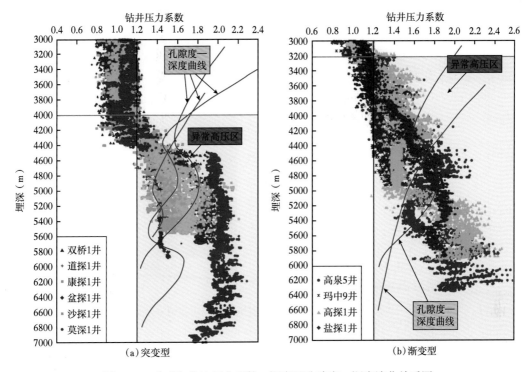

图 2-17 准噶尔盆地压力系数—深度及孔隙度—深度演化关系图

盆地南缘西段清水河组储层地层压力及物性特征显示，深埋过程中地层超压的出现将极大地减缓储层的压实强度，并可抑制自生石英生成，促进长石等溶蚀作用的进行，进而使储层物性得以有效保存，同时也扩大了深部储层的渗透率。清水河组储层虽然埋深在3800~5500m 之间，但储层的孔隙度和渗透率在垂向上并未出现显著差异性变化。

为考察孔隙压力与渗透率的关系，对准噶尔盆地南缘西段不同井清水河组的砂岩样品（图 2-18）及康探 1 井上乌尔禾组不同泥质含量的砂岩样品（图 2-19）进行了模拟实验。结果显示，对于同一个样品，均随着孔隙压力的增大，渗透率会增加，当孔隙压力增加到一定程度时，渗透率增加幅度会加剧；砂岩中随着泥质含量的减少，渗透率增加效果会更加显著［图 2-18（a）］。这从同一深度点不同泥质含量的样品在固定围压下对比模拟实验结果可以看出［图 2-18（b）］，当孔隙压力增加到较高幅度时（图中为 138MPa），砂岩样品中裂缝会大量增加，形成微米级裂缝网络，而泥质含量高的样品裂缝增加相对有限。高压下裂缝网络的形成会产生有效的扩渗增流作用。

因此可以看出，准噶尔盆地深层异常高压对深部储层具有保孔、扩缝、增渗作用。一方面异常高压可以有效减少上覆地层压力和围岩应力，削弱、减缓甚至抑制压实、压溶和胶结等破坏型成岩作用的速率和规模，对已形成的次生孔隙带也具有保持作用，抑制二次压溶或胶结；另一方面，可以增强其内部流体的热循环对流，增大了酸性流体如 CO_2 的溶解度，有效增强溶蚀作用等成岩作用的进行；而且还可以在刚性颗粒较发育的储层内形成微裂缝，作为孔隙流体渗流的高效通道。

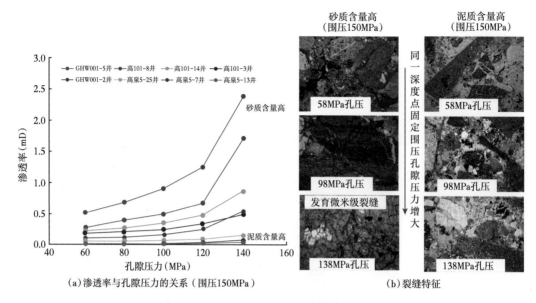

图 2-18　准噶尔盆地南缘西段清水河组样品模拟实验结果及显微镜照片

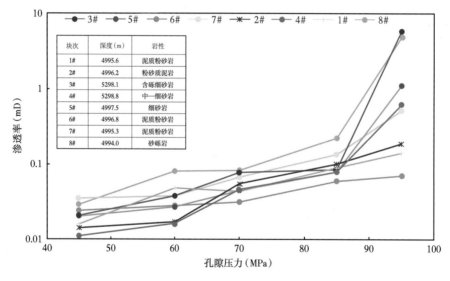

图 2-19　康探 1 井上乌尔禾组不同泥质含量的砂岩样品模拟实验下显示的储层渗透率与孔隙压力关系

　　同时，部分异常高压的存在也提升了孔隙流体承压能力，致使压实速率减慢且效应减弱，在异常高压的促进下，地层中大量的有机酸规模溶蚀粒间胶结物和粒内相关碎屑，形成大规模发育的次生溶蚀孔隙带。进入晚期溶蚀阶段后，尽管异常高压的存在可以减缓部分上覆地层压力，但砾石颗粒由于埋深大且经历长期高强度压实，发生大规模形变，形成大量微裂缝。因此异常高压—裂缝—溶蚀孔隙形成一个微观的深部储层保孔增孔机制。

4. 其他因素

　　除了上述主要因素以外，还有其他地质因素也会在一定程度上对深部储层起改善作用，甚至很多时候是多重因素耦合在一起控制了深部有效储层的形成。以盆地南缘西段清水河组深层为例，该段地层发育早期缓慢浅埋、晚期快速深埋的地层埋藏方式，相对较弱的成岩强度是南缘西段清水河组深层储层物性保存的重要因素，而延缓储层成岩进程的内在原因是清水河组储层特殊的埋藏方式及与之匹配的持续减小的古地温梯度和地层超压。

南缘西段高探 1 井恢复的地温—埋藏史曲线［图 2-20（a）］显示，清水河组储层经历了缓慢持续浅埋、稳定浅埋、波动埋藏和快速深埋四个埋藏阶段。自清水河组储层进入埋藏期开始，整个准南古地温梯度处于持续降低状态，这是清水河组储层在现今深埋条件下仍处于早成岩晚期—中成岩早期的重要原因［图 2-20（b）］。该埋藏演化条件使储层在浅埋藏早成岩期压实强度较弱的条件下，有充足的时间进行碱性成岩流体内部碳酸盐和绿泥石包壳等胶结过程［图 2-20（c）］，并对储层后期埋藏抗压实性起到抑制作用。而在快速深埋的早成岩晚期—中成岩阶段，由于快速深埋过程使清水河组大套厚层泥岩内部孔隙水难以排泄，进而使其下部储层段孔隙水难以释放，使地层压力逐渐增大并最终进入现今的深层超压状态。同时前期研究表明，下伏侏罗系烃源岩在新近纪中晚期进入大量生排烃阶段，其引发的地层超压传导也会增加清水河组的地层压力，形成超压保孔扩渗增流作用。

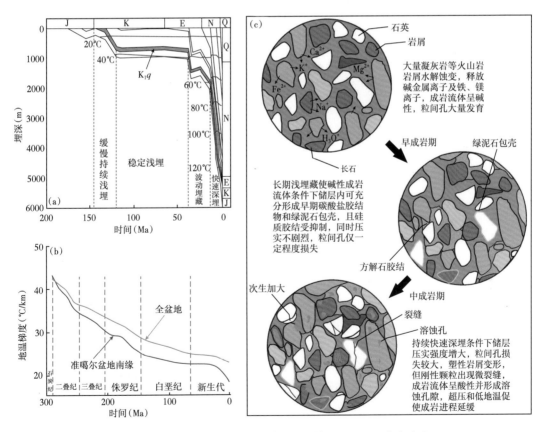

图 2-20　准噶尔盆地南缘西段清水河组储层地温—埋藏史（a）、
地温梯度演化（b）及物性保存模式（c）

第四节　准噶尔盆地深部具备有利的盖层条件

准噶尔盆地自下而上发育七套泥岩盖层，其中区域性盖层四套（中二叠统下乌尔禾组、上三叠统白碱滩组、下侏罗统三工河组及下白垩统吐谷鲁群）（图2-21），局部盖层3套（下侏罗统八道湾组二段、下侏罗统三工河组三段、古近系安集海河组）。

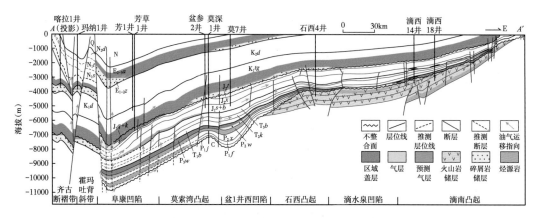

图 2-21　准噶尔盆地天然气生—储—盖组合及成藏剖面图

C—石炭系；P_1j—下二叠统佳木河组；P_1f—下二叠统风城组；P_2x—中二叠统夏子街组；P_2w—中二叠统下乌尔禾组；P_3w—上二叠统上乌尔禾组；T_1b—下三叠统百口泉组；T_2k—中三叠统克拉玛依组；T_3b—上三叠统白碱滩组；J_1b—下侏罗统八道湾组；J_1s—下侏罗统三工河组；J_2x—中侏罗统西山窑组；J_2t—中侏罗统头屯河组；J_3q+k—上侏罗统齐古组和喀拉扎组；K_1tg—下白垩统吐谷鲁群；K_2d—上白垩统东沟组；$E_{1-2}z$—古近系紫泥泉子组；$E_{2-3}a$—古近系安集海河组；N_1s—新近系沙湾组；N_1t—新近系塔西河组；N_2d—新近系独山子组；Q—第四系

准噶尔盆地深层油气分布受四套区域性泥岩盖层控制。第一套区域性盖层下乌尔禾组发育褐色、灰褐色泥岩，厚度一般为50~200m，主要分布在盆地中央坳陷区，有从山前向斜坡区逐渐加厚的趋势，由该套泥岩盖层封盖形成的油气田（藏）有玛北油田、火烧山油田、中拐—五八乌尔禾油藏等。第二套区域性盖层上三叠统白碱滩组发育深灰色泥岩，白碱滩组泥岩盖层形成于湖侵时期，在盆地广泛分布，厚度一般为100~400m，在盆地西部凹陷区和南缘厚度较大，腹部和东部受古隆起影响厚度较薄，整体向古隆起及斜坡部位减薄、尖灭，克拉玛依油田、玛湖大油区中—下三叠统油气层主要集中在该套区域性盖层之下。第三套区域性盖层下侏罗统三工河组泥岩主要为滨浅湖相产物，分布范围甚广，沉积厚度具有自北向南和自盆地周边向盆地腹部增厚的趋势，厚度一般为110~270m，彩南、石西、莫北、石南及陆南地区三工河组油藏皆为三工河组泥岩封盖形成。第四套区域性盖层下白垩统吐谷鲁群以湖相深灰色、灰绿色泥岩沉积为主，分布范围较为广泛，厚度一般为140~480m，在盆地内广泛分布，中央坳陷带及南缘厚度最大，向东西两侧减薄直至尖灭，其下封盖形成有高探1井、呼探1井清水河组油气藏等。另外，深部发育的盐岩、膏岩层会增强盖层的有效性。

从深层盖层发育来看，中二叠统下乌尔禾组和上三叠统白碱滩组对玛湖、沙湾、盆1井西凹陷周缘深部成藏最为关键，下侏罗统三工河组及下白垩统吐谷鲁群对南缘尤其是阜康凹陷南部的深层油气成藏非常重要。因此，准噶尔盆地深层多套烃源岩、多套储集体及多套区域性盖层相互匹配，构成良好的生—储—盖组合，为深层油气成藏奠定了有利的条件。

第三章　玛湖凹陷深层全油气系统成藏理论

玛湖凹陷风城组全油气系统是准噶尔盆地深层烃源岩层系内油气大面积成藏的体现。玛湖凹陷风城组作为国内外含油气系统向全油气系统发展的勘探实例，为全油气系统成藏理论构想提供了首个实证。含油气系统理论是勘探战略选区的基本工具，鉴于当前非常规油气地质理论对经典含油气系统理论造成巨大冲击，需要重新审视全油气系统成藏理论，赋予其新的内涵，以推动油气地质基础理论的发展。准噶尔盆地克乌和玛湖两大百里油区及风城组源内大油区的勘探历经三个阶段和五次跨越：由浅层向深层、由单一或多圈闭向连续地质体、由源外向源内、由常规向非常规、由含油气系统向全油气系统的演变。玛湖凹陷风城组全油气系统是全油气系统概念的具象化和实证，实现了全油气系统理论向实践的转变，丰富和发展了含油气系统理论，指导了准噶尔盆地富烃凹陷的"下凹"勘探，对中国各大含油气盆地的深层油气勘探具有重要借鉴意义。

第一节　含油气系统理论沿革及发展

一、含油气系统理论的历史沿革

含油气系统理论对油气勘探工作极为重要，是正确指导油气勘探、预测油气资源量、降低勘探不确定性的重要理论方法，是油气勘探中一个重要的评价内容（汪时成等，2000；何登发等，2000；赵文智等，2001，2002）。然而，随着油气勘探向深层的不断挺进，更多类型油气藏类型包括非常规页岩油气藏的相继发现，显示传统的含油气系统理论在油气勘探中的应用存在一定局限性，正在面临重大的挑战，特别是源内非常规页岩油气勘探突出了"进源找油"理念，突破了经典的含油气系统理论固有的"源外找油"思想（邹才能等，2010，2014；贾承造，2016，2017）。在中国西部叠合盆地中，受多旋回沉积盆地中复杂地质条件的影响，迫切需要新的油气系统理论指导油气勘探。

含油气系统概念的提出及其沿革可以划分为 3 个阶段：1994 年之前的萌芽阶段、1994—2000 年间的含油气系统阶段、2000 年之后的复合含油气系统和全油气系统阶段。相应地，含油气系统概念的内涵也逐渐发生转变并不断得到延伸。

1. 萌芽阶段（1994 年之前）

含油气系统概念的最早提出到后来的不断延伸是一个对概念内涵和定义不断完善、修正和发展的过程。含油气系统概念最早萌芽于国内，胡朝元等，（1960，1963）基于大庆石油会战地质研究成果，最早提出了成油系统概念，该概念指出油气藏的形成需要在某一地质时期，油源、储层、盖层、圈闭和运聚过程等地质要素必须相互关联，从而形成一个完整的成油系统（胡朝元等，1963）（图 3-1）。在该概念基础上，后来产生了陆相盆地"源控论"的油气地质思想，即勘探学家们发现松辽盆地烃源岩分布与油气聚集有密切的关系，指出"油气田环绕生油中心分布，并受生油区的严格控制，油气藏围绕生油中心呈环带状分布"（胡朝元，1982）。"源控论"的核心思想立足于有机生油理论，明确了陆相含油气盆地中油气藏的形成和分布受成熟烃源岩的控制，油气田都分布于有成熟烃源岩的生油凹陷周围的正向构造。因此，在勘探部署上强调了定洼（凹）的重要性，从而形成了围绕生烃中心、寻找正向构造单元的勘探思路。

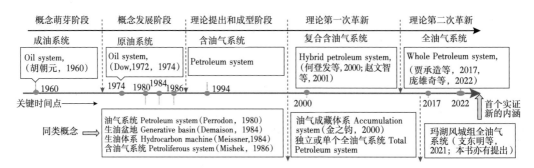

图 3-1　含油气系统理论沿革、发展阶段和时间点

国外最先是 Dow 于 1972 年针对美国 Williston 盆地的生—储—盖之间的关联性，在美国丹佛举行的美国石油地质学家协会会议（AAPG）上提出的"Oil System"概念，并于 1974年发表于《AAPG Bulletin》（Dow，1974）。Dow 利用地质地球化学数据，对 Williston 盆地的典型油藏进行了分析，认为可以从烃源岩、储层、盖层及运载层等方面合理地分析油藏的分布规律，并将烃源岩与油气聚集联系起来。之后，Perrodon 等通过系列研究，提出了含油气系统（Petroleum System）的概念（Perrodon 等，1984；Perrodon，1992），定义油气系统是一系列地质现象的有序组合，即从油气生成开始、然后运移、最终油气在圈闭中聚集成藏，通常表现为油气藏形成所涉及的一定的地质因素的延伸（Perrodon，1992）。在其定义的油气系统中包含两个主要的因素：一定数量的烃类和一定的容纳空间或一组储层、圈闭和盖层的组合（Demaison 等，1991）。随后，一些相似的概念陆续地被提出，如生油盆地（Generative Basin）（Demaison，1984）、生烃体系（Hydrocarbon Machine）（Meissner 等，1984）及独立油气系统（Independent Petroliferous System，IPS）（Ulmishek，1986），在这些概念中，都重点关注到油气成藏地质要素与成藏过程的有机联系。

2. 含油气系统阶段（1994—2000 年）

勘探实践的不断积累使勘探家们越来越意识到成藏地质要素和成藏过程在时间、空间上的匹配关系的重要性。1988 年 Magoon 首次使用了要素（Element）这一术语（Magoon，1988），强调了成藏地质要素的作用，认为油气成藏的基本要素包括烃源岩、储层、盖层、运移路径和圈闭。目前认可度较高且应用广泛的油气系统理论是 Magoon 和 Dow 于 1994提出的，该理论指出含油气系统（Petroleum System）是包含一个活跃烃源岩及与该烃源岩有关的所有已形成的油、气，并包含油气藏形成时必不可少的一切地质元素和地质过程（Elements and Processes）的自然系统。含油气系统中的"Petroleum"包括常规储层中热成因和生物成因烃类及存在于深海沉积物和陆域永冻土中的天然气水合物、致密储层和裂缝页岩及煤层中的烃类气体、凝析油、原油及普遍存在于储层中的沥青；系统（System）是指独立要素和地质过程，为烃类聚集的功能性单元，独立要素包括烃源岩、储层、盖层及其上覆岩层，地质过程包括圈闭形成和生烃—运移—聚集。该概念不仅给出了油气系统的定义，还提出了研究方法：通过油源对比确定烃源岩与储层的关系，并以此为基础用"四图一表"来表征源储关系，进而指导油气勘探。其中，"四图"是指关键时刻的埋藏史曲线图、含油气系统区域展布图、油气系统剖面特征图、含油气系统事件关联图（图3-2）；"一表"系指烃源岩及与之相关的油气藏分布统计表。

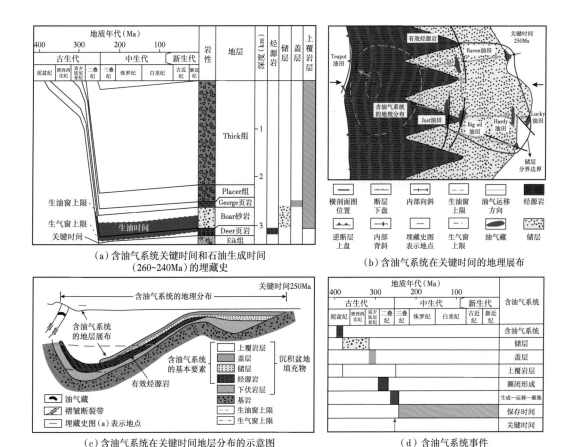

（a）含油气系统关键时间和石油生成时间（260~240Ma）的埋藏史

（b）含油气系统在关键时间的地理展布

（c）含油气系统在关键时间地层分布的示意图

（d）含油气系统事件

图 3-2　含油气系统初始概念模型与研究内容中强调的"四图"

含油气系统概念的提出，是对油气系统理论的一次系统的总结，从整体性、不同含油气系统结构差异、有序性、开放系统、随时间动态变化共五个方面总结了含油气系统的基本特征（赵文智等，2002）。总体来看，含油气系统概念从根本上实现了从烃源岩到圈闭和沿油气运聚路径寻找聚集单元的找油思想，形成了"源外找油、顺藤摸瓜"的研究思路，其核心在于对油气成藏过程的恢复。然而，从国外含油气系统概念的内涵和研究实例可以看出，这一概念更多的是强调与一套有效烃源岩相联系、由烃类运聚过程所涉及的一切地质单元、地质条件和地质过程组成，在含油气系统中只包含已经发现的烃类（油苗、油气显示和油气藏），只适用于较为简单的一期成藏的情况，而中国大型叠合盆地油气成藏大多具有多源和多期的特点，单一的含油气系统概念并不能很好地适用于中国复杂的叠合盆地。

3. 复合含油气系统和全油气系统阶段（2000年之后）

油气系统在指导常规油气勘探的实践中发挥了重要作用，其地质含义也在不断被拓展和外延。勘探家注意到含油气系统的概念多是用来表达已知的油气资源，在勘探实践中需要预测尚未发现的油气资源并消除潜在的风险。成藏组合（Play）的概念既涉及已知的油气资源，也涉及未知的油气资源及其风险（David等，1988）。基于这一背景，Magoon提出了"Complementary Plays"和"Complementary Prospects"作为补充，并在2000年和Schmoker在国际会议上给出了全油气系统（Total Petroleum System）的概念：指以一个正在生烃或曾经生烃的烃源灶、所有已发现和未发现的相关油气（油气苗、油气显示、油气藏），以及对油气聚集至关重要的所有地质要素（烃源岩、储集岩、围岩和盖层）和地质过程（油气生、运、聚及圈闭的形成）的总和。事实上，在该概念的内涵中，Total Petroleum System是含油气系统与"Complementary Plays"和"Complementary Prospects"中未发现的油气资源的集合（图3-3），针对的仍然是一个活跃或曾经活跃的烃源灶。后来，美国地质勘探局（USGS）在对Kohat-Potwar Geologic Province油气评估时也发现，在该地区存在数个独立的全油气系统（Total Petroleum System），该地区多套叠合的烃源岩、储层和广泛的断层系统导致了不同来源的烃类的混合，而使油气系统的区分变得困难，从而提出了复合全油气系统（Composite Total Petroleum System）的概念，但并未明确阐明其内涵（Wandrey等，2004）。

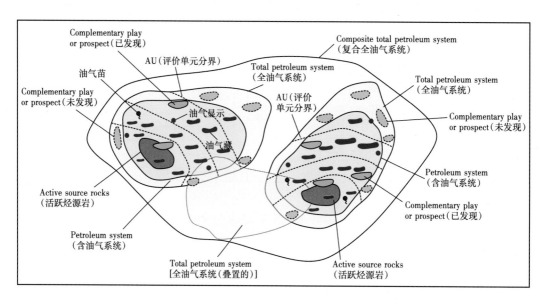

图3-3 含油气系统—全油气系统—复合全油气系统—评价单元概念关系图

在中国复杂的多期叠合盆地的背景下，中国科学家在2000年前后也提出了复合含油气系统的概念，强调油气藏多源和多期背景下含油气系统互相叠置、交叉和窜通的发育特点（赵文智等，2001），为含油气系统概念的第一次革新作出了重要贡献。中国西部的叠合盆地存在多旋回演化、多源、多期成藏等，使多个含油气系统在三维空间存在相互交叉叠置的特征，因此中国科学家进一步提出了复合含油气系统的概念（何登发等，2000；赵文智等，2001），指出在叠合含油气盆地中，多套烃源岩可在一个或数个负向地质单元中集中发育，并在随后的继承发展中，出现多期生烃、运聚与后期调整改造的变化，从而导致多个含油气系统的叠置、交叉与窜通（赵文智等，2001）。

其内涵包括（赵文智等，2001）：（1）组成复合含油气系统的生烃灶至少有一个，而烃源岩层系至少是两套，且在平面上存在重叠和交叉；（2）两套以上的生烃层系或两个以上生烃灶中的油气藏形成往往表现出多期次，并共享部分石油地质条件，如同一套盖层、同一个油气聚集区带与油气有同一的运移输导层系；（3）每一个生烃层或每一套生烃层系都有隶属自己的独立的油气运聚发生，但相互间又有部分流体的交换，如油气通过不整合面或断裂带运移，在两个烃灶中间的隆起部位混合聚集，使两个或两个以上的系统既有独立性，又有联系；（4）复合含油气系统的形成往往有多个关键时刻，包括各生烃层系与各烃灶大规模生烃和排烃的时间，也包括已经形成的油气藏被破坏或被调整到新圈闭中再聚集的时间；（5）复合含油气系统的边界应该在各相对独立系统边界确定的基础上，根据叠置、交叉与窜通所涉及的空间范围取其最大外边界。

复合含油气系统结合中国含油气盆地勘探实践，打破了经典概念中单一含油气系统的局限性，实现了研究方法和理论思想的发展。在研究方法上，实现了三大转变，即由单源和单期成藏向多源和多期成藏转变、由简单含油气系统评价向复合含油气系统评价转变、由简单含油气系统勘探向复合含油气系统勘探转变。在理论思想上着重探讨了含油气系统之间的相似特征及控制因素，推动了含油气系统理论研究层次的延伸：即由单个原型盆地向多旋回复杂构造活动控制下的叠合和复合盆地延伸，由单一含油气系统向复杂成藏环境的复合含油气系统延伸，由简单的油气聚集带向多成因组合的复式油气聚集带延伸。

二、全油气系统（Whole Petroleum System）概念的内涵

深层非常规页岩油气藏为油气勘探带来了新的生机，也为经典含油气系统理论带来了新的挑战（Law，2002；邹才能等，2014，2015）。在解释中国西部复杂油气地质条件下油气成藏特征和分布规律时，以往的油气系统理论仍存在诸多问题，概括起来包括以下几点：（1）以往的含油气系统理论强调一套独立的有效烃源岩层及其形成的油气藏，因此在中国叠合盆地多套烃源岩层的地质背景下应用起来面临挑战，相关复合油气系统理论能够解决部分问题，但也不能区分多套油气系统叠加复合的情况；国外虽然提出复合全油气系统（Composite Total Petroleum System）来解决"多源"油气系统的问题，但仍然强调的是多个独立的全油气系统，并不适用于油气藏交叉、窜通频繁的中国复杂叠合盆地。（2）传统油气系统强调以有效烃源灶为中心，对于勘探程度较低或油气来源不明的地质背景下应用比较困难，对油气藏的性质及其空间差异等重视不够。（3）当深层油气藏勘探从源外进入到源内时，传统油气系统理论及内涵（包括Total Petroleum System）都没有阐述到非常规油气藏与常规油气藏之间的关联性，虽然提到"Petroleum"中包含部分非常规油气藏，但是没有非常规油气运聚的理念，本质上是"源外找油、顺藤摸瓜"的理念。然而，非常规油气藏有别于常规油气藏的烃源岩、储层、盖层、运移方式、聚集单元、圈闭及保存条件，其成藏及聚集理论也突破了传统成藏要素的概念（汪时成等，2000），非常规油气理论强调了从"源外找油"向"进源找油"的勘探开发思路及方法（邹才能等，2014）。因此，需要发展全油气系统理论，赋予其新的内涵，以推动油气地质基础理论的发展和指导深层油气勘探。

贾承造（2017）认为："未来石油天然气地质学应该是一个新的全油气系统理论模型，不局限于'从烃源岩到圈闭'的视角，而是从'源储耦合、有序聚集'的新视角，包括长距离运移烃、近距离运移烃、滞留烃等常规与非常规两种油气资源的聚集成藏。"庞雄奇等（2022）将全油气系统概念定义为"含油气盆地相互关联的烃源岩层形成的全部油气、油气藏、油气资源及其形成演化过程和分布特征在内的自然系统"，其内涵包含了油气成藏全要素、相互作用全过程、资源分布全系列、研究评价全方位等方面。准噶尔盆地玛湖凹陷为含油气系统理论的重大革新提供了极好的研究区和实践场所。

准噶尔盆地玛湖凹陷风城组常规与非常规油气资源并存，截至2022年底已累计27井、36层获工业油流，一个$10×10^8$t级储量规模的源内非常规油气资源场面基本形成。因此，玛湖凹陷风城组常规—非常规油气藏有序共生为国内外全油气系统理论构想提供了首个实证。玛湖凹陷风城组油气藏的发现经历显示了油气勘探过程由源外向源内、由常规向非常规、由浅层向深层、由单一圈闭向连续地质体、由含油气系统向全油气系统的演变。受风城组沉积体系的控制，常规砂岩—砾岩储层与非常规白云质砂岩、泥页岩储层有序分布（图3-4），具有常规油—致密油—页岩油的序次分布特征，形成了一套烃源岩层系内的常规油—致密油—页岩油有序共生的全油气系统。因此，本书在风城组油气勘探实践经验和成果的基础上，定义全油气系统为从烃源岩内非常规油气藏到烃源岩外常规油气藏连续有序分布的整体体系，包括一个或多个烃源岩内油气生成、运移、聚集、破坏到调整再成藏所涉及的所有地质要素、过程及要素之间的相互作用的体系。其内涵包括烃源岩内页岩油气自生自储形成非常规油气藏的作用过程，以及油气从烃源岩生成后运移到圈闭形成常规油气藏的作用过程，以及这两类油气资源及成藏过程中的要素叠加和复合作用，还包括地质历史过程中形成但被破坏的古油气藏及可能存在但需要预测的未知油气藏和油气资源。

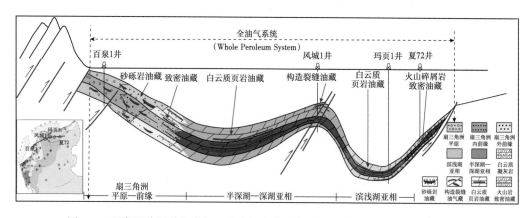

图 3-4 玛湖凹陷风城组常规—非常规油藏有序共生成藏指示的全油气系统内涵

第二节 风城组间歇性碱湖沉积体系

一、风城组分布及岩性概况

玛湖凹陷下二叠统风城组主体为半深—深碱湖背景下的多源混合细粒沉积建造（支东明

等，2019），存在来自干旱炎热蒸发环境引起的内源化学沉积、前陆盆地发育过程中周缘火山活动提供的火山物质，以及西缘推覆体被剥蚀形成的近源快速堆积的扇三角洲陆源碎屑供应。玛湖凹陷纵向上受到湖盆水体变化及不同物源体系的影响，自下而上划分为风城组一段（P_1f_1）、风城组二段（P_1f_2）、风城组三段（P_1f_3），不同层段沉积物差异明显（图3-5）。

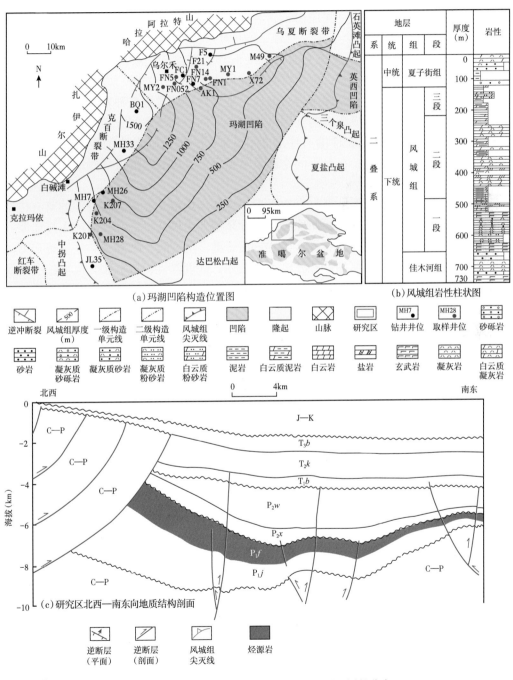

图 3-5 地质结构剖面显示风城组及上下地层的分布

风城组一段（P_1f_1）厚 0~412m，自西北向东南减薄，自上而下又分为 2 个层组，主要为灰色、深灰色白云质页岩及泥质白云岩、页岩，夹薄层泥质粉砂岩、蒸发岩，在凹陷东北部夏 72 井区底部还发育玄武岩、火山角砾岩、安山岩、流纹岩等。风城组二段（P_1f_2）厚 0~326m，自上而下分为 3 个层组，以灰色、深灰色页岩及泥质白云岩、白云质页岩为主，夹泥质粉砂岩、碱性蒸发岩等。风城组三段（P_1f_3）厚 0~850m，自上而下分为 3 个层组，以灰色页岩、白云质页岩、泥质白云岩为主，夹泥质粉砂岩、白云质粉砂岩、碱性蒸发岩等。

风城组不同类型的油气在空间上的共生关系与沉积建造关系密切。风城组沉积建造非常复杂，从岩石组分构成来看，主要有陆源碎屑岩类、火山岩类、内源化学碳酸盐类和蒸发岩类，形成了砾岩、砂岩、云质岩、泥岩、凝灰岩、盐岩等多种岩石类型及多类过渡岩性的全序列沉积，纵向形成频繁的互层结构。对不同岩相带空间分布的预测结果显示出玛湖凹陷风城组不同相带和岩性的有序展布（图 3-6）。受前陆坳陷的控制，靠近西缘逆冲带具有充足的可容纳空间，在一定的物源供给背景下，风城组形成巨厚的短轴局限扇体（图 3-7）。

剖面上，风城组一段下部发育火山碎屑沉积物夹火山岩，上部为湖进期的富有机质泥岩及云质岩类；风城组二段沉积时期处于强蒸发环境，水体盐度高，外源输入量受限，相对粗碎屑颗粒局限分布，主要发育富有机质云质岩类、泥岩类，凹陷中心还发育典型的碱性矿物；风城组三段沉积时期随着外源输入量增加，盐度降低，沉积物与风城组一段顶部相似。

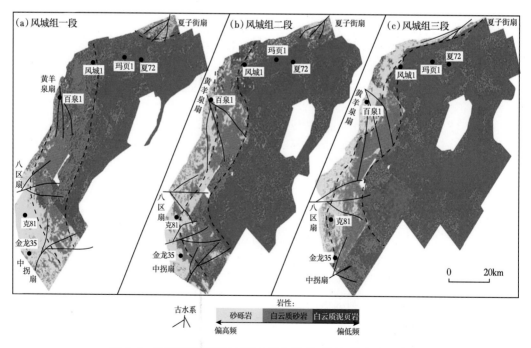

图 3-6 玛湖凹陷南部风城组地震相指示不同相带有序展布图

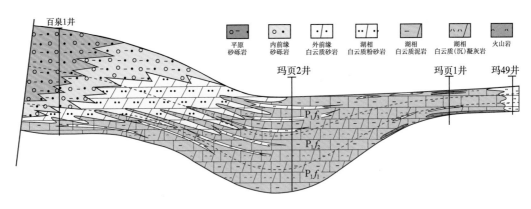

图 3-7　玛湖凹陷风城组剖面指示岩性有序分布模式图

平面上，碎屑岩分布于湖盆边缘，埋深较浅（2800~3600m）。砾岩储层以冲积扇扇中和扇三角洲平原相为主，部分分布于扇三角洲前缘，主要包括小砾岩、细砾岩、砂砾岩和砂质砾岩，含少量中砾岩，通常厚度大，泥岩夹层不发育。灰绿色砾石的分选性和磨圆度相对较好，多形成于扇三角洲内前缘；而棕红色砾岩结构成熟度较低，对应冲积扇和扇三角洲平原沉积。砾岩通常厚度较大，泥岩夹层不发育。凹陷区广泛分布厚层白云岩、白云质粉砂岩、白云质泥岩、泥页岩。从单井统计的细粒沉积厚度与属性结果的趋势预测，凹陷区泥页岩厚度 100~1500m，平面分布广。白云石含量变化较大，主要是白云质砂岩、白云质泥岩和白云岩。火山岩主要分布于玛北夏 72 井区—风城 1 井区及玛南地区克 81 井区，厚度为 15~50m，分布局限。

由边缘砾石沉积向湖盆中心岩性变细，逐渐过渡为白云质粉—细砂岩、白云质泥岩、泥岩、盐岩沉积，钻井揭示的各类岩性均见到不同程度的油气显示，反映了良好的含油气性。位于前陆坳陷中心区的百泉 1 井钻遇了巨厚扇三角洲相砾岩，向凹陷区探索的玛湖 28 井、玛湖 33 井钻遇了厚层白云质粉—细砂岩夹薄层泥页岩，全井段见油气显示，获得高产工业油流；北部玛页 1 井、夏 72 井、夏 87 井风城组一段钻遇了优质火山岩储层，风城组二段、风城组三段白云质细粒岩也是全井段均见油气显示；中部的风城 1 井、艾克 1 井等钻遇了风城组云质岩、泥岩等频繁互层，油气显示活跃，风城 1 井小规模压裂即获得高产工业油流。

二、风城组间歇性碱湖沉积的主要依据

碱湖优质烃源岩是陆（湖）相优质烃源岩的一种重要类型，准噶尔盆地下二叠统风城组可能是这类烃源岩的最古老实例，典型证据包括三方面：沉积学方面的成碱演化序列完整，岩石矿物学方面的碱性矿物与丰富的微生物和黄铁矿，地球化学方面的生物标志化合物。

在岩石矿物学证据方面，玛湖凹陷风城组发育大量碳酸盐类矿物，与现代碱湖基本一致，主要有碳钠钙石、碳酸钠石、苏打石和硅硼钠石，偶见石盐和石膏。如图 3-8 所示，岩心中还发现了季节性纹层（风南 1 井），反映了相对浅水碱性环境和相对深水还原环境的交替；还发现了天然碱（风 20 井、风南 5 井）；显微镜下观察发现了典型的碱性矿物苏打石（风南 5 井）和碳酸钠钙石（艾克 1 井）。丰富的微生物是碱湖区别于常见硫酸盐盐湖的一个重要特征，也会形成一些典型的伴生成岩矿物，如黄铁矿等。在风城组烃源岩系中，除了发现形成于碱湖环境中的碳酸盐矿物白云石外，还发现了众多的球状微生物和莓球状

黄铁矿（图3-9）。发现的碱性矿物为进一步证实玛湖凹陷在风城组沉积属于碱湖沉积这一观点提供了有力的证据。现有钻井资料显示，越靠近玛湖凹陷的中间位置，碱性矿物越发育，并且厚度相对变大。在平面展布上，水体碱化程度最高者分布于沉积中心的风城地区和西南斜坡地区（图3-10）。

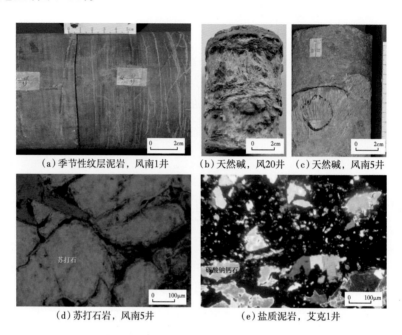

（a）季节性纹层泥岩，风南1井　　（b）天然碱，风20井　（c）天然碱，风南5井

（d）苏打石岩，风南5井　　　　　　（e）盐质泥岩，艾克1井

图3-8　风城组烃源岩中发现的碱性矿物

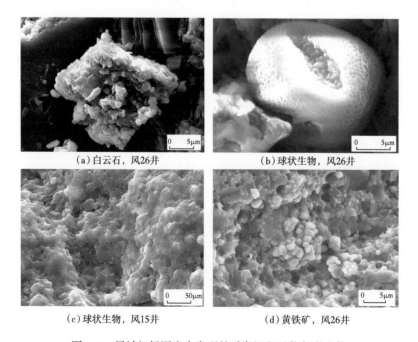

（a）白云石，风26井　　　　　　　　（b）球状生物，风26井

（c）球状生物，风15井　　　　　　　（d）黄铁矿，风26井

图3-9　风城组烃源岩中发现的碱湖沉积矿物与微生物

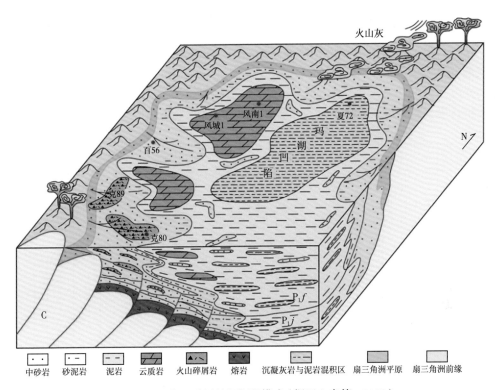

图 3-10 玛湖凹陷风城组沉积模式（据匡立春等，2012）

绝大部分现代碱湖为浅湖，即便在丰水期，水深一般也仅为数米。通过对比古代和现代碱湖可以看出，碱湖形成于半干旱气候环境。玛湖凹陷风城组一段上部和风城组二段的沉积建造中，可见到大量碱性蒸发岩矿物沉积，厚度变化较大，通常为数十毫米，与富含星点状黄铁矿的细粒云质岩呈互层或韵律出现，盐类矿物结晶粗大，为浅水环境快速结晶产物。风城组一段和风城组三段暗色细粒沉积物厚度较大，碱性矿物夹层较少，为强还原环境下半深湖相静水沉积的产物，为风城组最主要的烃源岩层。风城组二段沉积期，碱矿或盐矿常与暗色泥岩、白云质泥岩组成厚度不等的韵律，与干旱期形成的含碱层相对应；而暗色泥岩、白云质泥岩形成于相对湿润期。风城组一段下部和风城组三段上部也发育气候相对湿润期的沉积物。上述沉积组合特征表明，风城组古气候可能以干旱环境为主，期间伴随着相对湿润的气候出现。

岩心的元素分析，提供了风城组沉积时古水深、古气候、古盐度等方面的证据。从风城组一段至风城组三段，各段（Mn/Fe）×100 的平均值分别为 3.15、2.86、2.27，总体上表明古水深在各段演化进程中呈周期性变化并且逐渐降低。风城组一段沉积早期水体较深，晚期水体深；风城组二段沉积早期水体变浅，但晚期加深；风城组三段沉积期水体再逐渐变浅（图 3-11）。古水深指标的变化与 TOC 变化、古气候指标变化基本一致。

根据风城组样品的气候指数 C 值 $[C=\sum(Fe+Mn+Ni+Cr+Co+V)/\sum(Ca+Mg+K+Sr+Ba)]$（图 3-11），风城组一段沉积早期为半干旱—半温湿气候；风城组二段沉积早期为半干旱气候（短暂的湿润气候），风城组二段沉积中期为干旱—半干旱气候，风城组二段沉积晚期在干旱—半湿润气候之间波动（4680~4615m），风城组三段沉积时期为半干旱气候，据此风城组沉积时期总体以半干旱—干旱气候为主。风城组样品的Sr/Cu值分析结果显示（图3-11），Sr/Cu小于10.0出现在风城组一段沉积晚期，风城组二段沉积期出现短暂湿润气候，风城组三段沉积晚期出现温湿气候，与气候指数C值指标判别一致。风城组取样点的盐度指标Sr/Ba值范围为0.61~8.32，平均值为2.60，结合样品的Sr含量，亦能推断出风城组各段半咸水沉积环境、咸水沉积环境交替出现（图3-11）。

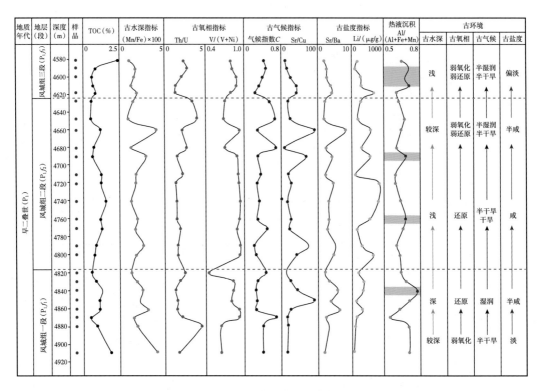

图 3-11　风城组古环境地球化学参数纵向变化图

分子地球化学指标也可以提供古环境证据，特别是氧化还原环境、水体分层和盐度指标，可以指示烃源岩沉积时的古环境。例如，玛北地区风城组烃源岩饱和烃色谱图表现出类异戊二烯烃及β胡萝卜烷较为富集、富含伽马蜡烷、姥鲛烷与植烷的比值低的特征，都指向了高盐度咸化还原的古环境。

综合各种指标分析，认为风城组一段沉积早期为淡水沉积，晚期为淡化、咸化交替沉积，可能与周期性的火山作用带入的碱性物质有关。风城组二段沉积中期盐度相对稳定并持续增大，与干旱气候导致的大量蒸发有关；风城组二段沉积期为半咸水—咸水沉积交替出现，可能与深大断裂处的热液作用有关（张志杰等，2018），在热液的参与下，元素在复杂的化学分异过程中，由于Na^+、HCO_3^-、CO_3^{2-}增加，Mg^{2+}、Ca^{2+}相应减少，从而提高了盐度。风城组三段沉积期盐度逐渐降低，与气候变湿冷有关。因此，根据风城组古环境地球化学参数的综合分析（图3-11），风城组一段—风城组三段沉积时期对应盐度演化进程为淡—半咸—咸—半咸—偏淡的过程。

三、风城组间歇性碱湖沉积演化模式

综合分析认为，玛湖凹陷风城组烃源岩演化经历了以下几个阶段（唐勇等，2022）。

第一阶段［风城组一段沉积早期，图3-12（a）］，半干旱气候，水体较深且淡，弱氧化环境，陆源碎屑物供给少，火山活动强烈，哈拉阿特山山麓发育火山碎屑岩，凹陷西部发育玄武岩，东北部发育火山岩、凝灰岩，凹陷中央发育有机质泥岩。

第二阶段［风城组一段沉积晚期，图3-12（b）］，水体较早期更深，气候湿润，火山活动减弱，由于前期火山活动的影响，火山物质的积累提高了水体盐度，同时为水生生物提供养料，有机质含量高，处于还原环境，有利于有机质泥岩的沉积。

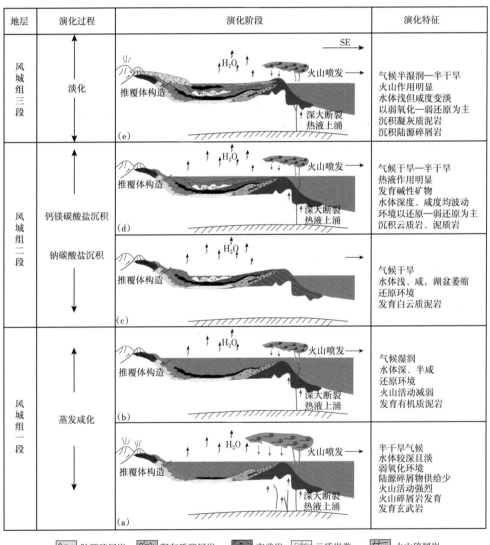

图3-12 玛湖凹陷风城组沉积演化模式（据唐勇等，2022）

第三阶段［风城组二段沉积早中期，图 3-12（c）］，气候干旱，水体变浅和变咸，湖盆萎缩，处于强还原环境，水体分层较好，Ca^{2+}、Mg^{2+} 过饱和，优先析出方解石、白云石等，藻类等生物死亡，碳酸盐矿物大量发育，富有机质泥岩与云质岩类交替发育。

第四阶段［风城组二段沉积晚期，图 3-12(d)］，气候为干旱—半干旱，热液作用明显，发育碱性矿物，环境以还原—弱还原为主，水体深度、咸度均波动变化，这种波动可能是由断裂处热液活动引起；热液为湖盆带来了大量的 Na^+、HCO_3^-、CO_3^{2-} 等离子及 CO_2 和水。在热液的参与下，元素在复杂的化学分异过程中，由于 Na^+、HCO_3^-、CO_3^{2-} 增加，Mg^{2+}、Ca^{2+} 相应减少，从而提高了盐度，有利于有机质的保存。

第五阶段［风城组三段沉积期，图 3-12（e）］，气候半湿润—半干旱，火山作用明显，水体逐渐变浅，伴随着湿冷气候水体咸度变淡，总体以弱氧化—弱还原环境为主；沉积速率大，发育凝灰质泥岩、陆源碎屑岩。

风城组的沉积演化第一、第二阶段（风城组一段沉积时期）以蒸发咸化为主；第三、第四阶段（风城组二段沉积时期）在热液作用影响下以钙镁碳酸盐沉积和钠碳酸盐沉积的咸化、碱化为主；第五阶段（风城组三段沉积时期）在火山作用、湿冷气候条件下沉积凝灰质泥岩、陆源碎屑岩，以淡化为主。风城组的沉积受火山活动、古气候的控制，有机质的保存与古水深、古氧相密切相关；干旱气候导致水体大量蒸发，促进咸化，热液作用提供大量营养物质，促进碱湖形成。

第三节　风城组常规—非常规储集岩及储集空间共生

一、储集岩及储集空间共生特征

风城组碱湖多源混合沉积形成了多储集岩石类型。勘探已证实风城组泥质岩类、云质岩类、粉砂岩类、砂砾岩及火山岩均可以作为储层。以空气渗透率 1mD、孔喉直径 1μm 为界（贾承造等，2021），风城组存在常规和非常规两大类储层。常规储层岩性包括砾岩、砂岩（碎屑岩）和熔结凝灰岩、玄武岩（火山岩）；非常规储层为空气渗透率普遍小于 1mD 的细粒混积岩储层，包括白云质砂岩、白云质粉砂岩、白云岩、泥质白云岩、白云质泥岩等（图 3-13）。常规—非常规储集岩相应形成常规—非常规储集空间。

风城组各类岩性中火山岩类储层以其特殊的结构构造与其余几类储层较易区分，砂砾岩类以粒度较粗的陆源碎屑石英、长石为主，少量钙质胶结为特点，在岩石类型划分中具有较鲜明的特点（图 3-14）。风城组泥级细粒沉积物全岩 X 射线衍射分析表明，泥级细粒沉积物中均不同程度发育云质及灰质成分，其含量 15%~50% 不等（图 3-15），极少数透镜状夹层直接表现为云质岩的特点。风城组不同层段混积泥岩成分差异较大，风城组一段长英质矿物含量较高，风城组三段黏土质含量相对较高，风城组二段中黏土质矿物、长英质矿物和灰/云质成分含量总体差别较小，纵向上各层段内部也具有明显的差异。除砂砾岩储层显示含油丰富以外，细粒沉积物中云质岩类的油浸和油斑级别岩心累计厚度较大，含油气性较好，尤其以白云质粉砂岩的含油气性最好。

从储集性能分析结果来看，砂砾岩储层平均孔隙度 6.3%，渗透率 2.30mD。储集空间类型有残余粒间孔、溶孔和裂缝，分选较好，杂基含量较低，原始物性好，是一套储集能力较强的常规储层；而白云质砂岩和白云质粉砂岩则属于非常规致密储层范畴，物性相对较好，孔隙度大于 5.0% 的样品占 13.1%，平均孔隙度为 4.4%，平均渗透率为 0.09mD。值得注意的是，虽然基质物性整体较差，但其孔隙类型多样，可分为孔（洞）和缝两大类，孔又包含原生孔和次生溶孔，缝又包含构造缝和微裂缝。总体上，结合其纵向上反旋回沉积特征，构成了盆缘断裂带砂砾岩—斜坡区白云质砂岩—凹陷区白云质泥页岩的相序，形成了空间上常规—非常规储层和储集空间的有序分布特征。

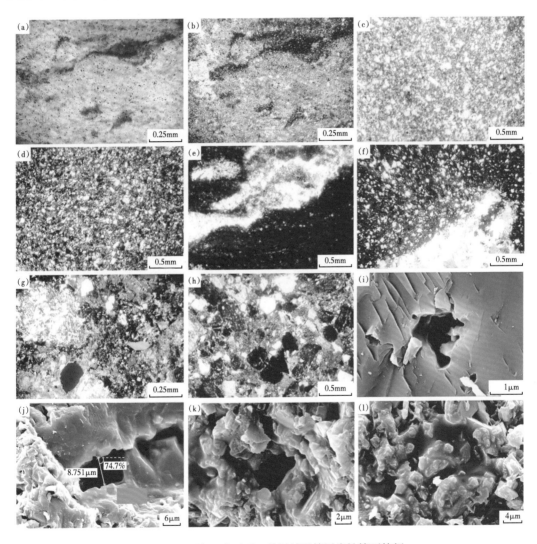

图 3-13　玛湖凹陷玛页 1 井风城组储层岩性镜下特征

（a）4596.30m，硅化含灰质白云质泥岩，岩石薄片（－）；（b）4596.3m，硅化含灰质白云质泥岩，岩石薄片（＋）；（c）4632.20m，硅化含白云质粉砂岩，岩石薄片（＋）；（d）4664.80m，含泥质极细粒粉砂岩，岩石薄片（＋）；（e）4745.10m，含有机质灰质泥页岩，岩石薄片（＋）；（f）4745.30m，含白云质泥质粉砂岩裂缝被硅质和方解石充填，岩石薄片（＋）；（g）4910.20m，凝灰质含砾砂岩，岩石薄片（＋）；（h）4911.80m，凝灰质岩屑砂岩，岩石薄片（＋）；（i）4706.88m，白云质泥岩，微米孔隙，扫描电子显微镜照片，孔隙度为 4.9%，渗透率为 0.031mD；（j）4612.31m，含白云质粉砂岩，粒间溶孔，扫描电子显微镜照片，孔隙度为 8.2%，渗透率为 0.012mD；（k）4612.31m，含白云质粉砂岩，基质中溶孔与粒间孔有油浸现象，扫描电子显微镜照片；（l）4612.31m，含白云质粉砂岩，基质孔中有油膜，扫描电子显微镜照片

湖盆边缘断裂带		湖盆斜坡区	湖盆凹陷区
常规储层	致密储层	致密页岩油储层	致密页岩油储层
平原相—扇三角洲内前缘	扇三角洲外前缘	浅湖—半深湖	半深湖—深湖
砂砾岩：百泉1井、检乌3井	白云质砂岩：玛湖26井、玛湖28井	白云质粉砂岩：玛页1井	白云质泥岩、白云岩：风城1井

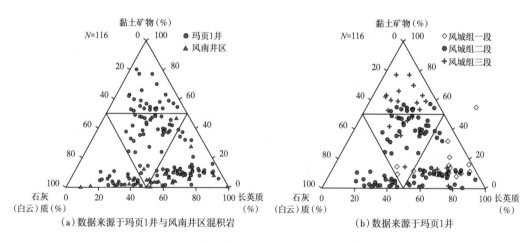

图 3-14　玛湖凹陷风城组不同相带岩性及储集空间类型

（a）百泉1井，3769.63~3769.79m，砾岩，裂缝含油；（b）玛湖28井，4929.20~4929.36m，油迹白云质粗砂岩，含微裂缝；（c）玛页1井，4743.67~4744.03m，油斑白云质粉砂岩；（d）风城1井，4635.01~4636.50m，白云质泥岩夹白云岩，斑点状—云雾状白云石团块；（e）玛湖8井，3478.46m，砂砾岩，粒间孔及火山岩屑水解钠长石化溶孔；（f）玛湖28井，4932.00m，白云质细砂岩，粒内溶孔；（g）玛页1井，4763.25m，白云质极细粒粉砂岩，微裂缝；（h）玛湖26井，4723.30m，裂缝面见荧光

图 3-15　玛湖凹陷风城组细粒混积岩类岩性三角图

（a）数据来源于玛页1井与风南井区混积岩　　　　（b）数据来源于玛页1井

常规储集空间和非常规储集空间会有不同，纵使源内细粒沉积岩也表现出储集空间的差异。玛湖凹陷风城组细粒混积岩比较普遍，其页理发育情况、白云质含量及其产出样式成为混积岩类储层储集物性差异的重要控制因素。相比常规砂砾岩储层而言，细粒混积岩非常规储层中粒间孔孔径大幅缩小，主要表现为残留原生粒间孔隙及粒间溶孔，原生粒间

孔通常半充填黏土矿物，平均孔径分布范围在 10~100μm，表现为以微米级孔隙为主，具有相对较好的连通性。次生溶孔 [图 3-16（d）~（i）] 表现为内源自生白云石颗粒溶蚀及陆源碎屑长石颗粒溶蚀，孔隙呈孤立状分布，其连通性较差。长石类溶孔主要赋存于钾长石颗粒中，形成微米—纳米级连片分布的孔隙，少量钠长石中也存在溶孔。有机质孔隙通常具有多种形状 [图 3-16（m）~（o）]，多为纺锤状和气泡状、平面孤立状，见多边形状，孔径范围多小于 2μm。晶间孔以白云石晶间孔和自生黏土矿物晶间孔为主 [图 3-16（j）~（1）]，孔径主要分布范围在 2~5μm，呈纺锤状，整体表现为密集发育的特点，孔隙平面连通性好。微裂缝表现为碎屑粒缘缝和粒内缝 [图 3-16（p）~（r）]，裂缝延伸大于 10μm，缝宽一般小于 1μm，裂缝中次生矿物充填物较少，开启程度较高，可有效提高储层的渗透率，对储层发育有利。

二、非常规储层含油性实例

玛页 1 井的钻探为风城组常规—非常规储层、储集空间及其含油性提供了实证。风城组系统取心 365.38m，其中，油浸级 6.12m，油斑级 175.03m，油迹级 184.23m，岩心表面原油占比高达 54%（图 3-17）。风城组一段发育两期沉积岩段夹火山岩建造，中部两套沉积岩与凝灰岩段含油级别达到油浸级，累计厚度超过 60m。通过镜下薄片鉴定，两段沉积岩段碎屑颗粒的母源特征与下部火山岩的特征一致，初步认为是凝灰质含砾砂岩，砂岩为高地火山岩剥蚀近源沉积形成。该段孔隙度为 2.4%~12.4%，平均值为 8.7%，渗透率最大值为 0.511mD，普遍小于 0.1mD，岩心荧光扫描显示该段基质孔普遍含油，沉积岩特有的层理特征明显，微裂缝较少发育 [图 3-17（i）]。

风城组一段上部至风城组三段为云质岩与泥页岩频繁互层，单层厚度普遍小于 0.5m（图 3-17），反映湖泊相的细粒纹层状结构明显，局部可见泄水构造、滑塌变形构造 [图 3-17（f）]、底部热液喷流形成的通道被方解石充填等现象。储层快速分析孔隙度普遍小于 10%，平均值为 5.79%，渗透率普遍小于 0.1mD。但也有少量样品孔隙度超过 10%，渗透率超过 0.1mD，其对应的岩心扫描及荧光普扫反映出发育微裂缝。例如，第 4 筒岩心样品 [图 3-17（b）]，埋深 4612.31m，岩性为白云质泥岩，孔隙度高达 17.7%，渗透率为 0.036mD，层理缝、高角度缝较发育，含油特征明显。荧光普扫观测裂缝密度为 3~4 条 /m，裂缝宽度小于 1mm，缝长度小，具有裂缝相对集中发育段。

相对来说裂缝规模较大的以纵向直劈缝为主，纵向跨度超过米级 [图 3-17（c）]，但较少发育。此外，碳酸盐含量越高，孔隙度明显降低，渗透率有所升高 [图 3-17（g）、（h）]。这一规律与碳酸盐含量影响岩石脆性有一定关系，碳酸盐含量升高，脆性变强，易产生微裂缝，改善储层物性。再者，除裂缝含油特征较明显外，含石灰质白云质泥岩存在溶蚀孔含油、白云质粉砂岩中基质孔含油的特征 [图 3-17（g）]。

此外，白云质含量能够极大改善其脆性特征，玛页 1 井碳酸盐含量相对较高，尤其风城组碱湖的咸化环境也更易于形成碳酸盐岩化学沉积，形成更加易于改造的致密云质岩储层，与吉木萨尔凹陷芦草沟组相比其可改造性强（支东明等，2019）。针对玛页 1 井细粒显示段采取长直井段大规模体积压裂，获得最高日产油 50.8m³ 的突破，证实了玛湖凹陷该类细粒白云质岩类致密储层的勘探潜力。

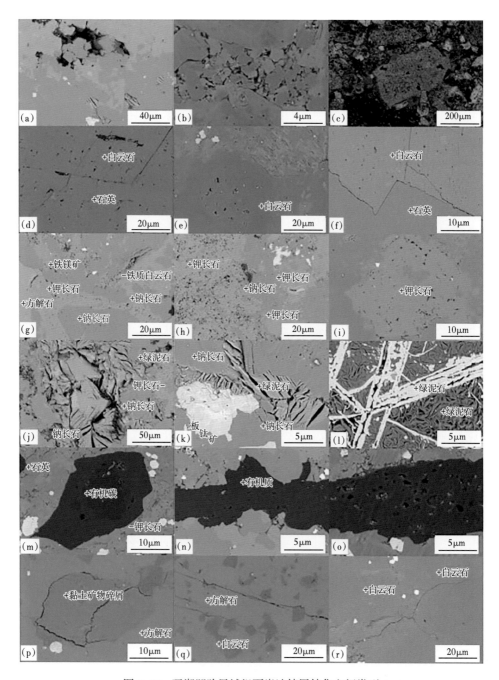

图 3-16　玛湖凹陷风城组页岩油储层储集空间类型

（a）粉细砂岩碎屑粒间孔，夏 76 井，3646.6m；（b）粉细砂岩碎屑粒间孔，玛页 1 井，4875.3m；（c）细砂岩原生粒间孔，克 81 井，4307.6m；（d）白云石晶内溶孔，风南 14 井，4320.5m；（e）白云石晶内溶孔，玛页 1 井，4839.3m；（f）白云石晶缘溶孔，玛页 1 井，4802.2m；（g）长石类矿物溶孔，玛页 1 井，4924.6m，（h）钾长石溶孔，玛页 1 井，4928.7m；（i）钾长石溶孔，玛页 1 井，4704.8m；（j）绿泥石晶间孔，风南 1 井，4326m；（k）绿泥石晶间孔，风南 14 井，4165.1m；（l）绿泥石与黄铁矿粒间孔，玛页 1 井，4833.9m；（m）~（o）孤立纺锤状有机质孔，玛页 1 井，4853.08m；（p）黏土碎屑粒缘缝，玛页 1 井，4862.1m；（q）微裂缝，风南 14 井，4167.5m；（r）微裂缝，风南 14 井，4166.5m。除图（c）为单偏光，其他的都为亚离子抛光片

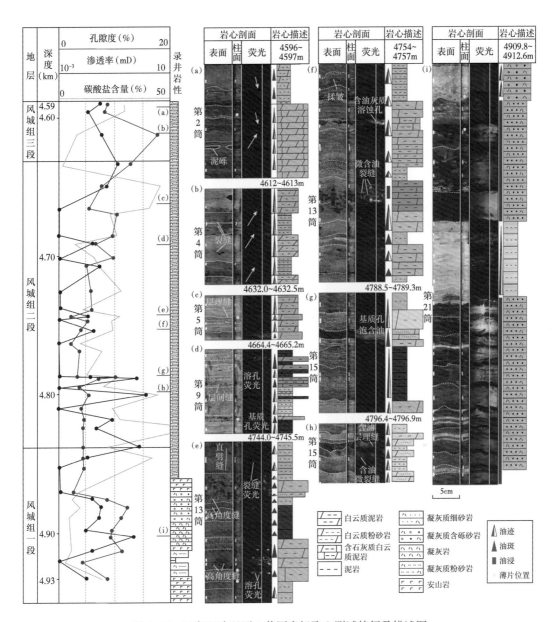

图 3-17 玛湖凹陷玛页 1 井厘米级取心测试特征及描述图

玛页 1 井风城组页岩油"甜点"物性和原油富集程度与不同岩性薄互层的源储组合密不可分。对于风城组源内页岩油，地球化学指标证实其为烃源岩与"甜点"紧邻接触的源内成藏（图 3-17），无论哪种源储组合，烃源岩单层厚度不超过 20m，且紧邻"甜点"，能够实现源内或近源的高效聚集。岩心纵向含油级别在荧光及以上，以白云质粉细砂岩、砂屑白云岩和凝灰质粉砂岩显示最好，白云质岩类、粉砂岩—细砂岩类等"甜点"岩性可见到油斑—油浸显示，而泥质、含泥质的白云质岩、粉砂岩段则油气显示微弱（图 3-17）。另外，"甜点"中部分白云质含量高、泥质含量高的储层，也具有一定的生烃能力，"甜点"体中原油并非完全来自邻近烃源岩，其自源量（自生自储）约占 1/3（支东明等，2019），这类源储互层形成良好的匹配且一体发育和演化，生成油气原位聚集或邻层聚集，可以形成典型的致密砂岩和页岩油。由于烃源岩生烃窗较长，油气充注程度高，有良好的储层匹配形成互层，使得钻井解释的含油层段页岩油含油饱和度普遍超过 85%。

第四节　碱湖烃源岩双"峰"高效生油模式

以风城组为例，采用烃源岩人工剖面、自然剖面、油气特征标定相结合的方法，对这套碱湖烃源岩的生烃特征和机理进行了研究。

一、风城组烃源岩多进入生油高峰期

烃源岩干酪根热演化主要受到温度与时间的影响，现今地层温度在某种程度上能够反映烃源岩热演化过程中古地温的高低。受到后期构造抬升的影响，玛湖凹陷在三叠纪后呈现玛北地区抬升、玛南地区深埋的格局，目前玛北地区探井风城组 3900~4500m 层段现今地温分布于 96.5~106℃ 之间，玛南地区埋深较大，4700~5200m 层段实测地温分布于 104~120℃ 之间，整体上玛南地区烃源岩层段现今地温高于玛北地区，指示其在地质历史时期地温可能高于玛北地区，烃源岩热演化更为成熟（图 3-18）。另外玛北地区风城 1 井佳木河组 5473m 处地温高达 126℃，也表明玛北地区地温随深度增大提升较为明显，在深埋地区可能同样发育较为成熟的烃源岩。

玛湖凹陷风城组烃源岩样品点最高热解峰温（T_{max}）随深度加深有较明显的变化趋势，由于采样点深度较浅，玛北地区风城组烃源岩总体表现为低成熟特征。风城组三段烃源岩最高热解峰温分布于 428~450℃ 之间，平均值为 438℃，风城组一段、风城组二段烃源岩最高热解峰温分布于 410~450℃ 之间，平均值为 433℃，风城组三段烃源岩热演化稍高于风城组二段烃源岩。玛南地区风城组烃源岩埋深较深，玛南地区风城组三段烃源岩最高热解峰温分布于 442~462℃ 之间，平均值为 453℃，风城组二段、风城组三段烃源岩最高热解峰温分布于 430~461℃ 之间，平均值为 444 ℃，在 5000m 以深多个样品点高于 455 ℃，达到高成熟阶段（图 3-18）。烃源岩镜质组反射率平面图显示，玛湖凹陷风城组烃源岩已经大面积进入 R_o 大于 1.0% 的高成熟范围（图 3-19）。

从生物标志物剖面上看，4350~4800m 层段 C_{29} 规则甾烷中 $\beta\beta/(\alpha\alpha+\beta\beta)$ 分布于 0.47~0.61 之间，平均值为 0.56；C_{21} 三环萜烷 /C_{30} 藿烷分布于 0.13~1.51 之间，平均值为 0.56；Ts/Tm 分布于 0.01~0.25 之间，平均值为 0.05；孕甾烷 /$\alpha\alpha\alpha$-C_{29} 规则甾烷 -20R 分布于 0.06~0.40 之间，平均值为 0.18，总体处于成熟阶段。4800m 以深 C_{29} 规则甾烷中 $\beta\beta/(\alpha\alpha+\beta\beta)$ 分布于 0.54~0.72 之间，平均值为 0.59；C_{21} 三环萜烷 /C_{30} 藿烷分布于 0.44~6.44 之间，平均值为 2.14；Ts/Tm 分布于 0.12~3.95 之间，平均值为 1.38；孕甾烷 /$\alpha\alpha\alpha$-C_{29} 规则甾烷 -20R 分布于 0.08~1.78 之间，平均值为 0.55；三环萜烷、Ts、孕甾烷含量均有大幅度升高，处于高成熟阶段（图 3-18）。玛湖风城组烃源岩氯仿沥青"A"抽提物含量对成熟度有较好的响应。深埋烃源岩氯仿沥青"A"抽提物饱和烃含量明显高于埋藏较浅烃源岩，且非烃、沥青质含量明显偏低，说明深埋烃源岩热演化程度更高，生成了更多的饱和烃（图 3-18）。

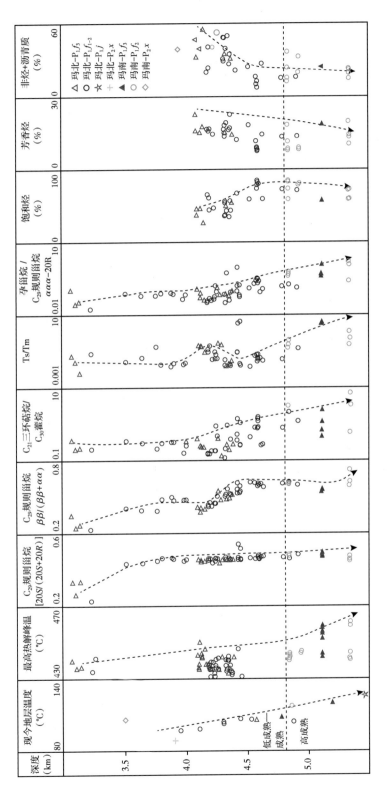

图3-18 玛湖凹陷二叠系风城组烃源岩分子生标参数示有机质成熟度

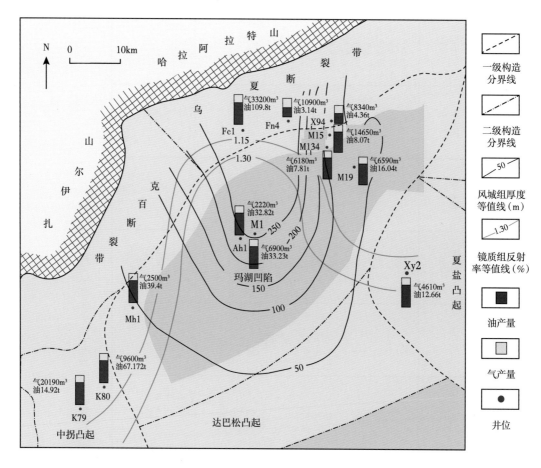

图 3-19　玛湖凹陷风城组烃源岩镜质组反射率与百口泉组油气产量分布

　　埋藏史模拟结果显示（图 3-20），整体上看，中侏罗世以来，风城组沉积中心主体烃源岩已经进入高成熟演化阶段，开始大量生成高成熟油，与早期滞留于烃源岩内的低成熟—成熟原油一起排出，形成"早生烃、早排烃、两阶段、长时序"的特征。基于上述多参数综合评价结果，认为玛湖凹陷风城组顶界埋深大于 4800m 的烃源岩处于高成熟阶段，为生油高峰期；底界埋深小于 4800m 的烃源岩总体处于低成熟—成熟阶段；两者之间为成熟—高成熟区。玛湖凹陷绝大多数区域均处于高成熟区域，在北部、西部边界部分区域为高成熟—成熟区及低成熟—成熟区。

二、风城组碱湖烃源岩生烃新模式

　　热模拟实验、烃源岩自然剖面和油气特征等都显示风城组碱湖烃源岩的生烃特征突出表现为转化率高、连续生烃、多期高峰、生油窗长、油质轻、油多气少，不同于传统的湖相优质烃源岩。

1. 烃源岩热模拟实验及自然剖面

　　选择研究区风南 1 井 4096.44m 处样品，进行了烃源岩的黄金管热模拟实验。样品原岩有机碳含量为1.82%，氢指数为506mg/g，热解峰温为440℃。结果显示有两期生油高峰〔图3-21（a）〕，第一期高峰为成熟油，在R_o为1.0%左右；第二期高峰为高成熟油，在R_o为1.6%左右；生气高峰出现较晚，在R_o为2.5%左右〔图3-21（b）〕。最高累计产油率约为500mg/g，在R_o达到1.6%时，排油效率超过80%。生气量和排气量、排气效率都很低。风城组碱湖烃源岩所生原油以轻质油为主，无论是在成熟演化阶段，还是在高成熟阶段，典型证据是生物标志化合物均含有高丰度的三环萜烷类化合物〔图3-21（c）、（d）〕。在R_o为1.6%左右时，样品仍以产油为主且生油量大。

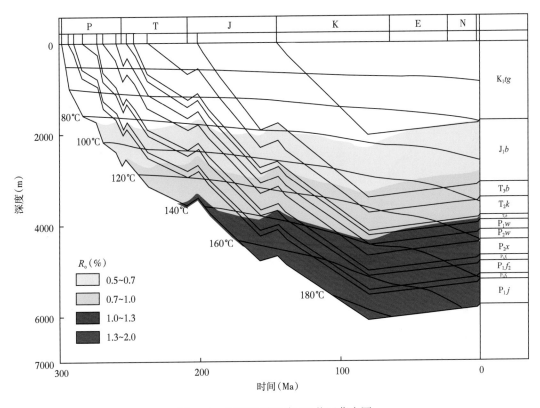

图3-20 玛湖凹陷玛湖28井埋藏史图

这些特征与传统盐湖相烃源岩的生烃演化特征存在较大差异。如与准噶尔盆地芦草沟组优质咸水湖相烃源岩相比，尽管因排油率高而使油多气少的特征类似，但在生油演化特征上，风城组在R_o演化到1.6%时，仍处于生油高峰期，比芦草沟组的生油高峰结束时间（R_o=1.2%）晚〔图3-21（e）〕（马哲等，1998），体现了碱湖烃源岩的优势和独特性；在生气量方面，风城组在R_o演化到2.5%时处于主力生气窗，与芦草沟组的生气特征基本相当〔图3-21（f）〕；在产烃率方面，二者基本接近；在油气性质方面，在成熟演化阶段，风城组所生原油以轻质为主，而芦草沟组所生原油较重，在高成熟演化阶段，风城组和芦草沟组所生原油均以高成熟轻质油为特征〔图3-21（g）、（h）〕，但风城组原油三环萜烷类化合物相对丰度更高，所生原油更轻，性质更好。

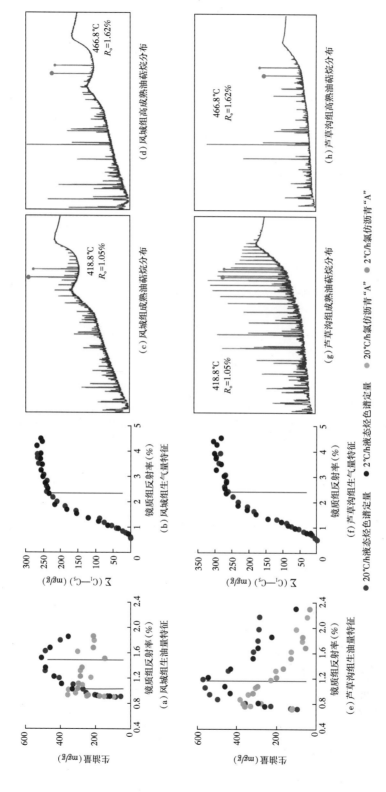

图3-21 玛湖凹陷二叠系风城组和芦草沟组产烃特征对比（据支东明等，2016；潘长春等，2014）

从烃源岩样品的热解峰温剖面反映的有机质的成熟度看，目前所分析的样品大多处于低成熟—成熟演化阶段，但凹陷区的烃源岩成熟度较高，自由烃含量剖面显示多个生烃高峰出现（图 3-22）。

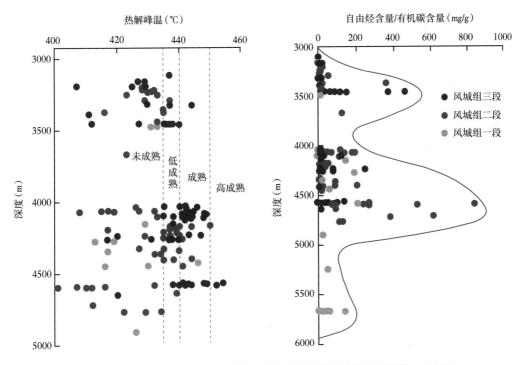

图 3-22 玛湖凹陷风城组烃源岩有机地球化学剖面（据支东明等，2016）

2. 油气特征标定

玛湖凹陷油多气少特征明显，已发现了多种性质的原油，包括密度小于 $0.80g/cm^3$ 的凝析油—轻质原油、密度 $0.80~0.87g/cm^3$ 的轻质原油，以及密度大于 $0.87g/cm^3$ 的中质原油，但大多低于 $0.87g/cm^3$；在玛湖凹陷内部，风城组烃源岩 R_o 超过 1.5% 仍然以生油为主，表明生油窗长（图 3-23），这些都与热模拟的实验结果吻合。对原油生物标志化合物的分析也发现，分布在不同构造单元的原油，无论三环萜烷分布是山峰型、山谷型还是上升型，其相对含量均较高，表现出典型的轻质油特点（罗明霞等，2016）。

多方证据表明，玛湖凹陷百口泉组油藏中的油气，其主体属于白垩纪形成的高成熟轻质油气。玛湖凹陷内部存在多期成藏，成熟—高成熟油气连续运聚，如储层显微镜下观测发现，蓝光激发下的薄片可观察到亮黄色和黄绿色两种不同的荧光色；储层连续抽提物和原油成熟度不同，原油已经达到高成熟阶段，而抽提物成熟度相对较低；结合储层包裹体均一温度分析，发现高成熟油气和成熟油气充注主要是在三叠纪末和白垩纪。这一油气连续充注特征与烃源岩的多期生烃相吻合。另外，还在储层中观测到有三叠纪末成熟阶段所排的烃类，例如，在夏盐 2 井百口泉组储层中，显微镜下除了观测到亮黄色荧光的烃类之外，还发现了荧光色调相对较暗的一期烃类［图 3-24（a）］。在储层连续抽提物中，发现早期成熟油（颗粒吸附烃）的充注，相对五环三萜烷而言三环萜烷丰度不高，对应荧光色调相对较暗的一期烃类；而晚期高成熟油的充注则以三环萜烷的高丰度为特征，对应荧光色调相对较强的一期烃类［图 3-24（b）］。

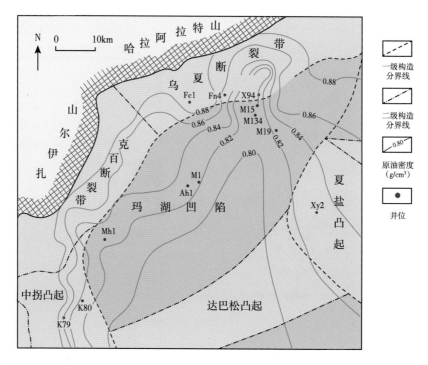

图 3-23　玛湖凹陷百口泉组原油密度分布

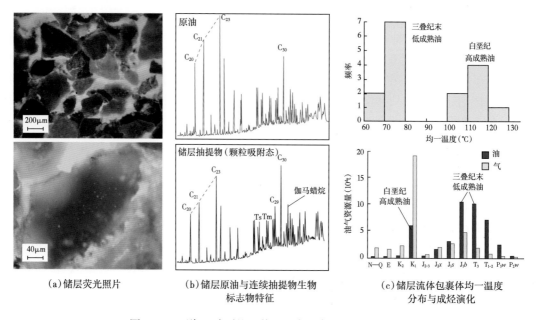

（a）储层荧光照片　　（b）储层原油与连续抽提物生物　　（c）储层流体包裹体均一温度
　　　　　　　　　　　　　标志物特征　　　　　　　　　　　分布与成烃演化

图 3-24　玛湖凹陷夏盐 2 井百口泉组高成熟轻质油特征

对比包裹体均一温度测试结果也发现，早期三叠纪末和晚期白垩纪的两期油气充注对应风城组烃源岩的两期生烃高峰［图3-24（c）］。而未能成藏的分散原油，大多表现为早期成熟原油的一期充注，如玛湖2井百口泉组原油和储层岩心抽提物的特征基本类似，未表现出高成熟原油充注的特征［图3-25（a）、（b）］，显微镜下也未观测到像夏盐2井百口泉组储层中的亮黄色荧光高成熟烃类［图3-25（c）］。

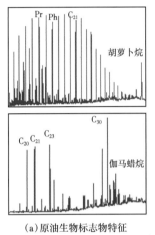 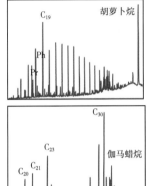 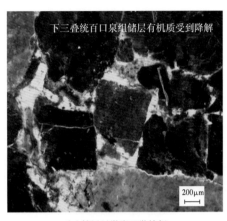

（a）原油生物标志物特征　　（b）储层抽提物生物标志物特征　　（c）储层显微岩石学特征

图3-25　玛湖2井百口泉组储层地球化学和岩石显微特征

甾烷异构化指数、Ts/Tm等生物标志物成熟度参数显示，风城1井纵向上原油成熟度存在低成熟—成熟—高成熟的梯度分布（图3-26），总体表现为不同热演化阶段连续充注的原油，反映了风城组碱湖优质烃源岩多阶持续生烃的特点。原油成熟度的梯度分布与风城组烃源岩的有序演化密切相关。风城组烃源岩具有全过程生烃特征，早期断裂带及浅层油气为风城组成熟阶段的中偏重质产物，凹陷区为中—高成熟热演化阶段生成的中偏轻质油（支东明等，2021）。

总之，高成熟轻质油藏中的原油实际上存在成熟—高成熟原油两期连续充注，显示烃源岩生烃演化中对应的成熟油和高成熟油两个生油高峰。由于生烃窗较长，长时间连续充注，导致玛湖凹陷区目前发现的原油密度从周缘向凹陷逐渐变轻，埋深上由浅至深密度逐渐降低，气油比逐渐升高。百口泉组油气藏越靠近凹陷区，油质越轻，高成熟油气的主力分布区（原油密度小于0.83g/cm^3）位于风城组，镜质组反射率为1.3%左右，反映了烃源岩热演化对高成熟油气分布的控制作用。

3. 综合模式及生烃机理

综合分析认为，风城组烃源岩生烃主要有3期（两期生油，一期生气）（图3-27）。第一期为早期成熟油，生油高峰在R_o为0.8%左右，对应埋深在3500m左右，总有机碳产烃率达到470mg/g；第二期为晚期高成熟油，生油高峰在R_o为1.3%左右，对应埋深4500m左右，总有机碳产烃率达到800mg/g；第三期为天然气，R_o在2.0%左右，对应埋深在5700m左右，总有机碳产烃率达到200mg/g。

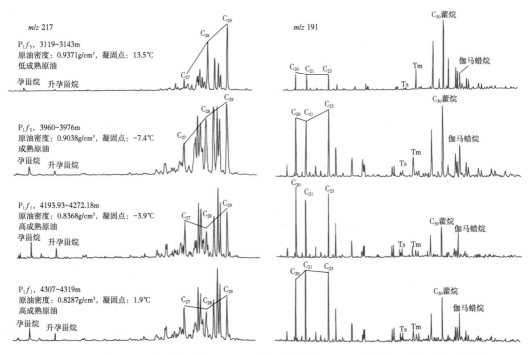

图 3-26　玛湖凹陷风城 1 井风城组原油生物标志物特征显示原油物性和成熟度有序分布

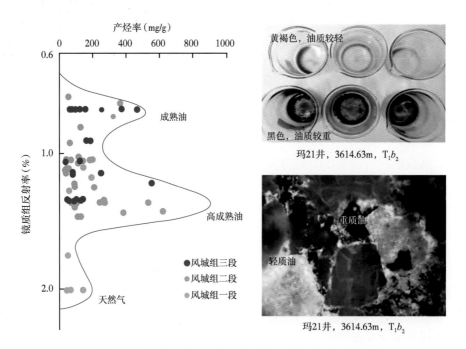

图 3-27　准噶尔盆地玛湖凹陷风城组烃源岩生烃特征

结合以往对湖相烃源岩生烃模式的认识，建立了新的玛湖凹陷风城组碱湖烃源岩双峰高效生油模式（图 3-28），该模式突破了经典单峰式生油模式。与传统湖相优质烃源岩的生烃特点相比，有两个重要的不同点，一是两期生油，二是高效，特别是第二期高成熟油，总有机碳产烃率达到 800mg/g，几乎近 2 倍于传统湖相优质烃源岩，表现出不同于传统湖相优质烃源岩的生烃特点（胡见义等，1991；王建宝等，2003；李洪波等，2008；支东明等，2016；王小军等，2018）。

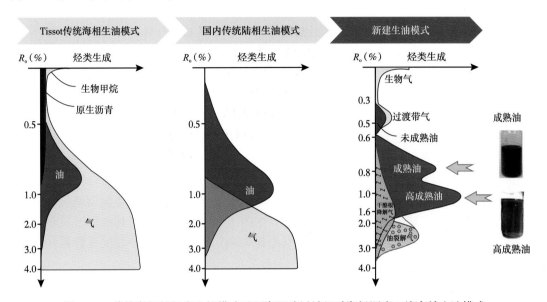

图 3-28　传统湖相烃源岩生烃模式及玛湖凹陷风城组碱湖烃源岩双峰高效生油模式

多种生烃母质，特别是细菌的存在，使生烃以早期生烃、持续生烃、烃类性质好为特征，这不同于传统的盐湖相烃源岩。以菌、藻类为主的生烃母质，生烃转化率高，到达生油窗后大量生油，造成烃源岩的高压，抑制生烃，拉长生油窗；菌、藻类为主的生烃母质，含大量脂肪链，碳碳键断裂生成油气比贫氢的杂原子断裂需要更高的能量，在生烃后期也起到了降低生烃速度、延滞生烃的作用，这可能是风城组烃源岩存在晚期生油高峰的重要原因。生烃母质中，高等植物丰度低，使干酪根裂解生气潜力有限，从而生烃过程表现出油多气少的特点；但从油的演化角度讲，在高成熟—过成熟演化阶段，有生成油裂解气的潜力。

风城组烃源岩中无机矿物组合复杂，主要由碳酸盐（碱类）矿物、长英质矿物、黏土矿物、火山矿物以不同比例混积形成。在碱湖沉积的高峰期，发育大量特殊的碱类矿物，如苏打石、氯化镁钠石、碳酸钠钙石、硅硼钠石等。碱类矿物和火山矿物对烃源岩的生烃过程分别起到了延滞和催化的特殊作用。火山矿物与藻类及微生物共存，埋藏热演化过程中降低生烃活化能，使烃源岩可以早期生烃（郭占谦等，2002）。相比而言，碱类白云质矿物亲油（宗丽平等，2005），原油中的重质组分易被矿物吸附，因此一方面排出轻质油，另一方面对生烃也起到了延滞作用，油窗拉长，出现第二个生烃高峰。

三、碱湖烃源岩生烃新模式的意义

1. 高成熟油潜力大

玛湖凹陷风城组碱湖生烃新模式中存在晚期的高成熟油高峰，这不同于传统的湖相烃源岩生烃模式，因此对油气勘探而言，在玛湖凹陷内及其周边地区高成熟油会有更大的勘探潜力。

玛湖凹陷百口泉组油气藏原油高成熟轻质特征非常明显，这些高成熟轻质原油还普遍与天然气共生，油藏中普遍有天然气产出，反映油气的演化已进入或接近高成熟演化阶段，这与沿断裂带分布的克乌油区广泛存在的低成熟—中等成熟度中质稠油形成了鲜明对比，其油气性质比盆地东南缘吉木萨尔地区致密储层中的油气性质要好，与国内外已发现的同类优质高效油气藏中的油气性质相似，可见这也是造成该区原油富集、局部高产的一个重要原因。

研究区高成熟轻质油气分布的深度和层位很广，其垂向分布主要受控于输导体系。只要存在有利的输导体系（断裂）沟通，又具备合适的其他成藏条件，高成熟轻质油气可以在中浅层三叠系聚集成藏。玛湖凹陷研究区迄今发现的油气，在石炭系—三叠系皆有分布，其中石炭系—二叠系的原油密度为 0.82~0.91g/cm³，中质油所占比例稍高［图 3-29（a）］；三叠系原油密度为 0.79~0.92g/cm³，以轻质油为主［图 3-29（b）］。这部分轻质原油，特别是对于密度小于 0.83g/cm³ 的原油，主要分布于最近发现的百口泉组连续型油气藏中。对于天然气，从化学组成来看，湿气和干气并存［图 3-29（c）］，说明其来源于成熟—高成熟烃源岩。因此，玛湖凹陷区的高成熟油气勘探领域广阔，无论是中浅层三叠系，还是深层石炭系—二叠系，均有可能发现大规模的高成熟油气聚集。

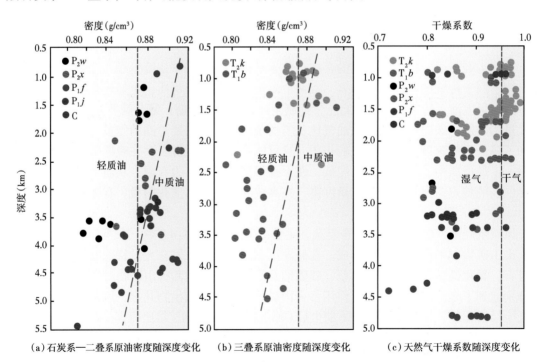

图 3-29 玛湖凹陷油气基本性质随深度变化

P₂w—中二叠统下乌尔禾组；P₂x—中二叠统夏子街组；P₁f—下二叠统风城组；P₁j—下二叠统佳木河组；
C—石炭系；T₂k—中三叠统克拉玛依组；T₁b—下三叠统百口泉组

2. 增加了资源量

基于新的生烃模型，对风城组资源量进行重新评估，风城组生油量为142.66×10⁸t，生气量为78683×10⁸m³，环玛湖凹陷石油总地质资源量为46.66×10⁸t；确定的天然气勘探门限下移至深度6500m左右，天然气总地质资源量为2238×10⁸m³。根据传统的Tissot生烃模式，玛湖地区剩余油气资源量为4.3×10⁸t，根据碱湖生烃新模式，玛湖地区剩余油气资源量增加到27.3×10⁸t，深层仍有可观的资源基础。与前期认识（二次和三次资评）相比，重新计算的生油量提高了25%，生气量减少了13%。据此，克百断裂带勘探程度较高，资源探明率较高；红车断裂带、乌夏断裂带和中拐凸起资源探明率相对较低，仍存在很大的勘探开发空间；至达巴松凸起、玛湖西斜坡带和玛湖东斜坡带，资源探明率极低，不超过10%，石油和天然气的总地质资源量均较为丰富，将是下一阶段勘探开发的重点区域。

第五节　风城组常规—非常规油气有序成藏及分布

一、常规—非常规油气有序聚集机制

1. 粒度控制下的储层致密化机制

对于烃源岩层系内的常规—非常规储层，油气运移及聚集受烃源岩生排烃过程的影响，其油气富集成藏过程会有所不同，更具有连续性。由于孔隙结构的差异，不同类型的储层油气成藏机理和成藏模式不同。

根据储层物性、压汞实验、薄片鉴定等资料，开展了不同类型的油藏解剖，包括常规油藏（检乌3井区及百泉1井区风城组三段砂砾岩油藏和风城1井—乌35井区受构造控制的白云质泥岩裂缝型油藏）、致密油藏（白25井区、克81井区及玛湖28井区风城组三段白云质砂砾岩油藏、玛湖28井区风城组二段及玛49井区白云质砂岩油藏）和页岩油藏（玛页1井区）。通过对比储层物性与结构变化，结果显示，宏观上特征为源储耦合、岩相控藏；微观上呈现出粒度、物性及储层致密程度的序次变化（图3-30）。

常规油藏储层以粗粒砂砾岩为主，物性整体较好，平均渗透率大于0.1mD；平均毛细管半径大于1μm，高压压汞实验排驱压力较小；致密储层与页岩储层以白云质砂岩、粉砂岩及泥页岩为主，物性较差，孔隙度小于10%，渗透率小于1.0mD，白云质砂岩致密储层平均毛细管半径为25~2000nm，粒度最小的页岩储层平均毛细管半径小于10nm，高压压汞结果显示排驱压力均较大。需要注意的是，部分致密储层受微裂缝发育的影响，最大孔喉半径可能大于常规储层，反映出各类储层内部依然存在一定的非均质性（表3-1）。由于粒度控制下的储层物性差异，导致常规油气藏、致密岩性油气藏和页岩油气藏的运聚动力、渗流方式、成藏方式等成藏要素产生差异（表3-2）。

2. 致密储层中烃类"自封闭"特征

通过对风城组储层压汞实验、微纳米CT实验、扫描电子显微镜及激光共聚焦观察（图3-31），在致密储层中，大孔（孔喉半径大于1μm）中原油以游离态呈充填状赋存于矿物颗粒间及粒内孔内，而中—小孔（孔喉半径小于1μm）中原油以吸附态呈薄膜状赋存于矿物颗粒表面与有机质孔内。其中白云质砂岩类储层的纳米级非连通孔隙较发育，存在较多吸附态油，连通孔隙占比低，往往以中—大连通孔隙为主（图3-31），游离油含量高。而粒度更细的泥页岩储层，以中—小孔为主，整体连通孔隙占比高达78%；其中的游离油、吸附油受微米—纳米级高毛细管力控制，形成"自封闭"体系，破坏该体系需要更大的压差驱动。从不同组分的赋存特征观察，粒间连通孔中以轻—重质组分游离油为主［图3-31（d）］，而粒内非连通溶孔则以吸附的轻烃组分为主［图3-31（c）］，主要反映为成岩早期作用弱，孔隙结构好，有机质生成中—高成熟重质油弥散于大孔隙中，随着成岩作用增强，有机质成熟度升高，轻质组分烃类一方面受源储压差微运移至连通孔，另一方面则富集于距干酪根近的相对孤立的非连通孔中。

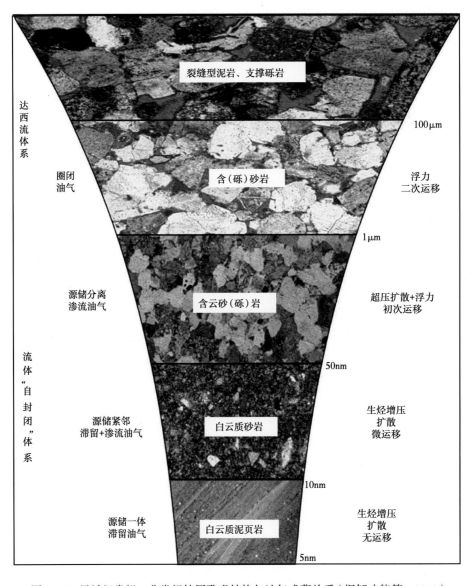

图3-30　风城组常规—非常规储层孔喉结构与油气成藏关系（据邹才能等，2012）

表 3-1　风城组各类储层物性参数显示致密化差异

典型井区	岩性	孔隙度（%）	平均孔隙度（%）	渗透率（mD）	平均渗透率（mD）	毛细管半径（μm）	平均毛细管半径（μm）	排驱压力（MPa）	平均排驱压力（MPa）
风城1井区、乌35井区	裂缝型白云质泥岩	1.0~14.8	5.3	0.01~111.30	6.60	0.040~0.190	1.840	0.10~5.07	1.33
检乌3井区、百泉1井区	砾岩	5.2~17.9	10.0	0.02~81.00	3.40	0.010~4.680	1.210	0.10~6.76	1.52
白25井区、玛湖28井区	砂质砾岩	5.3~12.4	8.2	0.01~43.60	1.80	0.090~3.690	0.600	0.10~12.28	2.45
玛湖28井区、克81井区	含砾白云质砂岩	2.6~8.8	6.2	0.02~7.20	0.07	0.070~3.280	0.520	0.10~14.48	4.66
玛湖28井区、玛49井区	白云质砂岩	2.5~11.5	5.3	0.01~9.80	0.06	0.050~2.080	0.043	0.67~13.75	6.59
玛页1井区	白云质泥页岩、白云岩	3.5~9.6	4.5	0.01~9.80	0.02	0.001~1.230	0.035	13.75~103.42	34.52

表 3-2　玛湖凹陷常规—非常规油气系统要素表

资源类型	聚集形态	分布特征	烃源岩位置	成藏方式	运聚动力	储集岩性	孔隙尺寸	临界喉道半径（mm）	渗流方式	分布位置
常规油气		单体式集群式分布	远源	浮力成藏	浮力	火山岩砂砾岩含砾砂岩	10~1000μm	＞100	达西流	断裂带及斜坡区
致密油气		准连续分布	近源	幕式成藏	浮力生烃压力	致密砾岩白云质砂岩	0.5~10.0μm	50~100	非达西流	斜坡区
页岩油气		连续分布	源内	源内滞留	生烃压力	白云质泥岩白云质页岩	50~500nm	5~50	非达西流	凹陷区

图 3-31 白云质砂岩典型储集空间与原油赋存特征

（a）白云质砂岩，玛页 1 井，4634.7m，铸体薄片；（b）游离油赋存于长石、石英及白云石颗粒间连通的中—大孔隙，
玛页 1 井，4634.7m，激光共聚焦；（c）轻烃组分赋存于长石溶蚀孔隙内，玛页 1 井，4634.7m，扫描电子显微镜；
（d）重烃组分呈弥漫状均匀分布于矿物粒间孔隙，玛页 1 井，4634.7m，激光共聚焦

3. 全类型储层的动态"封闭"成藏机制

综合风城组储层成岩作用过程、孔隙演化、地层压力与生排烃过程（图 3-32）研究成果及目前各类油藏生产特征，开展了孔喉结构的演化与油气运移充注调整的动态耦合过程分析，通过"源储耦合分析"，风城组的油气聚集还表现出源—储耦合一体性演化（图 3-32）及全过程成藏耦合的特征（图 3-33）。

1）成岩早期——初次排烃：油气输导运移阶段

晚二叠世—早三叠世为烃源岩初次排烃期（R_o 为 0.50%~0.70%），储层处于成岩早期，成岩作用弱，渗透性较好，油气可在层间横向上运移，在断裂开启或者顶部封盖条件差的情况下，油气向上运移调整，在源外有效圈闭中聚集成藏，此时期无论是哪种类型储层，均表现为大孔喉的高渗透层，浮力作用占主导。

2）常规油藏形成：致密储层动态"封闭"成藏阶段

随着凹陷深埋持续加大，烃源岩成熟度升高（R_o 为 0.75%~1.00%），早侏罗世形成第一期生排烃高峰，高部位常规储层成岩作用相对弱，上倾方向断层活动停止形成封闭作用，顶部中二叠统泥岩盖层压实封盖，形成断层—构造圈闭，油气进入圈闭聚集成藏，形成常规油藏。

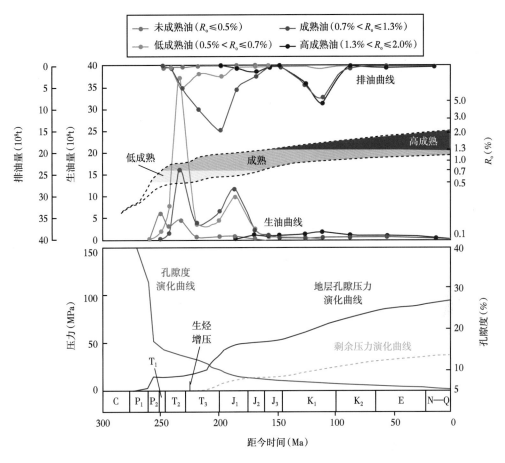

图 3-32 玛湖凹陷风城组源—储演化的时序性耦合图

下倾方向的白云质砂岩、泥页岩细粒储层受成岩作用影响，孔喉减小，小于1.0μm，小孔喉的毛细管力作用强，运移烃受滞留；之后大规模幕式生排烃形成较高的源储压差，在该压差作用下突破毛细管力，油气进一步向上运移，在常规储层中依靠浮力发生运移成藏，并出现油水分异；在白云质砂岩、白云质泥页岩相对致密的储层中形成烃类幕式滞留与排出，成岩早期的微米—纳米级孔喉赋存的地层水因储层进一步致密化，滞留于储层中；其中，非连通孔隙中可能存在一定量的束缚水，这部分地层水赋存于微米—纳米级孔喉中。

玛湖28井区致密油藏试油初期含油率普遍超过80%，长期试采含油率下降并趋于稳定。主要原因在于压裂改造后的致密储层，部分赋存地层水的非连通孔或微米—纳米级孔喉的力平衡被破坏。初期含油率高是因连通孔喉及相对大孔喉中的游离油优先流动至井筒，经压裂改造后的微米—纳米级孔喉或非连通孔喉中的地层水缓慢排出。常规储层中早期的中—大孔喉赋存的烃类受到储层致密化影响，毛细管力大于浮力，形成滞留烃。例如，"八区"油藏下倾方向的"水带"，试油过程中也普遍含油，但含油率相对较低，这是由于微米—纳米级孔喉中所形成的毛细管力大于浮力作用，早期赋存的油气得以保存下来；后期压裂作用改善了孔喉结构，破坏了其平衡状态，油气随地层水排出，该过程类似"海绵吸水"效应。

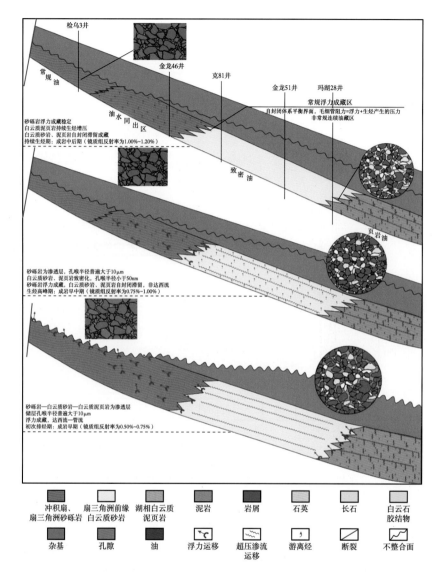

图 3-33　常规—非常规全油气系统源储耦合成藏过程示意图

3）致密储层"自封闭"成藏阶段

随着烃源岩生排烃持续进行（R_o 为 1.0%~1.2%），当源储压差不足以突破致密储层中的毛细管力，滞留于孔隙中的烃类会"自封闭"成藏，以游离态、吸附态分布于微米—纳米孔喉系统中，形成致密油和页岩油。非常规油藏"自封闭"体系形成物性边界，虽然看似岩性是连续的，但其内部的储层物性有变化，导致非常规油藏无圈闭界限，呈准连续—连续分布的特点。但各类型油气藏之间是流体场的动态平衡，宏观的封闭条件必不可少。

二、常规—非常规油藏有序分布

常规—非常规油气形成了空间上的有序聚集，即常规油气供烃方向有非常规油气共生、非常规油气外围空间有常规油气伴生，常规与非常规油气协同发展（邹才能等，2009，

2019）。油气源研究证实风城组 3 种油气类型（常规油、致密油、页岩油）均为风城组烃源岩的产物（曹剑等，2015；王小军等，2018；支东明等，2019），具有亲缘关系，但也存在各自独有的特点。

湖盆边缘相对粗碎屑的扇三角洲平原砂砾岩与推覆断裂构成了常规地层背景下断层—岩性油藏发育带。向斜坡方向受物源、湖盆水体盐度、古气候的影响，陆源碎屑、内源化学沉积及火山混合沉积形成三角洲前缘白云质砂岩带。该带相对来说碎屑颗粒粒度较粗，主要为细—中砂岩，成岩作用较强，储层致密，向凹陷方向与油源区侧接，形成近源大面积致密岩性油藏。进一步向凹陷方向，较细粒的碎屑沉积物与内源化学混合沉积，加之间歇性的湖平面升降，在凹陷—斜坡区大范围内形成薄层白云质粉—细砂岩、白云质泥岩、泥质岩互层结构，形成了非常典型的源储一体的页岩油带。凹陷主体区域沉积了纹层状的白云质泥页岩、泥页岩，形成厚度较大的纯页岩型页岩油有利区。因此，在风城组沉积相带变化的控制下，不同类型储集体在空间上呈现出的有序分布，控制着常规油藏—致密油藏—页岩油藏的有序分布（图 3-34）。

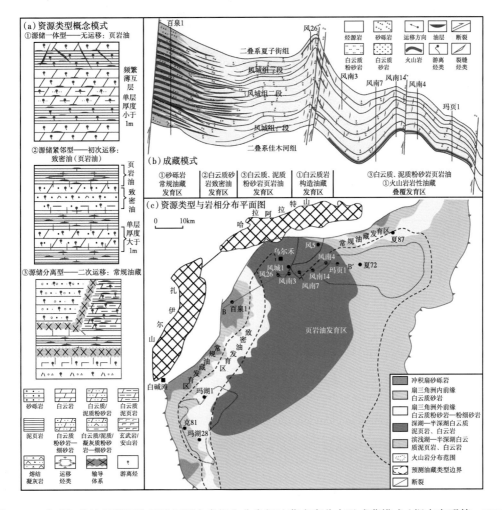

图 3-34　准噶尔盆地玛湖凹陷风城组源内常规和非常规油藏有序分布及成藏模式（据支东明等，2021）

　　风城组常规—非常规油藏有序共生模式可以解释为三种油气藏类型的成藏共生模式：源储分离常规油气成藏模式、源储紧邻致密油聚集模式和源储一体页岩油聚集模式。表3-3总结了玛湖凹陷风城组不同油气资源类型的储层岩性、孔隙和孔喉特征，表3-4总结了不同油气藏类型的成藏模式要素，显示出常规—非常规油藏的差异。

表3-3　玛湖凹陷常规—非常规油气系统储层特征表

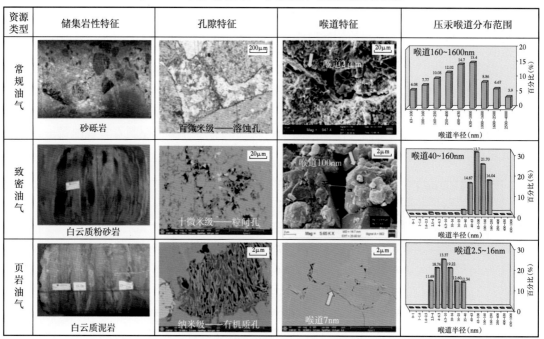

表3-4　准噶尔盆地玛湖凹陷风城组不同油气藏类型的成藏模式要素表

成藏模式	源储关系	油气类型	储层岩性	储集空间	运移特征	成藏动力	相态	相带类型	典型井
源储一体	互层结构	页岩油	白云质泥（页）岩、白云岩	微裂缝、层理缝、微纳米孔	无运移	源储压差扩散	吸附态	半深湖—深湖	玛页1井
	薄互层单层厚度小于1m		白云质、泥质粉砂岩、沉凝灰岩	微裂缝、层理缝、微纳米孔	初次运移+自生	源储压差扩散	游离态、吸附态	滨浅湖—半深湖、前扇三角洲	
源储紧邻	厚层互层单层厚度大于1m	致密油	白云质、泥质、凝灰质粉砂岩—细砂岩	微裂缝、基质孔	初次运移+自生	源储压差浮力	游离态、吸附态	前扇三角洲、扇三角洲外前缘	玛湖28井玛湖26井
	侧向接触	致密油	白云质、凝灰质砂岩	基质孔、微裂缝	二次运移	源储压差	游离态	扇三角洲内前缘	玛湖33井
源储分离	无接触	常规油	砂砾岩、火山岩	基质孔、微裂缝	二次运移	浮力	游离态	冲积扇、扇三角洲平原	百泉1井夏72井

1. 源储分离常规油气成藏模式

这种模式的典型特征是常规油藏源储分离,有明显圈闭界限及油水分异作用,油气富集于构造高部位。如前文所述,对于风城组的勘探,早期按照在源边断裂带寻找常规油藏开展探索,发现了八区油藏,但向油藏构造低部位扩展,外甩探井多见边底水。其储层岩性以砂砾岩为主,虽然砂砾岩沉积体与泥质烃源岩系属同一时期的沉积体,但空间上两者是分离的。如图 3-34 所示,湖相白云质(石灰质)泥岩发育烃源岩,扇三角洲平原与内前缘相发育砂砾岩储层。虽然同属一套地层,但两者分离,油气运移已发生二次运移,在浮力作用下发生短距离的横纵向输导,形成一个由"源"到"圈"的油气系统。同时,受到常规储层大孔喉结构的影响,喉道形成的毛细管力往往较小,自封闭作用较弱(贾承造等,2021),由浮力作用主导,使油气向上浮动聚集,在同一圈闭中驱替地层水向下,形成油水分异作用的成藏过程。

此外,除了受到源储结构的控制,常规油气藏成藏过程中还需要静态要素的耦合控制。例如,八区油藏虽然是岩性体内油气聚集,但上倾方向上断裂封挡,顶部泥岩封盖,因此往往形成的是构造—岩性油气藏或者地层—岩性油气藏。该类油藏可以夏 72 井火山岩、百泉 1 井砂砾岩油藏为例,它们都位于构造活动强烈、埋深不大的位置。这里油气藏的储层岩性复杂多样,物性普遍较差,渗透率普遍小于 0.1mD,往往与烃源岩无直接接触,油气源外聚集,经过二次运移调整,以油水驱替浮力成藏为特征,形成以圈闭为单元的常规油藏,具有常规油气藏"从源到圈闭"的所有成藏要素。例如,白 25 井区砂砾岩断层—岩性油藏。

2. 源储紧邻致密油聚集模式

该类油藏强调的是层系内储层与烃源岩相邻(侧向接触及纵向紧邻)的近源油气聚集。烃类往往发生过初次或者短距离二次运移,储层岩性及空间多以颗粒间基质孔为主,油气赋存状态均呈现游离态(图 3-34)。这类油藏更多强调的是储层物性条件,往往都是致密储层。例如发育于扇三角洲外前缘及前扇三角洲的与泥质岩互层的白云质粉砂岩—细砂岩,储集空间中的油气多由邻近烃源岩经过一定距离的运移后再聚集,虽然沉积物颗粒粒度小,纹层也发育,且储层中白云质粉砂岩也可能具有一定生烃能力,但往往单层厚度超过 1m,更符合致密油的范畴。该类型目前在白云质砂岩发育区已有发现,以玛湖 28 井的成功突破得以证实。页岩油与致密油从横向上表现为大面积连续分布,全井段整体含油的特征。

3. 源储一体页岩油聚集模式

这类油藏强调源内自生自储,储层岩性为细粒白云质粉砂岩—细砂岩、泥质岩,纹层特征明显,原油在生烃增压驱动下,在源内源储压差作用下非浮力聚集,大面积连续分布于泥质页岩夹白云质粉砂岩储集体中。因此,页岩油源内聚集的关键要素是页岩中的储集空间的发育。粉细碎屑岩储集空间由于碎屑粒径及成分的原因,主要有粒间孔及次生溶蚀孔[图 3-16(a)~(c)]。原生粒间孔集中发育时,一般黏土矿物整体含量较低,碎屑颗粒之间多为点到线接触,残留的原生粒间孔中未充填或少量充填自生黏土矿物。由于沉积期整体近物源且受物源区火山作用强烈发育的影响，成分中含大量的长石类矿物，该类型矿物在后期的成岩演化过程中，有机酸的溶蚀作用形成了丰富的溶蚀孔隙，为优质储层的形成奠定了基础。

风城组蒸发岩型内源岩发育有泥质云岩或石灰岩的晶间孔储集空间，白云石晶粒之间孔隙通常表现为微米级到纳米级大小。细粒混积岩储层由于陆源碎屑与内源矿物共生的特点，其储集空间兼具了碎屑岩与内源岩的储集空间特性。其油气赋存特征以玛页1井为例，细粒的泥质岩类储层发育溶蚀孔及微纳米孔［图3-13（i）］，场发射扫描电子显微镜观察见泥岩中矿物颗粒表面油脂薄膜［图3-13（1）］，以吸附态赋存于孔隙中。而粒度相对粗的白云质粉砂岩致密储层，原油赋存于粉砂岩基质孔及微裂缝中，只是单层厚度多小于0.5m，除岩心中的有机质生烃以吸附态滞留于烃源岩内以外，白云质粉砂岩储集空间中还存在一部分其上下的泥质烃源岩生成的烃类，经过极近距离的运移，以游离态赋存，构成薄互层型源储一体、自生自储的页岩油聚集模式。

总之，致密油藏与页岩油藏源储紧邻或者源储一体，为无圈闭界限的"连续型"油藏。非常规油气聚集与常规油气聚集不同，主要表现在：（1）源储关系：致密油藏与页岩油藏往往源储紧邻或者源储一体；（2）储集空间：储层普遍致密，与常规油藏相互连通的大孔喉系统有区别，为孤立或者半连通的微米—纳米级微细喉道；（3）油气赋存状态：油气以游离态或者吸附态赋存其中，部分吸附油也赋存于有机质微孔隙中；（4）油气运移动力：受小孔喉系统控制，毛细管力强，浮力作用较弱，以生烃增压形成的幕式初次运移或微运移为主；（5）油水关系：受源储结构关系控制，超压驱动使生成油气充满储层的整个储集空间，形成连续性的高含油饱和度的油藏，地层水往往以束缚水态存在；（6）分布特征：油气往往受控于烃源岩呈大面积连续分布，无圈闭界限。

综上所述，风城组显示出全油气系统特征，具有全过程生烃、全类型储层、全尺度孔喉系统、全类型油气藏的特征。具体而言，随着区域的构造演化，早期快速埋藏垂向压实作用导致沉积物孔隙缩小，并开始发生胶结作用。在成岩作用早期，胶结物充填了大量原生粒间孔，加之压实作用，储层逐渐转变为低孔隙度、低渗透率的致密储层。后期随着构造抬升，早期胶结物受大气淡水淋滤，发生溶蚀作用，产生了大量的溶蚀孔，增大了储层孔隙度和渗透率，改善了储层物性，溶蚀孔构成此时期的主要储集空间，成为油气聚集的主要场所。临近凹陷早期的烃源灶先进入低成熟阶段，发生油气运移和聚集，溶蚀相储层次生孔隙成为油气聚集的场所。随着盆地沉降，垂向压实及其他矿物胶结作用导致储层孔隙度和渗透率进一步降低，储层致密化，伴随烃源岩深埋，进入高成熟热演化阶段，受压实排烃作用，排出烃类经过输导体系的二次运移，形成常规油气藏；未排出的烃类滞留于烃源岩微纳米孔喉中，以吸附态或者游离态形成烃源岩油气。整体反映出生烃—排烃—储层演化—构造演化—油气聚集全过程的耦合成藏，也形成了断裂带低成熟—成熟常规油藏、斜坡区成熟—中高成熟致密油藏、凹陷区中高成熟—高成熟页岩油藏的有序分布模式（图3-35）（支东明等，2021）。

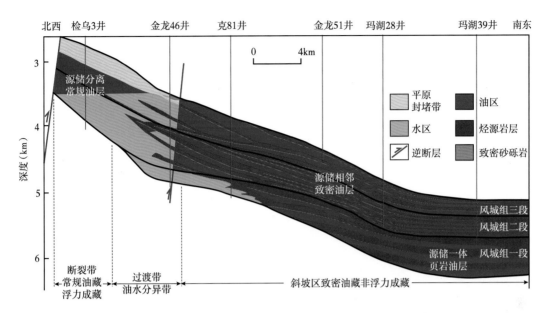

图 3-35　玛湖凹陷玛南地区风城组全油气系统勘探揭示的油藏模式

第六节　全油气系统勘探实践及意义

综上所述，含油气系统地质理论是油气勘探战略选区的基本思想，当前非常规石油地质理论的发展赋予了含油气系统理论新的内涵。作为世界上为数不多的复杂叠合盆地全油气系统，玛湖凹陷提供了常规—非常规油气有序共存的经典实例，把全油气系统这一概念从理论构想推向了实际，解析了全油气系统的概念及新的内涵，从源储耦合和有序聚集的视角，重新定义了关键地质要素的内涵，从生烃、排烃到运移和聚集成藏的全过程，系统总结了各类油气资源的分布规律与形成机制，无论对石油地质理论的发展和深层油气勘探的实践都有重要的推动作用。

玛湖凹陷风城组油气类型复杂多样，涵盖了各类常规、非常规类型，其成藏模式决定了油藏的纵横向分布受源储时空配置关系及构造与岩相的控制，呈现空间上的有序分布。风城组多类型油气有序共生模式，是全油气系统概念（贾承造等，2017）的一个实例佐证，从烃源岩全过程生排烃，沉积岩、火山岩、碳酸盐岩等多种类型储层、常规—非常规全类型油气共生共存，预示着风城组油气系统研究由"烃源岩到圈闭"发展到"源储耦合、有序聚集"的全系统研究，是由源外勘探走进源内勘探的成功案例。

目前，在全油气系统理论的指导下，新疆油田在北部页岩油领域分别部署风险井玛页 1H 井、玛页 2 井，探索优势"甜点"段水平井效果及大跨度"甜点"分散型直井动用效果；在南部致密油领域，积极向下拓展，储量区已开展水平井提产试验；在中部致密油与页岩油领域，部署风险井风云 1 井，有望实现玛湖凹陷非常规油气南北整体连片（图 3-36、图 3-37），在玛湖凹陷源内可望实现非常规 20×10^8 t 级大油区控制工程。

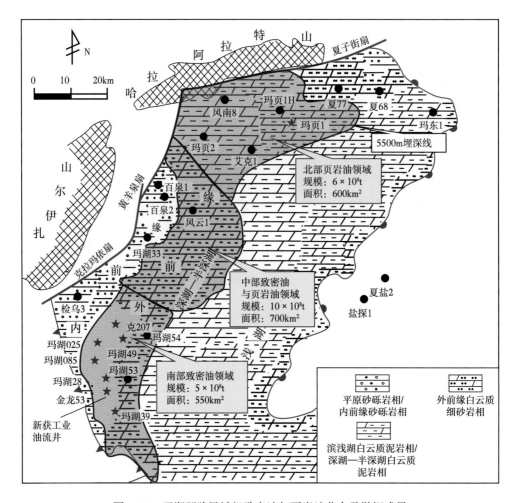

图 3-36　玛湖凹陷风城组致密油与页岩油分布及勘探成果

　　基于全油气系统找油思路，可以打破断裂带和斜坡带找油的限制，勘探领域由围绕富烃凹陷正向构造拓展至负向构造，由单一目标勘探向岩性领域拓展。目前，准噶尔盆地已经实现了几大富烃凹陷全油气系统的勘探突破。例如在阜康凹陷，早期沿北三台凸起寻找小规模构造—岩性油藏，按照全油气系统综合勘探思路，开展下凹进源内勘探，2020 年康探 1 井取得源内芦草沟组的重大突破；在盆 1 井西凹陷及沙湾凹陷，按照常规—非常规油气有序共生模式均取得了深层油气勘探重大突破，形成了重要的储量接替区；沙湾二叠系发育大型地层圈闭形成背景，前缘相砂砾岩大面积成藏，勘探面积 3500km²，是盆地二叠系全油气系统大规模勘探现实接替区，并于 2020 年在二叠系获重要勘探成果，打开了全油气系统油气并举的崭新局面。在玛湖凹陷深层可形成致密油和页岩油，在盆 1 井西凹陷深层可形成凝析油和页岩气，在沙湾凹陷深层可形成致密气资源和页岩气资源（图 3-38）。总之，风城组呈现出常规—非常规油气资源有序共生，大面积成藏与深埋富集高产特征，西部坳陷巨大勘探潜力逐步展现，已建立常规油藏—致密油—页岩油完整序列，还需进一步完善天然气序列。以全油气系统勘探模式为指导，准噶尔盆地可望在全盆地上二叠统实现整体突破。

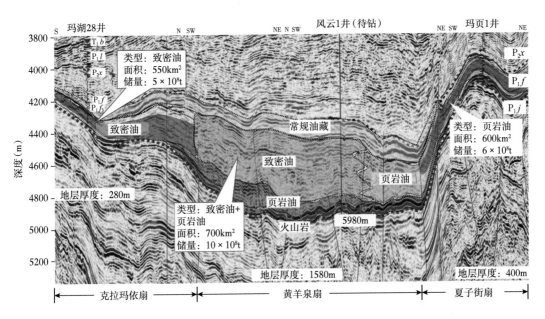

图 3-37　玛湖凹陷过玛湖 28 井—风云 1 井—玛页 1 井地震地质剖面指示风城组
全油气系统内常规—非常规油气资源分布

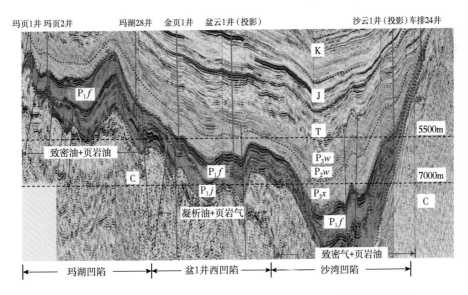

图 3-38　准噶尔盆地三大富油凹陷风城组分布及深层油气资源类型

第四章　准噶尔盆地二叠系古地貌控圈控藏理论

古地貌控制了沉积相带、微相砂体及圈闭的分布，通过古地貌恢复及古地貌与砂体、圈闭配置关系研究，可以有效指导油气勘探与开发。本章从准噶尔盆地二叠系上乌尔禾组沟槽古地貌背景及坳陷区发育大型不整合面及地层圈闭出发，分析了盆地二叠系上乌尔禾组河控三角洲型储层特征及形成机制，阐释了上乌尔禾组古地貌控圈控藏作用。研究显示，准噶尔盆地上二叠统坳陷区凹槽背景下，上乌尔禾组在中央坳陷迎烃面上发育大型地层圈闭，在古地貌与湖平面共同控制下成藏，形成大型地层油藏勘探新领域，体现了准噶尔盆地深层地层圈闭中砂砾岩体大面积成藏。

第一节　古地貌控圈控藏的研究进展

一、古地貌控圈控藏研究概况

古地貌是构造演化、风化剥蚀、沉积物充填和差异性压实多种因素综合作用的结果，在构造演化作用下，盆地整体的形态及古地貌会发生变化。近年来，揭示古地貌对沉积体系的约束作用已成为国际上油气盆地分析研究的一个热点。国外古地貌控储控圈控藏等相关研究中，以 Normark（1970）和 Nardin 等（1979）关于古地貌控制下的深水扇研究成果为代表，他们提出的古地貌控制深水扇的研究被人们熟知。在我国最早提出古地貌控藏是在 20 世纪 90 年代胜利油田根据沟—扇的对应关系，形成了在沟—扇古地貌控砂理论基础上进行油气勘探的思路，自此，相关的古地貌控储控圈控藏理论开始被先后提出（林畅松等，2000，2003；王英民等，2003；张善文等，2003，2006；李丕龙等，2004；徐长贵等，2006）。

多项研究表明古地貌对构造活动盆地中沉积的类型和展布具有重要的控制作用（董艳蕾等，2015）。例如，认为古地貌会控制层序的叠置样式和沉积相的展布（厚刚福等，2022；王建停等，2022），水下古沟槽边缘的水下分流河道砂体是岩性圈闭发育的有利场所（厚刚福等，2018）；构造高部位的古沟谷及洼槽带的古陡坡是富砂沉积体的有利储集相带（王启明等，2016），洼槽边缘断裂坡折带是有利的储集相带（李占东等，2016）等。古地貌控储控圈控藏理论中研究得较为广泛的是坡折带控砂、源—汇系统控储和不整合控制的地层圈闭概念。

坡折带最早起源于地貌学中"陆架坡折"的概念，指外陆架与陆坡的由缓变陡的转折部位。在长期活动的同沉积断裂影响下，形成的"构造坡折带"制约着盆地充填可容纳空间的变化，从而控制了沉积体系的发育和砂体的分布（林畅松等，2000；王英民等，2002），而断陷盆地沉积体系类型宏观控制着隐蔽油气藏的类型及空间展布（李丕龙等，2004）。源—汇系统是指剥蚀地貌形成的风化产物通过搬运路径到汇水盆地沉积下来的地表动力学过程（Allen，2008；Sømme 等，2009，2010）。1998 年，美国国家科学基金会和联合海洋学协会正式启动了"洋陆边缘计划"，开始了沉积学领域源—汇系统的研究序幕；1999 年欧洲大陆边缘地层计划启动，开展大陆边缘海相源—汇沉积系统的研究。此后，国内学者开始尝试将源—汇思想引入陆相断陷盆地沉积作用研究中来，这是由于中国陆相断陷盆地断裂系统发育、多物源供给、相带复杂，砂体分布范围广且类型繁多，既有牵引流成因又有重力流成因，从而导致陆相断陷盆地砂体展布规律尤为复杂（徐长贵等，2006）。相关研究内容包括地貌演化、物源—沉积体系的响应关系及其耦合模式等（徐长贵等，2006，2013，2017；庞雄奇等，2007；姜在兴，2010；郑荣才等，2012；朱红涛等，2013，2017，2018）。

　　古地貌中的一个重要地质现象是地层的抬升、剥蚀形成不整合面。不整合面是地层中保留下来的由于地层缺失所呈现出的一种不协调的接触关系，代表着区域性的沉积间断和剥蚀事件，是构造运动和海平面升降的产物（Adams，1954；程日辉等，1998）。由于构造运动、削蚀作用和超覆沉积等因素的影响，使不整合面储集体被非渗透性岩层围限或遮挡，形成地层圈闭。不整合遮挡下形成的地层圈闭及地层油气藏是古地貌控圈及控藏的重要体现。

二、不整合面控圈控藏的沿革及进展

1. 不整合面及地层圈闭

　　早在 1788 年，James Hutton 在苏格兰 Siccar Point 观察位于陡倾斜志留系之上的红色砂岩时，首先认识到这种不协调的地层接触关系，Jamenson 从宗教用语中得到启发，将这种不协调的地层关系称为不整合（unconformity）。不整合面研究已成为分析盆地地质事件和地质过程的关键要素之一，如分析地壳抬升和埋藏、解释湖（海）平面变化、划分沉积层序（Shanmugam，1988），以及恢复盆地的演化和改造过程等（陈发景，2004）；同时也成为研究油气成藏机理的重要内容。不整合面不仅可以作为油气区域性运移的输导体，而且能成为油气聚集的有利场所（翟光明等，1998）。因此，不整合面圈闭是古地貌控圈的一个重要内容，地层油气藏是古地貌控藏的一个重要表现。

　　关于不整合面的分类，多是根据其特征及成因划分。Brown 和 Fisher（1979）基于层序地层学的观点，根据反射终止与不整合面的关系，将不整合划分为侵蚀型和沉积型两类。Visher（1984）将不整合面分为间断、假整合、侵蚀不整合、准整合、角度不整合、非整合和超覆不整合面共 7 种类型。梁定益等（1991，1994）、王根厚等（2000）认为在伸展构造环境下，发生于水下或地壳沉陷或裂陷过程中产生的不整合，伴随有不同程度的地层缺失，可形成伸展不整合面。邓自强等（1994）将碳酸盐岩地区发育的不整合面称为古岩溶不整合面。艾华国等（1996）根据地震反射波的终止方式及剖面特征，将塔里木盆地前石炭系顶面不整合面划分为褶皱不整合、断褶不整合、超覆不整合和平行不整合 4 种类型。吴亚军等（1998）将塔里木盆地不整合总结为构造不整合、沉积不整合和复合不整合三大类，并提出底辟不整合概念。

　　地层圈闭即是与地层不整合有关的圈闭，指储层由于纵向沉积连续性中断而形成的圈闭。对不整合面形成的地层圈闭概念的研究是伴随着隐蔽圈闭概念的研究而发展的。Carl（1880）最早提出隐蔽圈闭（Subtle Trap）概念。Wilson（1934）提出非构造圈闭（Nonstructural Trap）概念，认为它是"由于岩层孔隙率变化而封闭的储层"。Leverson（1936）提出了地层圈闭（Stratigraphic Trap）的概念，用来称呼构造、地层、流体多要素结合的复合圈闭，并于 1964 年发表了题为《地层型油田》的论文；Leverson 于 1966 年以"隐蔽和难于捉摸的圈闭"（Obscure and Subtle Trap）为题，全面论述了对隐蔽圈闭的新认识，表示"Subtle Trap"与早期所用的复合圈闭（Combination Trap）有所区别，后者可以用来表述多要素结合的复合圈闭，而"Subtle Trap"本身因缺乏严格的含义而未能广泛应用。Halbouty 于 1972 年重新启用"Subtle Trap"，用来表示与构造圈闭相区别的勘探难度较大的地层、不整合和古地貌圈闭，首次提到了不整合圈闭概念；1982 年，他进一步把隐蔽在不整合面下或复杂构造带下不易认识和勘探难度较大的各类潜伏圈闭称为"Subtle Trap"。隋风贵等（2007）认为地层圈闭是指储层上倾方向直接与不整合面相切而被封闭所形成的圈闭。

2. 地层油气藏

在地层圈闭中发生了油气聚集即形成了地层油气藏。在世界油气勘探史上，1917 年最早发现了委内瑞拉马拉开波湖—玻利瓦尔油区的许多大型地层油气藏，1930 年又发现美国的东得克萨斯大型地层油气藏，地层油气藏开始引起人们的重视。在一个含油气区，易于发现的构造油气藏总是最先被发现，随着勘探程度的增加，包括地层油气藏在内的非构造油气藏的比例会不断增加。近几十年来，随着勘探技术的不断进步，在世界各地发现的地层油气藏逐渐增多，它们不仅数量多、分布广，常常储量也很大，其类型也是多种多样。

胡见义等（1991）认为地层油气藏主要是由于构造运动和超覆沉积等因素的影响，使非渗透性岩层围限或遮挡下的地层圈闭中发生了油气聚集；冯有良（2005）将地层油气藏定义为与不整合面直接接触，并且以不整合面作为圈闭要素之一的油气藏类型；杜金虎等（2007）将地层油气藏定义为由构造运动引起的沉积间断、剥蚀、超覆沉积等作用下，储集体沿不整合面或侵蚀面上下，被非渗透层所围限或遮挡而形成的油气藏。邹才能等（2010）认为地层油气藏是构造、沉积引起的不整合结构体内，由有效地层组合和横向变化形成的圈闭内聚集的油气藏。

杨万里（1984）根据圈闭成因、油气藏分布位置等，将地层油气藏划分为地层超覆油气藏、不整合面之上油气藏及古潜山油气藏；胡见义（1991）根据圈闭成因，将地层油气藏划分为地层超覆油气藏、不整合油气藏及基岩油气藏；李丕龙等（2004）根据油气藏形成的主导因素等，将济阳坳陷地层油气藏分为地层超覆油气藏、不整合遮挡油气藏及潜山油气藏三类；邹才能等（2009）根据地层油气藏成因机制、控制因素和分布规律，将地层油气藏分为盆底基岩（火山岩、变质岩或古老沉积岩）地层型和盆内地层型两类。

总之，地层油气藏的形成与地层削蚀、超覆等各种类型的不整合面有关，通常将地层油气藏划分为古潜山型、风化削蚀型、超覆不整合型，但从成因上而言，前两者都与不整合超覆有关。因此，以圈闭成因为主、其他分类方法为辅的原则，地层油气藏可以划分为两大类，即不整合超覆油气藏和不整合遮挡油气藏，下分为 13 个亚类（表 4-1）。

针对不整合面控制下的地层油气藏的成藏问题，已有一些相关概念和理论，例如"构造—层序"成藏组合、"六线四面"圈闭成因和"三大界面"控制油气分布的地质理论；"一体一带"两大因素控制"地层尖灭型"油气藏、"有利储层、断裂和局部构造"三大关键要素控制的风化岩溶型地层油气藏（贾承造等，2007，2008；邹才能等，2010），以及近些年的"断控"岩溶体、深层碳酸盐岩岩溶、中深层火成岩风化壳等地层油气藏（陶士振等，2017；焦方正等，2018；赵子路等，2020；刘宝鸿等，2020）。"十三五"以来，我国在东部、西部及海域众多盆地均获得地层油气藏勘探新发现，产层岩性包括碎屑岩、碳酸盐岩、火山岩—变质岩。

表 4-1　地层油气藏分类

类型	亚类		示意图	形成机制	典型实例
不整合超覆油气藏	古隆起超（披）覆			水进期在盆缘或隆起区不整合面上逐层超覆旋回沉积，新储层超覆在较老的非渗透地层上，被连续沉积非渗透层遮挡	济阳坳陷单家寺油田、老君庙油田
	斜坡超覆				委内瑞拉夸伦夸尔油田，济阳坳陷太平油田、陈家庄油田
不整合遮挡油气藏	地层削截油气藏	剥蚀背斜型		背斜圈闭部分被剥蚀，后期被上覆岩层遮挡	济阳坳陷东营凹陷
		剥蚀单斜型		地层掀斜剥蚀，侧向被同沉积岩层遮挡，被后期上覆岩层或流体遮挡	辽河曙光油田，济阳坳陷金家油田、曲堤油田，准噶尔盆地夏子街油田
	潜山油气藏	潜山顶型 古地貌型		基岩遭风化剥蚀形成丘状隆起，后期被上覆非渗透性岩层覆盖	新疆陆梁白垩系、三塘湖盆地石炭系
		潜山顶型 断块型		断层切割岩层形成断块，高部位遭风化剥蚀，被上覆地层遮挡	冀中坳陷任丘油田、黄骅坳陷千米桥油田、利比亚萨利尔油田
		潜山坡型 顺倾坡型		不整合面下储层遭受风化，侧向被未风化层（隔层）遮挡，上覆被后期沉积非渗透层遮挡	冀中坳陷任丘油田
		潜山坡型 逆倾坡型			冀中坳陷南马庄油田
		潜山内幕型 断壁型		基岩被断层切割，遭受风化剥蚀，侧向受隔层及断层遮挡	冀中坳陷荆丘、南孟、刘其营、何庄、长洋淀等油田
		潜山内幕型 残丘型		基岩遭受多期沉积间断、多期风化剥蚀，被上覆非渗透层遮挡	冀中坳陷信安镇、苏桥油田
		潜山内幕型 裂缝型		受断层影响，基岩内部发育多期裂缝，被上覆非渗透层遮挡	辽河兴隆台油田
		潜山内幕型 溶蚀孔洞型		基岩遭受选择性风化剥蚀，形成溶蚀孔洞，被上覆非渗透层遮挡	塔里木塔中奥陶系，靖边奥陶系
		潜山内幕型 岩性尖灭		基岩内部储层上倾尖灭，被周围非渗透层遮挡	冀中坳陷文安斜坡

传统上关于不整合面地层油藏的研究主要是限于盆地的中浅层，一般发育于有明显坡度的斜坡地带。中国深部地层油气藏的研究多是与塔里木、四川盆地深层碳酸盐岩的岩溶作用有关，针对深层碎屑岩地层中的不整合面地层油气藏的研究及勘探比较少。此外，目前国内深层发现的规模地层油气藏多为与不整合结构相关的油气藏，以潜山型（火山岩、碳酸盐岩及变质岩）为主。准噶尔盆地已发现地层型油气藏也多发育于隆起高部位，以火山岩潜山为主。随着油气勘探向深层进军，发现准噶尔盆地二叠系富烃坳陷区存在大规模不整合面控制的地层型油气藏，从而开辟了一个大型地层圈闭油气勘探领域。

三、准噶尔盆地二叠系古地貌控圈控藏理论的内涵

准噶尔盆地在前期已围绕五大富烃凹陷（玛湖、沙湾、盆1井西、阜康、东道海子凹陷）的烃源灶周源尖灭带的凸起区发现了多个小规模油藏。近些年勘探发现，在中央坳陷区围绕中下二叠统烃源灶发育了区域性不整合结构，可以形成不整合面控制的大型地层圈闭，由于靠近烃源灶，具有更佳的成藏条件，因此，该领域更为广阔（图4-1）。

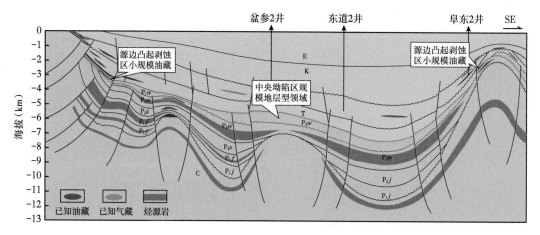

图4-1　准噶尔盆地地质结构剖面显示二叠系深层大型连续区域性不整合面发育

上二叠统沉积时期，准噶尔盆地由早期前陆冲断之后的分割型坳陷转变为统一坳陷，兼具两类盆地的沉积特征，具备形成盆地级规模油藏的构造—沉积背景。但是，坳陷区大型地层油气藏勘探无先例可循，属勘探禁区，面临两大地质理论认识上的挑战，直接制约着勘探领域的优选：（1）关于地层圈闭的传统认识是认为地层超削多发生于凸起区及其周缘斜坡带，在广大坳陷区缺乏形成对油气进行有效封堵的地层圈闭条件；另外 P_2/P_3 不整合结构为盆地构造变换期的产物，是否具有有效的储盖配置关系，能否形成盆地级地层圈闭群，是否具备规模成藏条件均未知；（2）传统观点认为二叠系为陡坡扇近源沉积，坳陷区为广覆式泥岩沉积，不发育规模砂体，即使发育规模砂体，以往多认为广大坳陷区埋深普遍超过4000m，缺乏有效储层。

2011年以来，针对盆地坳陷区二叠系地层圈闭的长期研究和勘探实践，发现了上二叠统超 $10×10^8t$ 级规模的特大型地层油藏群，建立了坳陷区大型地层圈闭成藏模式，发展了坳陷区古地貌控圈控藏理论，其内涵包含以下几个方面。

1. 二叠系坳陷区发育大型广覆式不整合面

研究显示上二叠统与中二叠统之间存在广覆式盆地级巨型不整合面（图4-2）：上二叠统为盆地断坳转换期首套填平补齐，为一套广覆式沉积；二叠系上乌尔禾组与下伏地层之间存在一套区域性的不整合面，是盆地分布最广的区域不整合结构，横跨整个中央坳陷区。上二叠统超覆于此不整合面之上，代表统一坳陷型湖盆沉积的开始。二叠系上乌尔禾组为早期前陆冲断之后，盆地由分割型坳陷转变为统一坳陷，形成的第一套填平补齐式湖盆沉积。

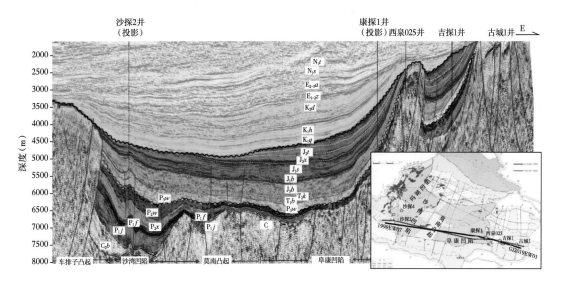

图4-2　地震地质解释剖面显示坳陷区古地貌背景下大型地层圈闭模式

2. 二叠系大型凹槽广泛分布，发育退积型三角洲沉积体系

西部陡坡、东部缓坡古地貌背景下，二叠系不整合面之上发育十大河控退积型扇三角洲沉积体系（图4-3），在环中央坳陷迎烃面上形成巨型地层型圈闭；通过古地貌精细刻画，明确了全盆地上乌尔禾组发育六大凸起，分割形成八大沟槽区，发育十大物源体系，盆地西部和东部分别发育河控型扇三角洲和湖浪改造型辫状河三角洲沉积体系。建立了西部河控型扇三角洲微相类型与岩相序列分布模式（图4-4），精细刻画了盆地上二叠统十大超覆型扇体范围，明确了其具备形成盆地级地层圈闭的沉积背景，对盆地级大油气区整体勘探具有重要的指导意义。

3. 上二叠统三角洲体系发育相对优质储层，埋深可拓展至7000m

研究结果揭示了上二叠统陡坡—河控型扇三角洲优质储层为潜流改造叠加溶蚀改造成因，缓坡—辫状河三角洲优质储层为湖浪改造叠加超压保孔成因，明确了深层碎屑岩优质储层成因机理，丰富了陆相深层碎屑岩成储理论。

研究提出了河控型扇三角洲贫泥砂砾岩系潜流改造成因新认识，同沉积期地表径流冲刷和浅埋藏期地下潜流冲刷奠定了优质储层的形成基础。明确了盆地东部辫状河三角洲沉积期坡缓水浅，受湖浪改造形成多期叠置的贫泥优质砂岩储层；盆地西部上二叠统河控型扇三角洲受潜流改造和溶蚀作用双重控制，发育厚层叠置粗粒贫泥河道砂砾岩储层。相对优质储层埋深可拓展至 7000m，丰富了中国陆相深层碎屑岩成储理论。

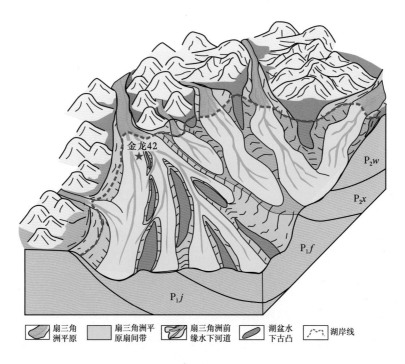

图 4-3　上乌尔禾组沟槽—河控型扇三角洲沉积模式图

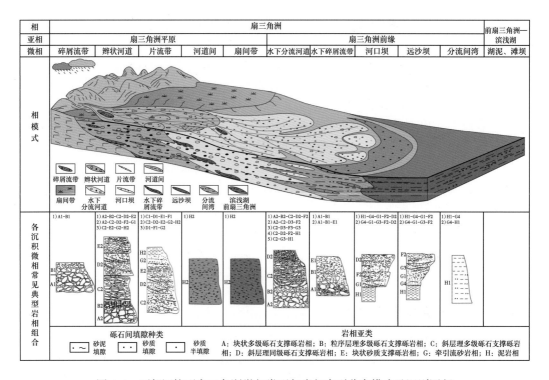

图 4-4　西部河控型扇三角洲微相类型与岩相序列分布模式及识别图版

4. 坳陷区上二叠统具备大型地层圈闭条件

研究显示，二叠系上乌尔禾组逐层超覆尖灭，在中央坳陷区古凸起区形成三面环绕的地层超覆尖灭带，具备巨型盆地级地层圈闭背景；沿凹槽—斜坡—凸起方向，随着古地貌控制作用逐步减弱，砂体规模逐步减小，晚期上乌尔禾组三段湖侵期泥岩整体封盖，古凸起间的凹槽区砂体形成有效储集体（图4-5），因此，上二叠统具备大型地层圈闭条件，为盆地级重大战略接替领域。

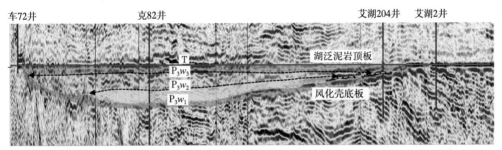

(a) 北部过玛湖凹陷剖面

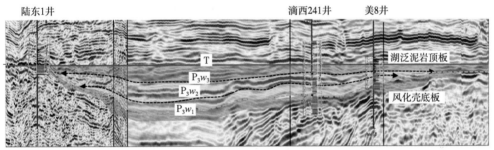

(b) 中部过东道海子凹陷剖面

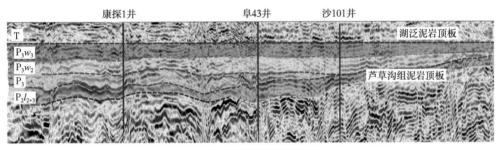

(c) 南部过阜康凹陷剖面

图 4-5　盆地东部和西部上乌尔禾组分布特征

注：上乌尔禾组三段大套泥岩形成顶板遮挡，为大型地层圈闭创造良好条件

5. 依据源储耦合关系存在两种大型地层油气藏成藏模式

依据源储耦合关系的差异，准噶尔盆地上二叠统可在西部形成源储分离型大型超覆—削截复合型地层油藏、在东部形成源储紧邻型大型低位超覆地层油气藏（图4-6）。古地貌与湖平面的升降控制了上二叠统退积型扇三角洲砾岩储集体与地层圈闭分布，晚期高成熟

油气沿不整合面由南向北向上倾方向运移，在北部凸起区弧形尖灭的大型地层圈闭围堵下截留而聚，在凹槽区前缘相带内形成大面积地层油藏群。存在凹槽、斜坡和凸起区三类油藏分布模式，即上乌尔禾组一段厚层状大规模地层油藏、上乌尔禾组二段互层状油藏、中等规模超覆—削截型油藏，以及上乌尔禾组三段沟谷充填泥包砂小型削截型油藏。因此，凹槽区上乌尔禾组一段和上乌尔禾组二段是寻找规模地层油藏的重要领域。

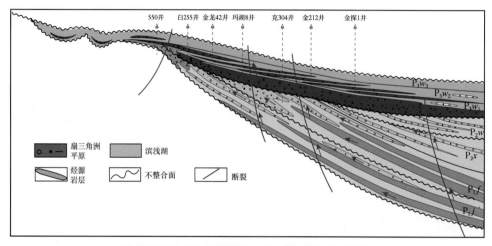

(a) 盆地西部上乌尔禾组源储分离型大型地层油气藏群新模式

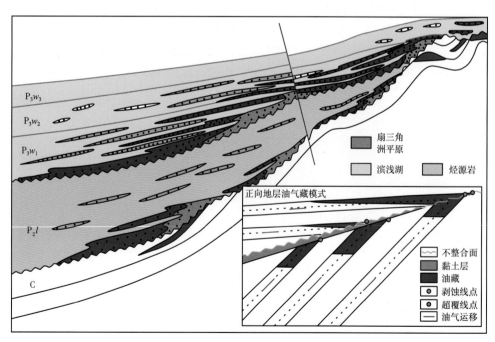

(b) 盆地东部上乌尔禾组源储紧邻型大型地层油气藏群新模式

图 4-6　准噶尔盆地坳陷区上乌尔禾组大型地层油气藏成藏模式

第二节　二叠系古地貌特征及大型地层圈闭的形成

一、断坳转换期大型不整合面连续发育

早二叠世，准噶尔盆地西北缘仍处于前陆盆地发展时期，哈萨克斯坦板块向准噶尔盆地挤压，沉积中心位于中拐至克百地区。由于此时构造活动强烈，在挤压过程中下部岩层形成的火山活动较多，因此在碎屑岩的沉积过程中往往夹有较厚的火山喷发岩层。早二叠世沉积末期挤压构造减缓，火山活动减弱，至中二叠世夏子街组沉积时期火山活动基本停止，主要以碎屑岩为主。早—中二叠世，西北缘各地的构造挤压程度发生变化，盆地类型也逐渐转化为坳陷型，沉积中心也随之发生改变。中二叠世初期，湖盆范围较大，沉积中心主要位于玛湖凹陷及沙湾凹陷，其中玛湖凹陷的乌夏地区沉积最厚。中二叠世末下乌尔禾组继承了夏子街组的构造样式，但沉积范围较夏子街组小。整体上每个组之间都经历了构造抬升剥蚀，使各组之间呈现不整合接触。

二叠纪中后期，准噶尔盆地玛湖凹陷逐渐由前陆盆地转为坳陷盆地。西北缘老山仍持续抬升，东北部陆梁隆起的形成，形成这一时期两个凹陷的西北部与东部增高的特点，并为两凹陷提供物源。晚二叠世冲断带碰撞活动达到顶峰后开始缩减，形成了二叠系上乌尔禾组与下伏地层角度不整合的削截关系，二叠纪末期转为板内挤压阶段，形成了二叠系与三叠系之间的区域不整合面接触关系。

因此，晚二叠世—早三叠世为前陆盆地冲断和坳陷盆地转换时期（图4-7）。从气候而言，晚二叠世—早三叠世干旱事件代表了中二叠世温室事件与中晚三叠世潮湿事件之间的重要转换阶段（何登发等，2018）。在这个二叠纪—三叠纪转换期，盆地古地貌从早期隆坳分割的格局演化成了统一的、坡缓水浅的泛盆，代表了一个重要的填平补齐阶段（唐勇等，2018）。二叠系上乌尔禾组为早期前陆冲断之后盆地由分割型坳陷转变为统一坳陷形成的第

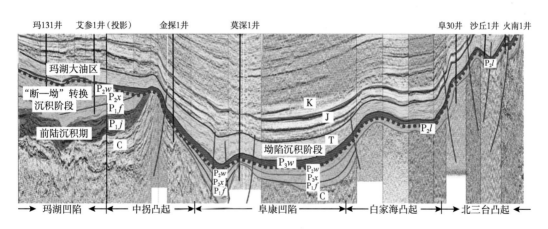

图4-7　过玛湖1井—达探1井地震地质解释剖面

C—石炭系；P_1j—下二叠统佳木河组；P_1f—下二叠统风城组；P_2x—中二叠统夏子街组；P_2w—中二叠统下乌尔禾组；
P_3w—上二叠统上乌尔禾组；T_1b—下三叠统百口泉组；T_2k—中三叠统克拉玛依组；T_3b—上三叠统白碱滩组；
J—侏罗系；K—白垩系

一套湖盆沉积，是盆地分布最广的不整合结构，横跨盆地坳陷区。由盆地前陆期风城组厚度图和坳陷期上乌尔禾组厚度图（图4-8）对比可以看出，从风城组为前陆—分割型坳陷盆地到上乌尔禾组统一坳陷盆地地层沉积厚度和分布范围的变化。

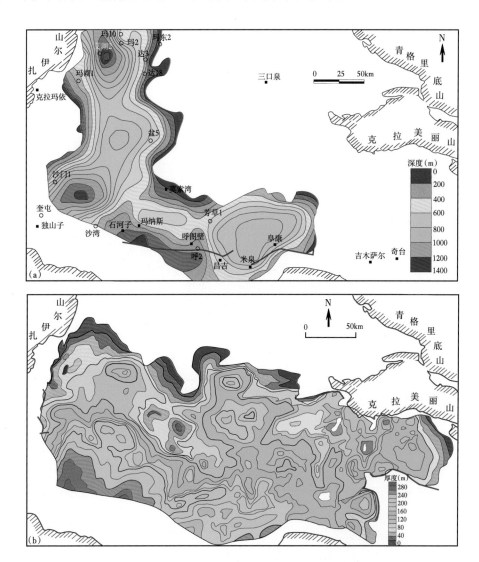

图4-8　准噶尔盆地前陆期风城组（a）、坳陷期上乌尔禾组（b）厚度图

由于晚二叠世—早三叠世盆地处于海西运动晚期到印支运动早期的转折时期，导致在盆内广泛发育大型不整合面。例如，玛湖凹陷二叠纪—三叠纪转换期发育上二叠统上乌尔禾组（P_3w）和下三叠统百口泉组（T_1b）两套地层，以及 P_3w/P_2w 和 T_1b/P 两个大型不整合面（图4-9）。此外，二叠系—三叠系还发育二叠系底部、中二叠统底部、三叠系顶部（侏罗系底部）共三个大型不整合面，以及内部层组之间的次级不整合面。上乌尔禾组（P_3w）和百口泉组（T_1b）在玛湖凹陷为一套扇三角洲—滨浅湖沉积，构成两个三级层序（图4-10）。

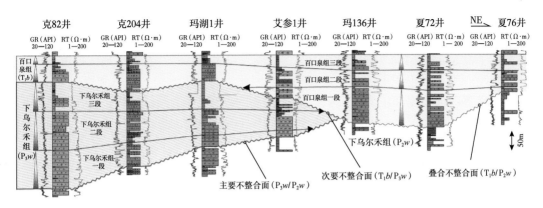

图 4-9　准噶尔盆地玛湖凹陷二叠纪—三叠纪转换期连井层序剖面及地层叠置样式

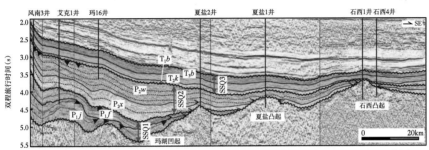

（a）过玛湖凹陷—夏盐凸起—石西凸起的地震地质剖面显示二叠纪—三叠纪转换期后的大型坳陷沉积序列

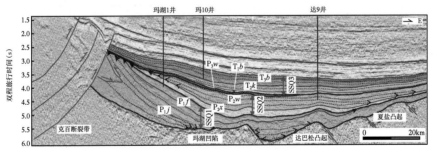

（b）过克百断裂带—玛湖凹陷—达巴松凸起—夏盐凸起的地震地质剖面显示二叠纪—三叠纪转换期后的大型坳陷沉积序列

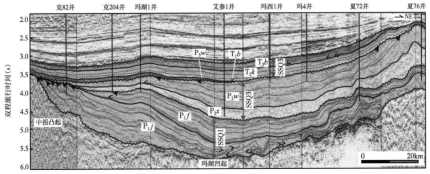

（c）过克82井—玛湖1井—艾参1井—夏72井—夏76井的地震地质剖面显示二叠纪—三叠纪转换期后的低位域沉积序列

◄┄┄削蚀　◄┄┄超覆　〜〜〜不整合　T_3b—白碱滩组；T_1b—百口泉组；P_2w—下乌尔禾组；P_1f—风城组；T_2k—克拉玛依组；T_3w—上乌尔禾组；P_2x—夏子街组；P_1j—佳木河组

图 4-10　玛湖凹陷二叠系—三叠系二级层序（SSQ1-3）结构特征（据曹正林等，2022）

早期 P_3w/P_2w 不整合控制了上乌尔禾组（P_3w）低位沉积，主要发育在凹陷南部地区，主要由三个向上变细的水进退积形成的正旋回构成（图4-9）。晚期 T_1b/P_3w 不整合构造运动对前期上乌尔禾组（P_3w）进行局部剥蚀，控制百口泉组（T_1b）在北部地区形成低位充填沉积，也由三期水进退积形成的正旋回构成。因此，上乌尔禾组（P_3w）和百口泉组（T_1b）均为多期叠置的向上变细正旋回沉积，旋回顶部形成区域性的湖泛泥岩，可作为盖层与低位期扇三角洲砂砾岩配置，形成岩性和地层圈闭。玛湖凹陷二叠纪—三叠纪转换期周缘老山持续隆升和稳定的水系为玛湖凹陷提供了充足的物源（唐勇等，2018），大型坳陷湖盆浅水、缓坡背景为低位砂砾岩扇体的连片分布提供了必要基础，这些与转换期不整合面、多期水进泥岩沉积相配合，特别有利于形成大型岩性地层圈闭群。

二、上乌尔禾组古地貌凹槽分布广泛

通过井—震结合建立层序格架，发现上乌尔禾组区域性稳定发育，可划分为三个向上变细的四级层序，全盆地可区域性对比（图4-11）。综合岩心和测井曲线连井对比（图4-12），进一步显示盆地内上二叠统层序相同，地层结构相似，均为三个上升正旋回：从上乌尔禾组一段、上乌尔禾组二段到上乌尔禾组三段分别呈现块状砂岩、砂泥互层、大套泥岩的特征。

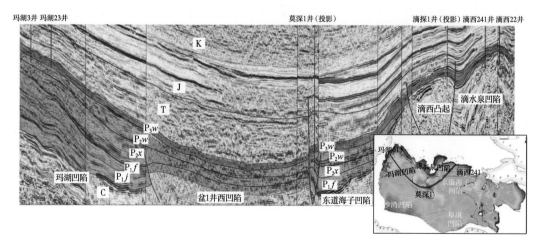

图4-11　区域性地震地质剖面图

基于钻井资料及野外露头资料的分析，认为晚二叠世准噶尔盆地主要发育分支河流—扇三角洲沉积体系与辫状河三角洲—湖泊沉积体系，其中，盆地西部发育退积式的分支河流—扇三角洲沉积体系，东部白家海凸起及其周缘发育辫状河三角洲—湖泊沉积体系，东部其他区域则主要发育扇三角洲沉积。上乌尔禾组沉积时期，准噶尔盆地具有隆凹相间的古地貌格局（图4-13），古凸起分割沟槽，而古沟槽是沉积物搬运、卸载的有利通道；盆地发育西部、北部、东部和南缘四个主要物源带，控制了沙湾、玛南、玛东、盆北、莫东、滴西、滴南、阜东、阜北、阜南10个扇三角洲沉积体系的发育（图4-14）。基于横切扇体的地震剖面分析及实际钻探资料，发现砂体主要富集在沟槽内，并向凸起区超覆尖灭（图4-15）。

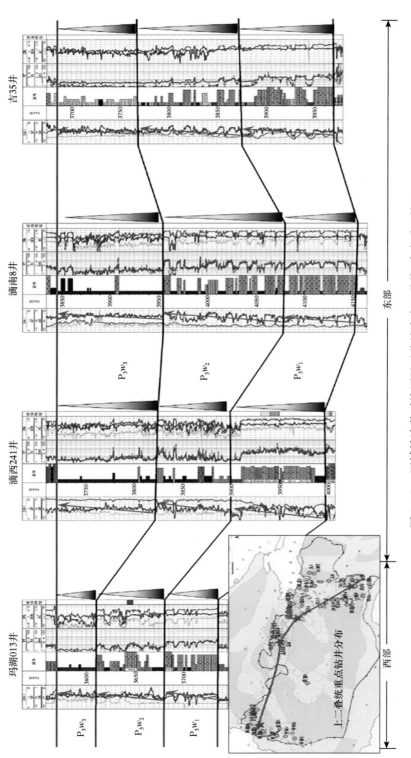

图4-12 区域性连井对比图显示盆地内上二叠统3个上升正旋回

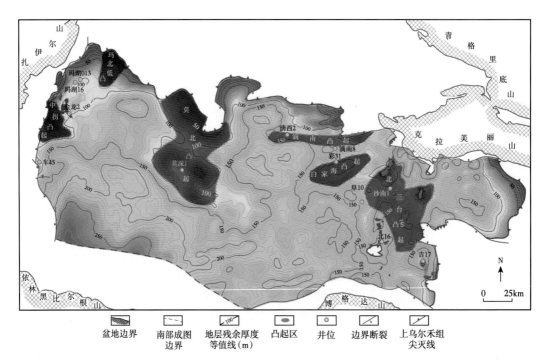

图 4-13　准噶尔盆地上乌尔禾组沉积时期古地貌

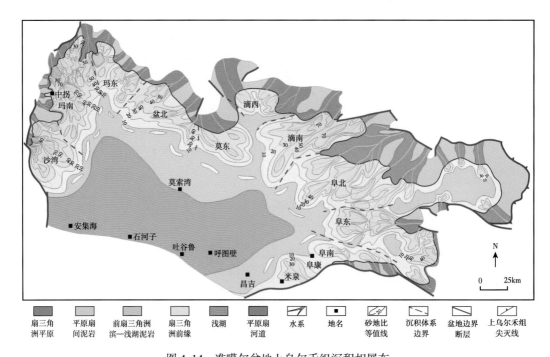

图 4-14　准噶尔盆地上乌尔禾组沉积相展布

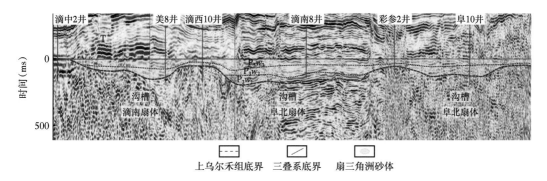

图 4-15　过滴南—阜北扇体的地震剖面（沿三叠系底拉平）显示扇体与沟槽的关系

平面上，沟槽控制了扇体的主水系走向及延伸范围，具有大沟槽发育大型砂体的特点。沟槽区发育厚层状—块状砂砾岩体，单层厚度可达 20~30m，累计厚度达上百米，而凸起区主要发育泥包砂沉积结构。

垂向上，上乌尔禾组岩性整体向上变细，呈正韵律，其中，上乌尔禾组一段为厚层状砂砾岩夹薄层状泥岩，上乌尔禾组二段为砂砾岩与泥岩互层，上乌尔禾组三段为厚层状泥岩夹薄层状砂岩，反映了湖侵阶段砂体向物源区超覆的沉积特征。上乌尔禾组一段—上乌尔禾组二段沉积时期，随着湖平面上升，扇体退覆沉积，自下而上逐级跨越坡折向凹陷周缘拓展，上覆上乌尔禾组三段广泛发育的湖泛泥岩。盆地东部中—上二叠统沉积早期时，地层以填平补齐的方式充填于凹槽区，并向周缘凸起超覆尖灭，晚期湖侵泥岩整体封盖，形成了一个凹槽富砂、凸起分隔的成圈背景，因此凹槽区是寻找规模油藏的重要领域（图 4-16）。盆地西部玛湖地区受盆缘陡、盆内缓的古地形控制，上乌尔禾组形成大型长轴三角洲，前缘相砂砾岩厚度超 200m 以上，延伸距离近百千米（图 4-17），地层圈闭中大套砂砾岩体发育。整体上，上乌尔禾组具备形成盆地级岩性—地层圈闭群的有利条件。

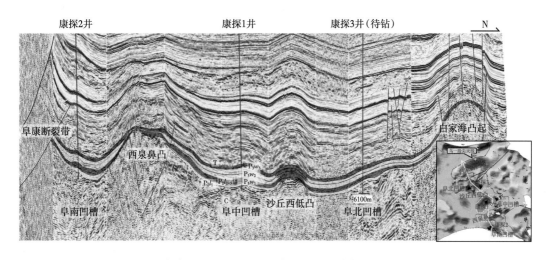

图 4-16　盆地东部阜康凹陷周围地震地质剖面显示上乌尔禾组凹凸相间的分布格局

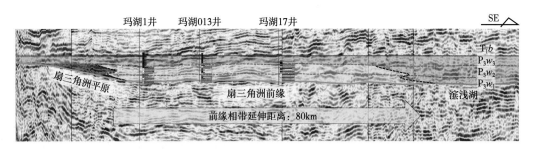

图 4-17　盆地西部玛湖地区地震地质剖面显示上乌尔禾组扇三角洲前缘砂体长距离延伸

三、不整合面转折端的坡折带控圈控砂作用明显

坡折带是控制沉积相带变迁、沉积岩性变化的重要分界，不同类型的坡折带对沉积控制作用不同。纵向的三级坡折带与横向的调节坡折带共同构成了玛湖凹陷周缘二叠系—三叠系坡折带分布体系，对地层圈闭和砂体起到了较为显著的控制作用。

1. 坡折带对地层圈闭的控制作用

基于不整合面之上的百口泉组、上乌尔禾组残余厚度图和层拉平地震剖面上反映的地层接触关系综合分析，明确了侵蚀坡折和构造挠曲坡折这两种类型坡折带的分布范围及其对沉积中心和砂砾分布的控制作用（图 4-18）：坡折带之上地层沉积厚度普遍较薄，坡折带之下沉积厚度显著增大；其中，侵蚀坡折带主要受古残丘控制，发育在早期剥蚀后残留古地貌高地周缘，侵蚀坡折主要分布在玛北—玛南斜坡区；挠曲坡折带主要受继承性古凸起控制，发育在古凸起周缘，主要分布在中拐古凸起、夏盐—达巴松古凸起和莫索湾古隆起周缘；侵蚀坡折带可形成地层超剥带或沟谷充填沉积，其上有利于超覆型、沟道充填型岩性地层圈闭发育，其下有利于削蚀型地层圈闭发育；挠曲型坡折带层序界面之上地层向古凸起单向超覆，发育大型地层超覆带，其上有利于超覆型岩性地层圈闭发育（图 4-19）（曹正林等，2022）。

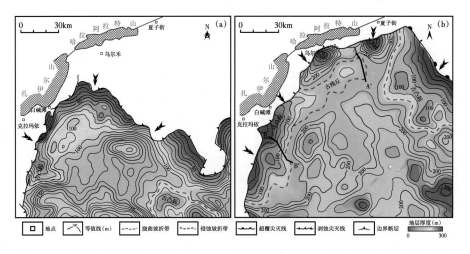

图 4-18　准噶尔盆地玛湖凹陷二叠纪—三叠纪转换期上乌尔禾组（a）和百口泉组（b）
残余厚度及坡折分布（据曹正林等，2022）

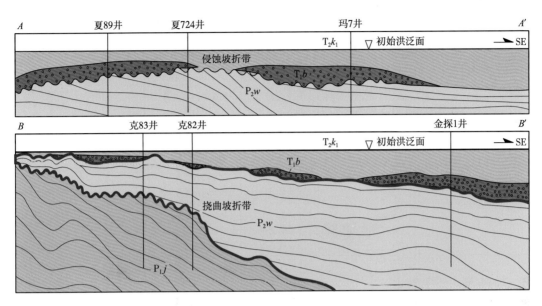

图 4-19　玛湖凹陷二叠纪—三叠纪转换期两类坡折控制地层沉积模式
（剖面位置见图 4-18）（据曹正林等，2022）

2. 对砂体分布的控制作用

以夏子街斜坡区二叠系—三叠系为例，坡折带之上多发育沟槽形成下切谷。若物源方向与坡折带走向近似垂直，则来自物源的沉积物沿下切谷运移，在坡折带坡脚位置卸载砂体形成扇体。经过野外实地考察，证实夏子街斜坡区特别是一级坡折带控制地区沟槽发育广泛。由于北部区域邻近物源，且一级坡折带规模大、坡度陡，沟槽作为砂体运移的主要通道，有利于形成三角洲前缘滑塌浊积扇。

当物源方向与坡折带走向近似平行时，大型坡折带尤其是断裂坡折带所形成的断裂斜坡可能成为引导河流流动的通道。夏子街斜坡区二叠系和三叠系砂体主要由来自北东向的物源控制，形成了夏子街扇三角洲。由于纵向三级坡折带对砂体流动的导向作用，夏子街扇三角洲展布的河流基本沿着三级坡折带的走向流动。坡折带对砂体展布也会存在阻挡作用。例如，由于玛 13 井北部坡折带的存在，限制了夏子街扇三角洲的砂体进一步向西北方向展布，影响了夏子街扇与黄羊泉扇之间前三角洲相的分布范围。

整体上看，研究区内纵向一级坡折带控制了北部扇三角洲前缘滑塌浊积扇的展布，三级坡折带主要作为运移通道，主导了东北部夏子街扇的发育，而二级坡折带的西段主要对砂体平面展布起到封挡作用，东段与横向的调节坡折带共同作用，使夏子街扇呈叠进式的帚状分布。坡折带影响单层砂体的厚度变化，一级坡折带之上通常为扇三角洲平原相带的厚层块状砂体，而之下为扇三角洲前缘砂体，其单砂层厚度明显减薄。

夏子街斜坡区坡折带控砂模式，包括沟控模式、断控模式、坡挡模式、坡阶模式和坡交模式（图 4-20）。沟控模式是夏子街斜坡区坡折带控砂的主要模式，通过野外实地踏勘，在研究区的北部和东北部地表发现了大量由于河流冲刷形成的沟槽。沟槽是盆缘负向构造单元，是沉积物运移、卸载的通道，相应的沟槽和砂砾岩体的发育位置也会有良好的沟扇对应关系。研究区北部地势较高，距离物源区近，辫状河流发育，物源碎屑随河流洪水沿沟槽向下搬运，在坡折带之下沉积形成扇体。

断控模式在玛湖凹陷周缘也有所发育。例如夏红断裂带中的断裂复杂多样，不仅有大范围的横向断裂控制坡折带形成，还发育与坡折带走向正交或斜交的小型断裂。这些小型断裂的作用近似沟槽，或者进一步被河流冲刷发育为沟槽，成为砂体运移的良好通道，形成小型扇体；也可以形成大范围的扇三角洲相，例如大型扇体夏子街扇的形成，也符合断控模式的构型。

控砂模式	模式图	特 征	研究区实例
沟控模式	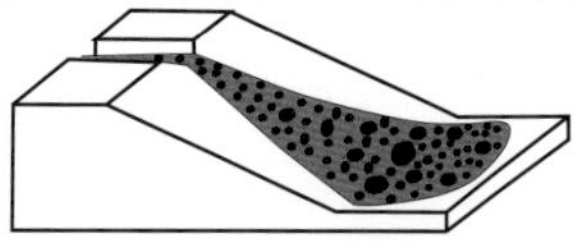	坡折带早期遭受洪水的冲刷形成冲沟，沉积物沿着坡折带倾向在重构形成的通道中向前推移，最终在坡脚发生卸载，形成扇体沉积	广泛发育于研究区北部和东北部的断裂坡折带
断控模式	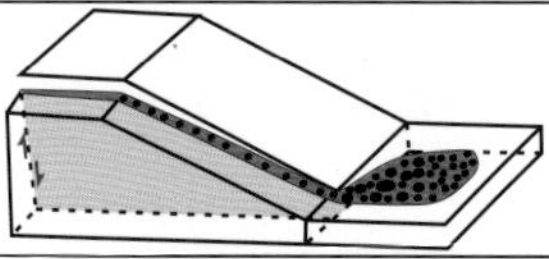	主要是指坡折带被断裂切穿，断裂形成的断沟成为水系入湖的通道，沉积物沿其发生运移，并在坡脚发生卸载，从而发育各类砂砾岩扇体	玛007井—玛002井—玛7井一线北部断裂
坡挡模式	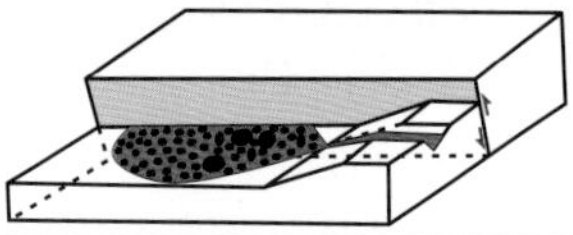	沉积物沿坡折带沟槽发生运移，并在坡脚处卸载，由于周围坡折带的阻挡作用，从而限制了砂体的侧向运移	风南1井区西侧挠曲坡折带
坡阶模式	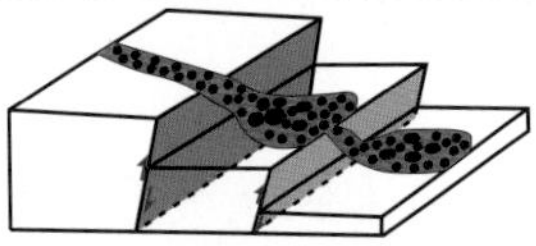	多阶坡折带沿砂体运移方向呈台阶状连续分布，由于坡折带落差的影响，沉积物会以下一阶坡折为起点继续向前推进，从而形成迭进式扇状沉积	夏子街扇三角洲整体沉积区域
坡交模式	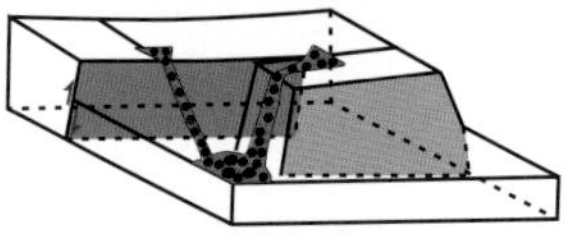	两条相交的坡折带，特别是两条单断式坡折带会交处的断裂转换带，形成构造上的低部位，携带大量沉积物的水生卸载，形成扇体生卸载，形成扇体	乌尔禾断裂与夏红断裂带交会区，如夏55井区

图 4-20 夏子街斜坡区坡折带控砂模式

坡挡模式下坡折带对砂体展布控制不仅起着引导作用，有时也会起到限制作用。当沉积物沿坡折带的沟槽发生运移并在其坡脚处发生卸载时，由于周围坡折带的阻挡作用，从而限制了砂体的侧向运移。例如风南1井区挠曲坡折带的存在，限制了其北部的沉积物进一步向南西方向延伸，对砂体的阻挡作用较为明显。

坡阶模式碎屑物的沉积过程，特别是大型扇体的展布，往往受到多条坡折带的共同控制。当这些坡折带在砂体运移路径上呈台阶状分布时，就不再形成单一的简单扇体。夏子街扇的形成受到断控模式影响，而其整体展布样式却受到坡阶模式的控制。其砂体的搬运，先后经过夏74井挠曲坡折带、夏22井断裂坡折带、夏71井断裂坡折带及玛15井断裂坡折带，形成了连续的叠进式扇状沉积。

坡交模式是由两条坡折带控制的砂体展布模式，在乌尔禾断裂和夏红断裂带相交部位形成构造上的低部位，携带大量沉积物的水系往往由此注入，并在下倾平缓地带卸载，形成叠加型的砂砾岩扇体。

　　总结起来，玛湖凹陷夏子街斜坡区坡折带可以划分为三大类五亚类：断裂坡折带（单断式、多断式）、挠曲坡折带（深部断裂式、深部背斜式）和侵蚀坡折带；起到有效控砂作用的坡折带主要为断裂坡折带，少部分为挠曲坡折带，顺物源方向坡折带可分为三级，各级坡折带内可识别出调节坡折带；坡折带对砂体的分布具有明显的控制作用，使砂体空间上叠置连片，为大面积成藏提供了充足的储集空间。

第三节　二叠系河控三角洲有效储层发育模式

　　准噶尔盆地二叠系上乌尔禾组地层圈闭和砂砾岩扇体发育，在西部玛湖凹陷玛南地区具有代表性，并且玛南地区上乌尔禾组砂砾岩油藏具有规模勘探潜力，是增储上产的有利领域，因此以该区为例。上乌尔禾组向西、北、东三个方向超覆尖灭，顶部地层被剥蚀。该区上乌尔禾组与百口泉组的沉积环境类似，为一套重力流粗碎屑扇三角洲沉积体系，除水下河道等正常沉积外，还发育了水下泥石流和水下细砾质颗粒流等重力流沉积。扇体砾岩间大量发育水下河道间洪泛沉积，褐色泥岩和较少的深灰色浅湖泥岩指示了扇体沉积水体较浅。玛南斜坡区上乌尔禾组发育近 $2000km^2$ 的扇三角洲前缘水下河道砂体，储集岩类型基本为砾岩和砂岩，且厚度较大，为油气成藏提供了储层条件。2016 年，玛湖凹陷南部钻井玛湖 8 井在上乌尔禾组砂砾岩内获得工业油流，随后在该井周围部署的探井多获油流，揭示该区上乌尔禾组砂砾岩油藏横向连片的特点，油气勘探潜力巨大。

一、上乌尔禾组主要发育河控扇三角洲体系

　　从沉积特征上看，玛南地区上乌尔禾组沉积期主要受控于中拐扇和白碱滩扇两大物源体系，上乌尔禾组与百口泉组相似，整体属于大型浅水退覆式扇三角洲粗碎屑沉积体系（施小荣等，2008；张友平等，2015；汪孝敬等，2017；唐勇等，2018），且沉积体具有近源快速堆积、沉积碎屑颗粒粒级分布范围广、储集体横向变化迅速等特征，储层岩石类型包括砾岩和砂岩，但以粗粒砾岩（砂砾岩）为主（黄立良等，2022），其中水下河道砂质细砾岩和砂岩物性较好，是储层发育的优势沉积相带。砂砾岩及类似岩石类型的沉积受沉积环境影响很大，而沉积环境又受控于古地貌。

1. 单井相特征

　　在岩心观察的基础上，结合录井和测井资料、粒度分析资料、砂体分布资料（砂厚图、砂地比图），综合古地貌、地震属性、地震相分析等，认为上乌尔禾组为扇三角洲—湖泊沉积体系，其斜坡区主要发育扇三角洲沉积。简述上乌尔禾组的相标志如下。

　　岩心标志：上乌尔禾组岩心主要特征有：（1）以砂砾岩、砾岩为主的粗碎屑沉积表明其近物源的特点；（2）兼有氧化色与还原色岩心反映水上水下两种沉积环境；（3）同时发育重力流与牵引流两种沉积构造，指示其扇体成因类型；（4）储层砂体内的各种交错层理、波纹层理、撕裂泥砾、砂岩内植物炭屑等沉积构造，指示水下河道沉积环境；（5）存在厚层泥岩，指示湖泊沉积环境。综合中拐—玛南地区上乌尔禾组岩心的各种特征，认为其为扇三角洲相。

单井相标志：上乌尔禾组以沉积厚层砂砾岩为主要特点，单层砂体厚度可达到50m，测井曲线上表现为下部平直型与中上部箱形、钟形的组合特征。下部为重力流沉积，中上部为河道沉积，并且此种组合显示多期次的叠加，同时厚层砂体上部存在湖泊相厚层泥岩分布。各钻井均存在类似的沉积特征（图4-21），只是不同相带内砂体与泥岩比例不同。砂砾岩的粒度及泥质含量对其储层物性具有明显的控制作用。统计数据表明该区重力流成因的砂砾岩相对较少，砾岩相砂质充填孔隙明显高于砂泥及泥质充填孔隙，表明该区沉积以常流水体为主，阵发性洪水较少。

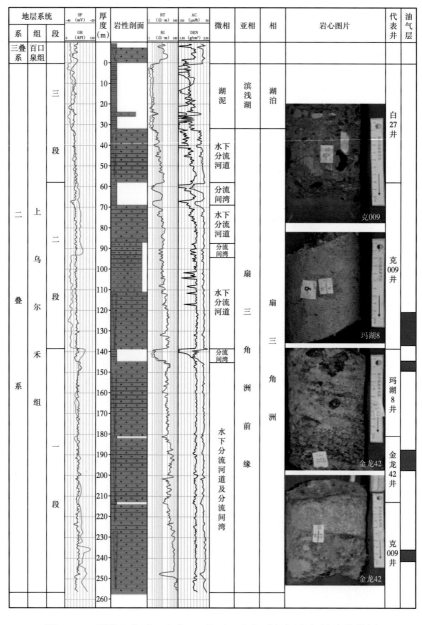

图4-21　玛湖8井区—金龙43井区上乌尔禾组沉积相综合柱状图

上乌尔禾组扇三角洲—湖泊沉积纵向上是水体加深、砂体逐渐变薄变细的过程。靠近扇体的根部砂体厚、粒度粗，如金龙42井，其上乌尔禾组一段单层砂体累计厚度达110m，向上至上乌尔禾组二段、上乌尔禾组三段厚度只有30~40m，该区域内主要为扇三角洲水下河道沉积。伸入湖盆时，开始湖泊沉积，其砂体总体变薄（图4-22），粒度变细，如金205井，其上乌尔禾组一段砂体厚度仅为40m，而上部上乌尔禾组二段、上乌尔禾组三段砂体进一步减薄至十余米，并出现大套湖相泥岩。

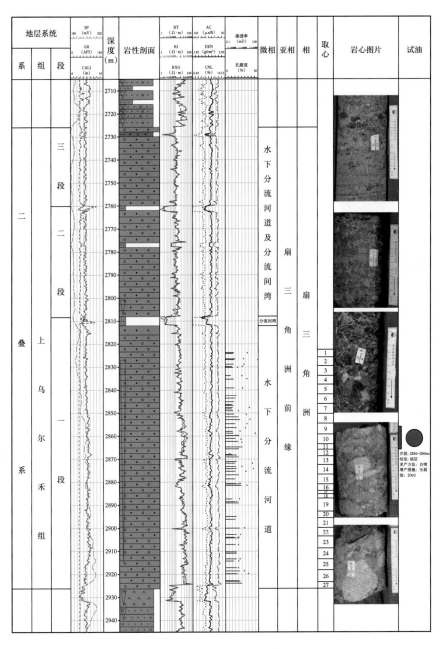

图4-22　金龙42井上乌尔禾组单井沉积相图

2. 储层岩性岩相特征

依据储层粒径大小与物质组分差异，玛南地区上乌尔禾组主要发育六种岩石类型，即含泥含砂砾岩、泥质砾岩、砂质细砾岩、含砾粗砂岩、中细砂岩和泥质粉砂岩。通过岩石学与地球化学分析，上乌尔禾组砾石类型可大体划分为三种：火山熔岩砾石、凝灰岩砾石与长英质砾石［图4-23（a）、（e）、（f）］。

图4-23 中拐—玛南地区上乌尔禾组砂砾岩类型及微相

（a）：玛湖11井，3367.76m，P_3w，含泥砂砾岩，泥石流沉积；（b）：玛湖14井，3888.15m，P_2w，粗砂岩，水下河道沉积；（c）：玛湖014井，3685.24m，P_3w，平行层理粗砂岩，水下河道沉积；（d）：玛湖11井，3232.60m，T_1b_2，砂质细砾岩，颗粒流沉积；（e）：玛湖14井，3682.05m，P_3w，递变层理细砾岩，泥石流沉积；（f）：玛湖014井，3682.05m，P_3w，粒序层理含砾粗砂岩，浊流沉积；（g）：玛湖14井，3683.5m，P_3w，红棕色泥岩夹少量含砾粗砂，洪泛沉积；（h）：玛湖11井，3463.5m，P_2w，灰绿色泥岩夹中砂岩，湖相；（i）：玛湖11井，3238.25m，P_2w，亮白色砂质细砾岩，颗粒流沉积

玛南地区上乌尔禾组砂砾岩主要为扇三角洲沉积，可进一步分为水下河道沉积、颗粒流沉积、浊流沉积、洪泛沉积及少量湖泊沉积。其中，水下河道沉积属牵引流沉积，而泥石流沉积、颗粒流沉积、浊流沉积属重力流沉积。玛南地区上乌尔禾组扇体从山区进入湖盆，形成水上或水下泥石流沉积，浪基面附近的沉积物被湖浪淘洗改造，形成分选较好、泥质含量低的淘洗砂体—颗粒流沉积，滑塌浊流沉积、洪泛沉积、湖泊沉积空间交叉叠置。颗粒流沉积为该区较好的油气显示层段，对该区上乌尔禾组的勘探具有很好的指示作用。图4-24总结了盆地西部上乌尔禾组河控型扇三角洲岩相分布特征。

岩相	砾岩相						砂岩相	泥岩相
	A 块状多级颗粒支撑砾岩相	B 粒序层理多级砾石支撑砾岩相	C 斜层理多级砾岩支撑砾岩相	D 斜层理同级颗粒支撑砾岩相	E 块状砂质支撑砾岩相	F 斜层理砂质支撑砾岩相	G 砂岩相	H 泥岩相
主要粒级	粗砾岩、中砾岩	粗砾岩、中砾岩、细砾岩	粗砾岩、中砾岩、细砾岩	中砾岩、细砾岩	粗砾岩、中砾岩、细砾岩、粗砂岩	中砾岩、细砾岩、中砂岩	粗砂岩、中砂岩、细砂岩	泥岩、粉砂岩
岩相素描	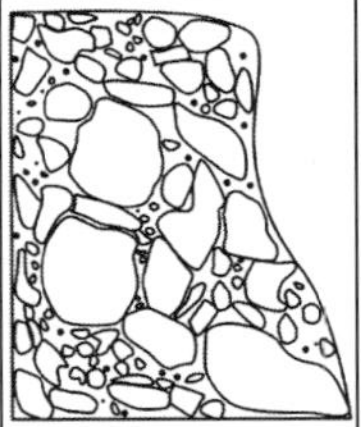	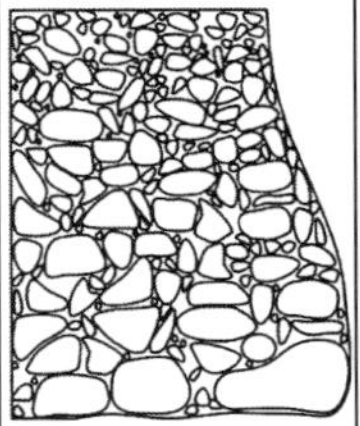	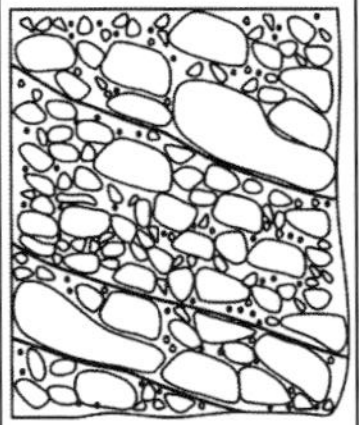	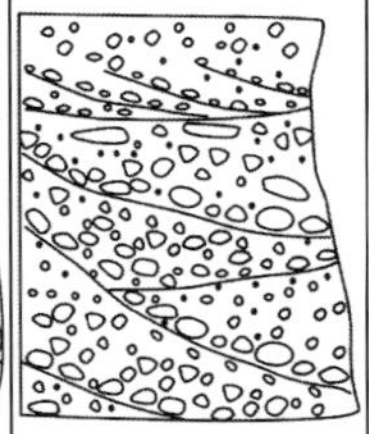	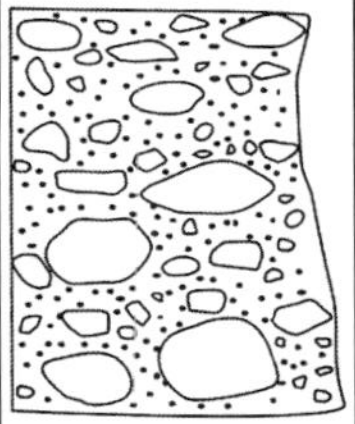	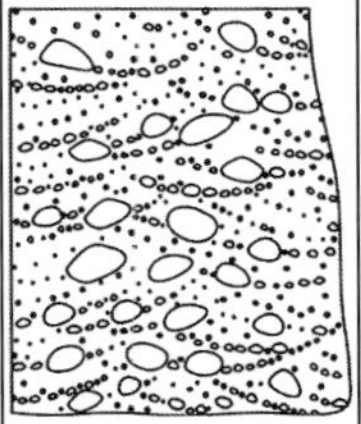	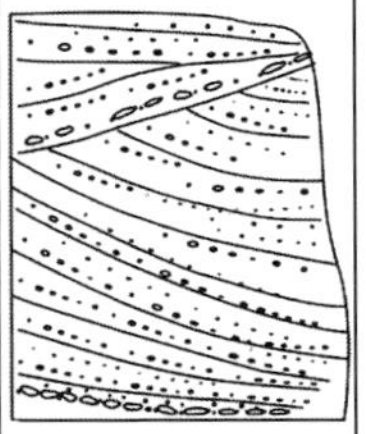	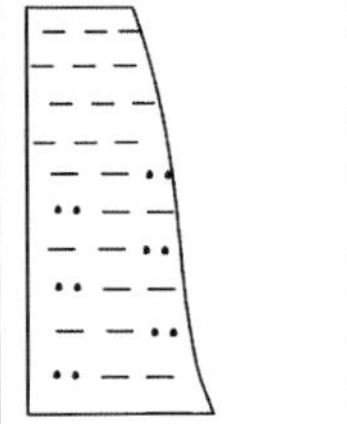
岩心照片	 K79井5-8/28	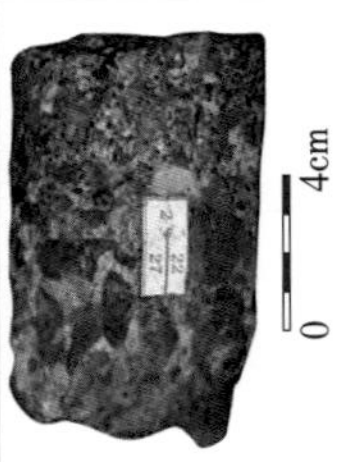 JL42井2-22/27	 JL2004井18-31/46	 JL42井2-10/27	 JL31井3-19/35	 K009井2-20/22	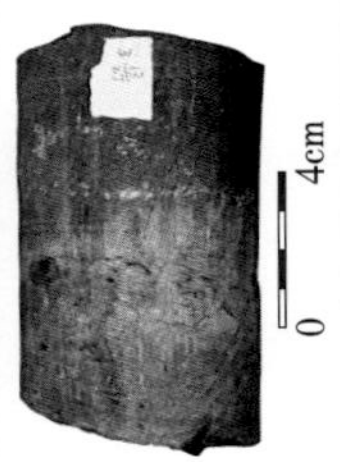 J202井3-13-27	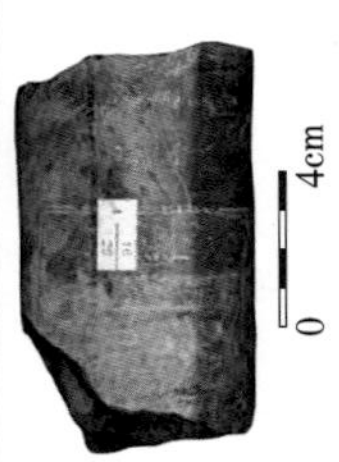 K82井4-16/26
成因解释及分布	块状构造、无明显层理，多级砾石支撑结构，是粒度最差的粗砾岩相，分三种砾类当中最差的，砂泥质填隙物为重力流产物，多分布于平原辫状河道底部，砂泥与半填隙物与重力流沉积，层理的前缘环境，是强水动力的环境，砾质支撑砾岩相水动力更强环境底部沉积	粒序层理、中粗砾岩、细砾岩中均可见，砾岩—细砾岩中，分三种砾类当中沉积填隙为三种砾类后期沉积产物，砂质砾隙与半填隙是渐变明显的沉积产物、力逐渐减弱的沉积产物，此类岩相多位于块状多级颗粒支撑砾岩相之上	斜层理是槽状、楔状等牵引流成因交错层理在岩心尺度上表现的不同形式，种细砾岩，砂泥质填隙种粗砾岩中后期沉积产物，可分布于平河道内向片流隙内，常常位于河道单期底部回的沉积	具有斜层理和同级砾石支撑的特点，一般出现于小粒级的中砾岩为主的片状砾岩中，分选是所有有级岩相中最好的，依据填隙类型分为砂质填隙、砂泥质填隙三种细砾岩砾岩相，均为水动力相对稳定的沉积产物	砂质支撑，砾石漂浮于砂岩之内，分两种砂质支撑类岩相：含泥砂质支撑砂质支撑，在重力流碎屑作用下沉积形成，常出现于水下碎屑流中；砂质填隙砾类型分为砂质填隙先沉积再沉积砾石翻滚再沉积于各砂岩之中，可出现于各岩相石相之上	分两种细类岩相：含泥砂质支撑岩相为暴洪期沉积，积于宽缓扇面上的片状沉积碎屑物，斜层理砂岩相、波纹层理粗细砂相等四是在河道单期旋回沉积，石含量减少，砂含量增加常出现砂中砾、细现于小粒级中砾岩，出砾级砂相与含砾砾砂岩的过渡岩相类型	砂岩相主要在远离物源的前缘相中，主要有牵引流成因的粒序层理砂岩相、斜层理砂岩相等砾屑物；斜层理含砾砂岩、波纹层理粉细砂岩等四是分布于平原上部、水流河道中上部、河口坝类、分布于水下流与近砂坝混合含（泥）砾成因为砂级细砂与砾砂岩相，为前缘陆缘级滑塌成因	分两种细类岩相：褐色（砂质）泥岩相，是洪水在河道间的低洼区沉积形截洪期间的低洼沉积，夹有末成的块状泥岩，灰色（粉砂质的泥质，灰色、是水下砂质泥岩相，分流间湾或滨浅湖形成的块状沉积泥岩，细在远离物源区的回湾中心及斜坡区较为常见

图4-24 盆地西部上乌尔禾组河控型扇三角洲岩相分布特征

上乌尔禾组不同岩性可指示沉积微相。灰白色、灰色含泥含砂中粗砾岩或泥质砾岩为泥石流沉积，砂质细砾岩为颗粒流沉积，灰色、深灰色含砾粗砂岩与细砾岩一般为浊流沉积，灰色、浅灰色砂岩及含细砾砂岩为水下河道沉积，红棕色或灰褐色（粉砂质）泥岩为洪泛沉积［图4-23（g）］，灰绿色与灰黑色泥岩为湖相［图4-23（h）］。玛湖11井下乌尔禾组岩心描述与微相划分显示，微相组合序列为洪泛沉积→水下河道→浊流沉积→湖泊沉积→浊流沉积，垂向上洪泛沉积较发育，该井下乌尔禾组压裂试油大部分为干层，只在顶部的浊流沉积中有油层显示（图4-25）。

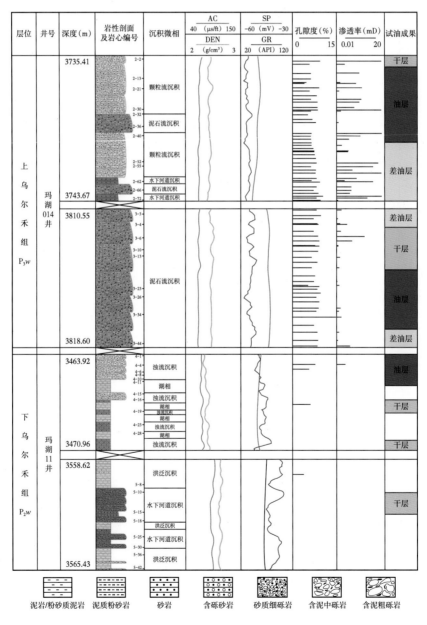

图4-25　中拐—玛南地区上乌尔禾组和下乌尔禾组岩性与沉积微相综合柱状图

玛湖 014 井上乌尔禾组岩心特征指示多期泥石流叠置沉积，其间夹有颗粒流与少量水下河道沉积。泥石流沉积为泥质中粗砾岩、含泥含砂中粗砾岩，常呈块状构造，层理发育较少，靠近顶部见正粒序，底部发育冲刷槽。此外，泥石流沉积的中下部常见撕裂泥片或泥团，为泥石流搬运卷入的下伏沉积物，直接影响基质中的泥质含量与泥石流的流体性质。颗粒流沉积为砂质细砾岩，常呈块状构造，上部有时出现砾石定向排列。在玛湖 014 井中，泥石流和颗粒流层段常见油层和差油层，颗粒流层段的含油性相对更好（图 4-25）。颗粒流沉积过程中，前一期颗粒流之上的浊流沉积常被后一期颗粒流侵蚀破坏，造成多期颗粒流沉积叠置发育。

综合多井分析，玛南地区上乌尔禾组沉积微相垂向上的典型组合序列为：泥石流沉积 → 水下河道 → 颗粒流沉积 → 泥石流沉积。从扇根到扇中，泥石流沉积逐渐减少，洪泛沉积逐渐增多。上乌尔禾组上段以洪泛沉积为主，夹少量泥石流沉积，整体上反映了从扇根到湖盆中心，逐渐由早期水上泥石流堆积向凹陷中心逐渐过渡为洪泛沉积与水下泥石流沉积的沉积环境变化。

二、上乌尔禾组有效储层影响因素及发育模式

1. 储层物性的影响因素

研究表明，玛南地区上乌尔禾组储集空间受不同沉积微相的影响，受潜流改造和溶蚀作用双重控制，即后期成岩流体改造和浊沸石、方解石、长石的溶蚀作用明显改善了储层的物性。

1）岩相类型对储层物性的影响

沉积时期水动力条件和沉积方式的差异导致了沉积微相的形成与分异，在此之下形成的沉积物颗粒大小、分选性、磨圆度、杂基含量、物性特征等均不相同，这些差异集中的体现就是岩相类型的不同。大体上，上乌尔禾组根据泥质含量可以划分为三大类岩相：富泥砂砾岩相（泥质含量＞7%）、含泥砂砾岩相（泥质含量 3%~7%）、贫泥砂砾岩相（泥质含量＜3%）。其中富泥砂砾岩相又分为多级颗粒砂泥填隙砾岩相、斜层理中细砂岩相；含泥砂砾岩相又可分为同级砾石支撑砂泥填隙砾岩相、多级砾石支撑砂泥填隙砾岩相和含泥砂质支撑漂浮砾岩相；贫泥砂砾岩相又可细分为同级砾石支撑砂质填隙砾岩相、多级砾石支撑砂质填隙砾岩相、含砾中粗砂岩相。富泥砂砾岩相储集条件最差，一般孔隙度＜6%，渗透率＜0.3mD，多发育在洪水期泥石流水道或者水动力较弱的单期河道顶部。含泥砂砾岩相储集性能较好，一般孔隙度分布于 6%~9%，渗透率分布于 0.3~10mD，多发育在间歇性不稳定水流条件下的河道中或者多期能量减弱的河道中部。贫泥砂砾岩储集性能最好，一般孔隙度 9%~15%，渗透率＞10mD，多发育在稳定水流条件下的水下分流河道中，或者河道水动力减弱的单期河道中上部（图 4-26）。

岩相类型对上乌尔禾组储层的影响主要表现在泥质含量对储层物性影响上。通过储层中泥质含量与孔隙度、渗透率的统计分析显示，当泥质含量大于 7%，储层孔隙度＜6%，渗透率＜0.3mD，这时储层产能很低，基本属于低效储层或者无效储层，因此，泥质含量 7% 可以作为研究区区分有效储层与非有效储层的界限。

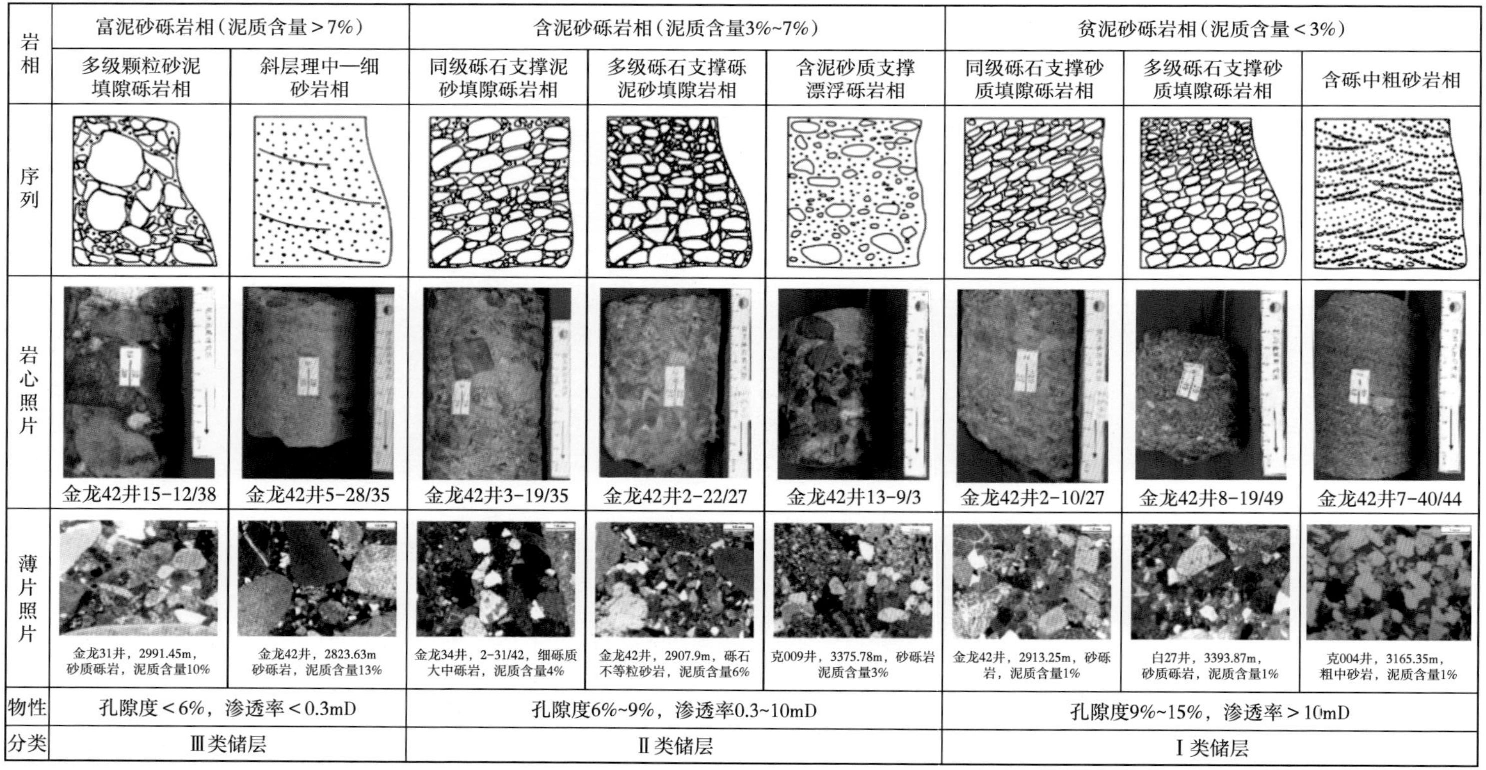

图 4-26　中拐—玛南 P_3w 储层岩相分类图版

2）沉积微相对储层物性的影响

虽然上乌尔禾组扇三角洲砂砾岩呈大面积厚层展布，但优质储层基本集中在扇三角洲前缘水下河道沉积微相中。砾岩储层的储集性能受砾石间填隙物成分的影响。砾间为砂质填隙物的岩相，由于颗粒支撑和泥质含量低，具有较好的初始物性，在成岩过程中可部分保持原生粒间孔隙，利于后期溶蚀性流体活动，进而形成大量次生孔隙。而砾间泥质发育的岩相，则具有较差的初始物性，原生粒间孔不发育，也不利于形成次生孔隙。对比可见，扇三角洲前缘水下河道砂质细砾岩和砂岩，填隙物泥质含量低，仍保存了一定量的原生粒间孔隙，并发育次生孔隙，具有相对好的物性，形成了研究区砾岩储层的优势沉积相带。

从典型取心井来看，水下河道砂质细砾岩或砂岩叠置发育的层段为物性好、含油性好的优质储层。以玛湖014井为例，上乌尔禾组取心段可分为水下河道砂质细砾岩叠置发育的上段和水下泥石流含泥或泥质砾岩集中的下段。上段和下段孔隙度差异不大，但上段的渗透率明显高于下段。试油结果显示，上段为油层和差油层，下段为差油层或干层，含油性明显比上段差（图4-27）。

3）砂质颗粒组成对储层物性的影响

压实作用下碎屑岩储层孔隙度会逐渐降低［图4-28（a）］，但次生孔隙的发育、地层超压可减缓甚至增大了储层孔隙度。因此，砾岩中砂质颗粒的矿物组成可能影响原生孔隙保存和次生孔隙的形成。分析结果显示，石英含量整体上与物性具有正相关关系：石英含量较高的层段，孔隙度和渗透率，特别是渗透率为较高值［图4-28（b）］。此外，上乌尔禾组孔隙度和渗透率均随斜长石含量的增加而降低［图4-28（c）］。这是由于碱性长石中钾长石选择性溶解的结果，钾长石的选择性溶解形成了次生孔隙，一方面局部增加了孔隙度，另一方面改善了流体渗流的空间，增大了渗透率。

2. 上乌尔禾组有效储层发育模式

大量选择性溶蚀作用及砾石内部溶蚀程度的差异性，显示了上乌尔禾组潜流改造作用对储层的影响。潜流改造作用包括地表期的径流冲刷和浅埋藏期的地下潜流冲刷作用。金龙42井1-27筒岩心综合柱状图显示［图4-29（a）、（b）］，大量贫泥的砂砾岩起了支撑作用，泥质的大量损失与地下潜流的长期冲刷清洗作用有关。研究区的扇三角洲物源一部分为酸性火山岩，这些火山岩砾石在搬运的过程中产生了较明显的边缘风化现象，显微镜下呈明显的黏土环边带，铸体薄片下这一环边带呈淡蓝色［图4-29（c）］。搬运过程中砾石受到搬运动力及风化作用的综合影响，在砾石或颗粒内部形成了较多的粒内缝，这些搬运时期形成的裂缝为后期沉积后的准同沉积期暴露溶蚀孔的形成创造了条件。

同沉积淋滤作用还体现在湖浪对砾石的淘洗作用上，在大气水条件下长石等矿物易溶组分容易发生溶蚀作用，接触时间越长，溶蚀作用越强。对比研究表明，没有受到湖浪淘洗的近源砂砾岩砾石呈棱角状，几乎没有磨圆，杂基含量较高；在滩坝背景下受到湖浪反复淘洗的火山岩砾石磨圆度好、分选性好，其砾石内部溶蚀强烈，储层物性远高于未经过湖浪淘洗的棱角状砂砾岩。不同地区由于古地貌的差异，湖浪等流体的改造强度也会有差异。例如盆地东部东道海子凹陷扇（辫状河）控三角洲沉积期坡缓水浅，多期水下贫泥分流河道砂岩互层叠置，由于受湖浪改造作用，使储层性能变好（图4-30）。滴南15井区

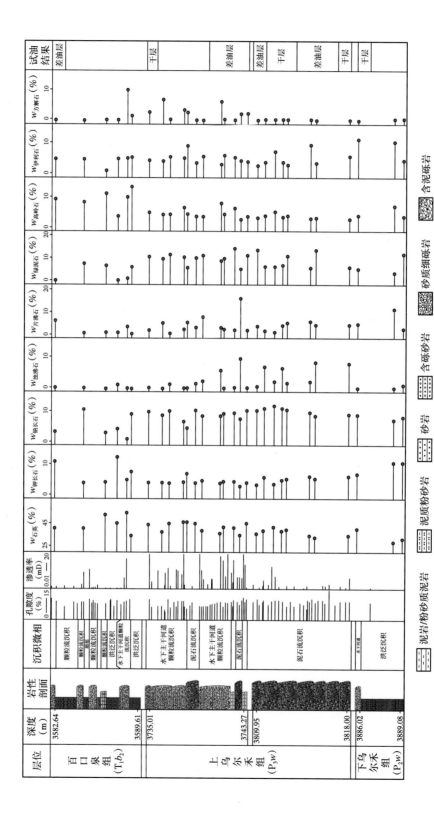

图 4-27　玛湖014井上乌尔禾组沉积微相、物性与矿物含量综合柱状图

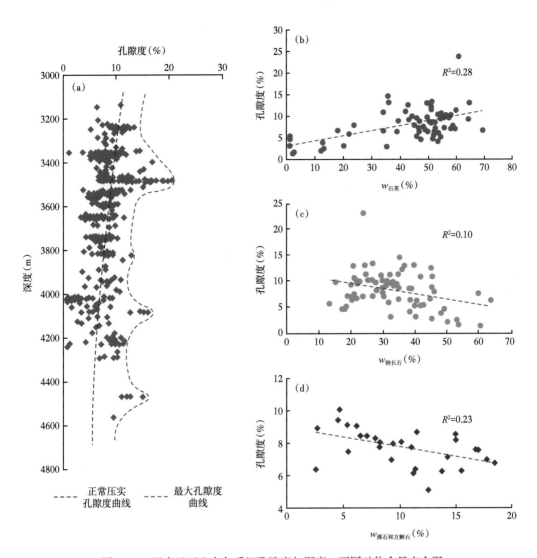

图 4-28 玛南地区上乌尔禾组孔隙度与深度、不同矿物含量交会图

上乌尔禾组二段为扇三角洲前缘有利相带，水下分流河道砂体较发育，岩性主要为砂砾岩、含砾砂岩及泥岩互层，储层基质孔隙相对较发育。滴南 17 井位于扇三角洲侧翼，在上乌尔禾组二段未钻遇扇三角洲前缘有利相带，砂体欠发育，仅在顶部钻遇两层薄砂层，未能形成规模优质储层。

　浅埋藏期地表径流对砾岩改造的模式如图 4-31 所示，地表附近，在上下不透水带的遮挡下，地下水可以进入较疏松的地层，形成地下水渗流带，长期的渗流改造作用会形成潜流改造型高渗透砾岩；在间洪期常流水的情况下，水体能量相对较弱，但长期的径流作用也会对牵引流机制下的砂砾岩形成长期冲刷作用，结果就会形成砂砾岩中的相对高渗透砾岩；在洪水期，水体虽然能量大，但作用时间短，对不同分选的砂砾岩改造作用较小。

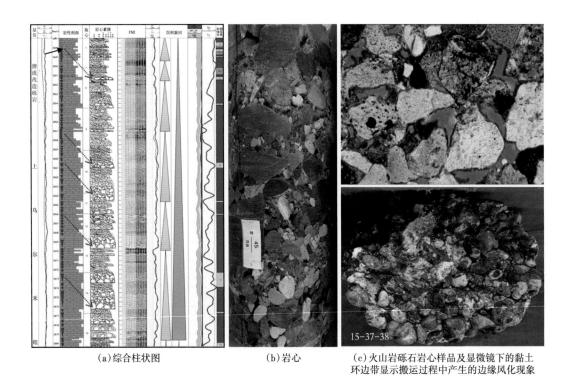

（a）综合柱状图　　　　（b）岩心　　　（c）火山岩砾石岩心样品及显微镜下的黏土
环边带显示搬运过程中产生的边缘风化现象

图 4-29　金龙 42 井 1-27 筒岩心及综合柱状图显示潜流改造的砾岩（图中红色箭头所示）

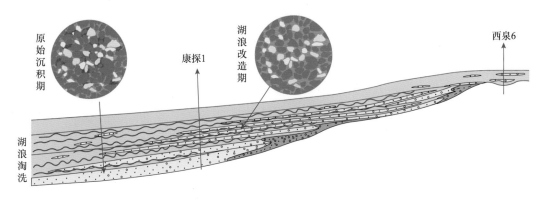

图 4-30　盆地东部辫状河控三角洲体系不同沉积环境下湖浪对储层的改造作用

综合分析上乌尔禾组沉积微相、砂质碎屑颗粒组成、胶结物类型及黏土矿物含量等各种因素对砂砾岩储层物性的影响，认为乌尔禾组有效储层的形成可总结为"沉积控制＋断裂沟通＋流体改造"三位一体的发育模式（图 4-32）。

首先，沉积相带是有效储层形成的基础。不同沉积相带发育有不同的岩相，它们具有不同的岩石组构及杂基含量。在粗碎屑扇三角洲体系内，泥质杂基的含量直接影响了原生孔隙的发育程度，进而影响着原始物性的好坏。同沉积期地表径流冲刷作用和浅埋藏期的地下潜流冲刷作用对砾岩的改造作用是河控型扇三角洲贫泥砂砾岩形成优质储层的一个重要原因。研究区水下河道砂质细砾岩和砂岩沉积物性最好，其次为水下主干河道滞留沉积含泥含砂砾岩。

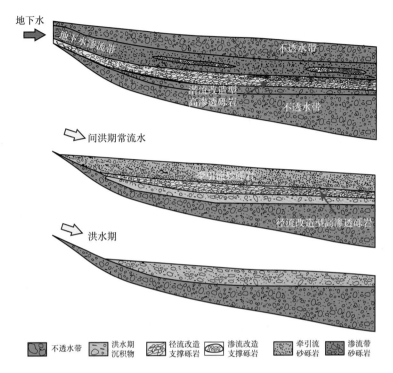

图 4-31　浅埋藏期地表径流改造型高渗透砾岩模式

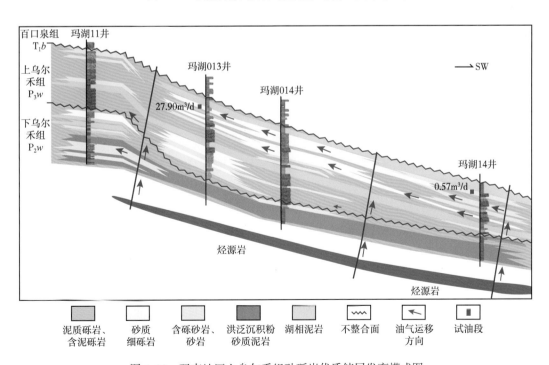

图 4-32　玛南地区上乌尔禾组砂砾岩优质储层发育模式图

其次，含油气流体溶蚀改造是研究区有效储层形成的关键。上乌尔禾组砾岩中沸石溶孔是重要的储集空间，方解石胶结物和长石碎屑的溶蚀也贡献了部分次生孔隙。次生孔隙显著提高了该深埋砾岩体的储集性能。由于未经历显著的构造抬升和缺少深大断裂沟通幔源流体，下伏烃源岩层位排出的烃类流体是研究区主要的溶蚀性流体来源，烃类流体趋向于沿着渗透性好的优势泄压通道运移，水下河道砂质细砾岩和砂岩为烃类流体运移的优势方向（图4-32）。

另外，由于断裂沟通了深部烃源灶，断裂带一定程度上约束了有效储层的分布。玛南斜坡区主要发育两期断裂：晚海西期—印支期逆断裂、印支期—燕山期继承性的压扭性质走滑断裂。对于上乌尔禾组，在上覆区域性泥岩盖层和侧向泥质砾岩的遮挡下，主要是由于走滑断裂体系连通下伏烃源灶和上部储层，油气才最终在该组砂砾岩体内得以成藏（图4-32）。断裂沟通下伏烃源灶和水下河道等优势沉积相带，使酸性含油气流体活动增强，有利于浊沸石等矿物发生溶蚀，是目的层位砾岩储集性能得以改善的地质条件之一。靠近断裂的水下河道叠置沉积层为上乌尔禾组优质储层带在断裂的上倾方向，烃类流体优先充注水下河道砂质细砾岩和砂岩多期叠置层段，并持续溶蚀浊沸石、方解石和长石等碱性矿物，最终形成上乌尔禾组优质储层带。

总之，对于上乌尔禾组浅水三角洲体系砂砾岩体而言，有效储层的分布受沉积微相、沸石胶结物类型与含量、地质流体活动强度等因素的影响，其发育具有沉积控制、断裂沟通、流体改造"三位一体"的成因模式。成岩过程中，压实作用、浊沸石等胶结作用破坏了原生粒间孔隙，但浊沸石胶结物及长石碎屑的溶蚀产生了大量的次生孔隙，最终导致上乌尔禾组储集空间以次生孔隙为主，其次为剩余粒间孔和微裂缝。因此砂砾岩中的浊沸石矿物的溶蚀作用是上乌尔禾组优质储层形成的一个重要因素，这些贫泥支撑砾岩表现为"早期浊沸石胶结保孔、晚期溶蚀增孔"的发育模式。

第四节　盆地坳陷区大型地层圈闭成藏模式

准噶尔盆地边缘古凸起的上乌尔禾组探明多个规模性油藏，通过对上乌尔禾组典型油藏的解剖，建立了坳陷区广覆式大型地层圈闭成藏模式。

一、湖盆收缩扩张控制储盖组合形成

前文已述及二叠系上乌尔禾组在盆地东部和西部地区具有多种物源，形成多个三角洲体系，多期三角洲砂砾岩体的沉积在剖面上形成叠置连片的砂砾岩储层。优越的储—盖组合特征与退覆式三角洲沉积模式下湖盆的收缩与扩张导致扇三角洲不同相带下不同岩性的交叉叠置有关。二叠系上乌尔禾组沉积自下而上具有逐层超覆的特征，上乌尔禾组一段平面分布范围最小，上乌尔禾组二段平面分布范围居中，上乌尔禾组三段平面分布范围最大，沉积以湖泛泥岩为主（图4-33）。因此，上乌尔禾组一段和上乌尔禾组二段砂砾岩储层与上乌尔禾组三段泥岩形成退积型下砂上泥的沉积模式，为大油区的形成创造了广泛稳定的区域储—盖条件。上乌尔禾组一段、上乌尔禾组二段顶部发育两期水进褐灰色泥岩，为下部储层提供局部的盖层条件，同时上乌尔禾组一段、上乌尔禾组二段砂砾岩储层不连续发育，横向上非均质性强，河道间泥岩充填在砂体之间，为两段储层提供侧向封堵。纵横向的泥岩隔层与包裹的砂砾岩体构成了另一套有效的局部储—盖组合。

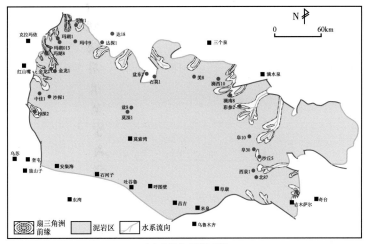

（a）上乌尔禾组三段

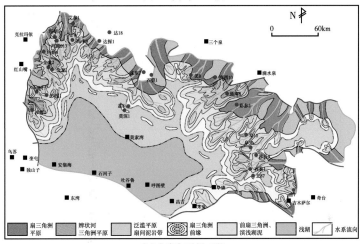

（b）上乌尔禾组二段

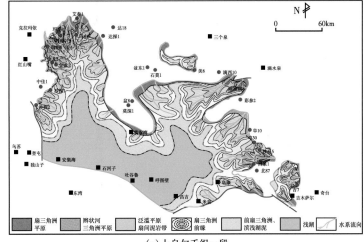

（c）上乌尔禾组一段

图 4-33　准噶尔盆地上乌尔禾组沉积体系图显示湖盆扩张形成条件优越的储—盖组合

在上乌尔禾组扇三角洲沉积体系下，湖侵砂体由凹槽到斜坡至凸起有序分布，但从上乌尔禾组一段、上乌尔禾组二段到上乌尔禾组三段，湖盆的面积在不断扩张（图4-34），古地貌控制作用逐步减弱，砂体规模逐步减小，泥岩盖层范围不断增加，从而对下伏砂体起了很好的封盖作用，晚期上乌尔禾组三段湖侵泥岩整体封盖，古凸间凹槽区砂体可形成有效圈闭群，形成优质的储—盖组合。

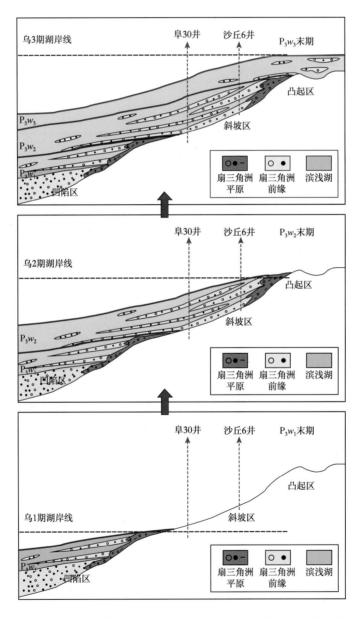

图4-34　上乌尔禾组湖盆不断扩张下泥岩对砂砾岩体形成有效封堵

退覆式三角洲体系下储盖组合对油气成藏十分有利。以玛南斜坡白碱滩扇体过MH29井—MH23井的上乌尔禾组油藏剖面（图4-35）为例，平面上，自西向东为顺物源方向，发

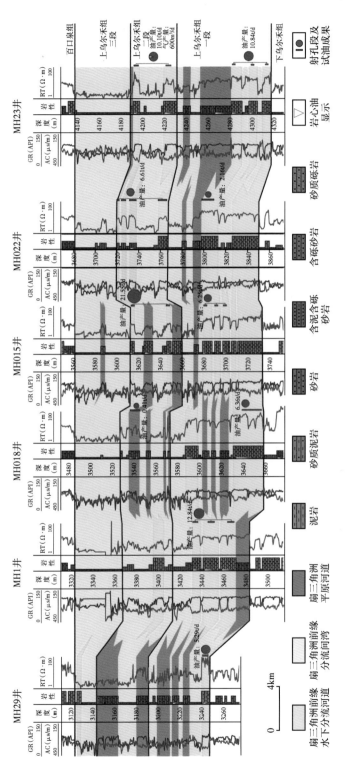

图 4-35　玛南斜坡过 MH29 井—MH23 井上乌尔禾组沉积相与试油成果剖面
GR—自然伽马；RT—地层电阻率；AC—声波时差

育扇三角洲平原亚相和前缘亚相；纵向上发育上乌尔禾组一段厚层砂砾岩、上乌尔禾组二段泥岩与砂砾岩互层和上乌尔禾组三段泥岩。由于湖平面的频繁变化，前缘亚相近岸水下分流河道的贫泥砂砾岩与前缘分流间湾泥岩、平原亚相河道富泥砂砾岩呈互层分布，形成多期叠置的砂砾岩透镜体圈闭群。产油井的油藏绝大多数分布在扇三角洲相前缘亚相近岸水下分流河道的砂砾岩中，且其产量明显高于分布在平原亚相砂砾岩中油藏的油井，其中，MH015 井和 MH23 井的产量分别为 27.80t/d 和 20.94t/d，而 MH018 井在平原亚相中试油，产量仅为 0.41t/d。

二、源储关系确定东西部两种不整合控油模式

图 4-36、图 4-37 显示出盆地坳陷区东西两大不整合面上下源储结构关系不同，盆地西部中拐地区上乌尔禾组与下伏地层接触关系为削截不整合和超覆不整合接触，而东部阜康凹陷东斜坡上乌尔禾组上下段为近似平行接触，因而形成平行不整合面，源储结构关系为源储紧邻型。

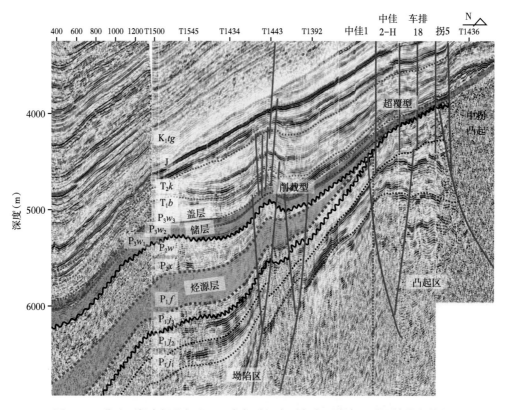

图 4-36　盆地西部中拐凸起地区上乌尔禾组大型角度不整合显示源储分离特征

根据源—储耦合关系的差异性，建立了准噶尔盆地西部坳陷区上乌尔禾组源储分离型—超覆—削截复合成藏模式和盆地东部坳陷区上乌尔禾组源储紧邻型—低位超覆大型成藏模式（图 4-6），进一步明确了断坳转换构造背景下上二叠统上乌尔禾组大型地层—岩性油气藏群的成藏模式（王小军等，2021；匡立春等，2022）。

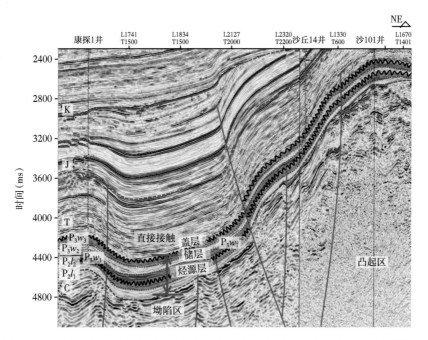

图 4-37　盆地东部中拐阜康凹陷东缘上乌尔禾组大型平行不整合显示源储紧邻特征

1. 盆地西部源储分离型—超覆—削截复合成藏模式

源储分离型—超覆—削截复合油气成藏模式主要发育在盆地西部，以西北缘的玛湖凹陷最为典型。海西期和燕山期的三组通源断裂系统与古构造叠合，为玛湖凹陷油气富集奠定了基础，其中古鼻隆控制了玛湖凹陷上乌尔禾组大型地层—岩性油气藏的油气运聚方向。上乌尔禾组低位体系域顶部和水进体系域砂体的储集物性较好，特别是主沟槽内的砂砾岩储层，且原生孔隙得到了长期有效保存，利于多期油气的持续充注，是玛湖地区油气富集和高产的重要因素。基于盆地西部地区上乌尔禾组"构造演化—岩相展布—输导体系"立体耦合关系的系统分析，建立了源储分离型—超覆—削截复合成藏模式。

1）大型地层尖灭带上倾遮挡，在迎烃面形成巨型圈闭背景

海西期晚期，受西部板块挤压造山作用的影响，石炭系—二叠系向盆地大规模推覆，造成中—下二叠统持续遭受抬升剥蚀。至二叠纪晚期，盆地西北部斜坡带开始沉降，导致大规模水进，使上乌尔禾组披覆在石炭系—下二叠统之上，并在中拐凸起及克百断裂带附近形成地层超覆带，在迎烃面形成巨型圈闭背景。

准噶尔盆地上乌尔禾组主要发育湖侵沉积，且层段内发育完整的储—盖组合，具备形成大规模油气藏的基本地质条件。其中，储层主要分布在低位体系域的中部和水进体系域的底部，在退积过程中，多期砂砾岩垂向叠置、连片分布；湖泛期沉积的泥岩与扇间泥岩形成立体封堵，储—盖组合条件优越。

2）下生上储，远距离跨层运聚，前缘亚相砂体大面积成藏

准噶尔盆地发育多期断裂—不整合面组合型立体输导体系，其中，不整合面主要作为

上乌尔禾组油气侧向输导的通道，断裂主要作为油气垂向运移通道。深部形成的油气可沿通源断裂直接进入上乌尔禾组砂砾岩储层，并通过砂砾岩层进一步横向输导，也可沿通源断裂运移到上乌尔禾组底部的不整合面，进一步沿不整合面侧向运移至前缘亚相砂体中聚集。深部生成的油气在不整合面横向输导、断裂垂向调整的控制下实现远距离跨层运移，并在上乌尔禾组的前缘亚相砂体中大面积聚集成藏（图4-38）。

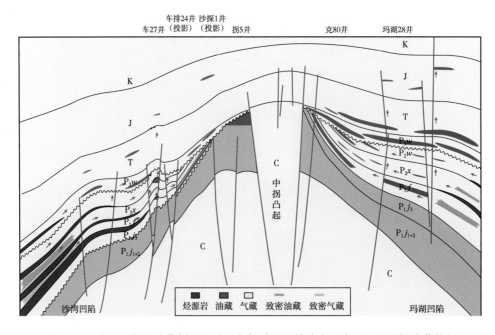

图 4-38　盆地西部过油藏剖面显示上乌尔禾组源储分离型大型地层圈闭成藏特征

2. 盆地东部源储紧邻型—低位超覆成藏模式

盆地东部上乌尔禾组底部的区域性大型不整合面代表着统一坳陷型湖盆沉积的开始。在晚二叠世大型坳陷湖盆的沉积—构造背景下，盆地东部发育多期低位体系域砂体，发育岩性圈闭的基础条件优越。上乌尔禾组低位体系域砂体具有厚度大、面积广、储集性能优的特征，顺物源方向多呈"三级台阶"式分布，且上倾方向受断裂与下伏芦草沟组泥岩协同封堵，形成了大面积油气遮挡条件（厚刚福等，2021）。此外，自二叠纪以来，准噶尔盆地东部历经多期构造运动，发育北西—南东向、近南北向的海西期深大断裂，可有效沟通二叠系芦草沟组烃源岩，为油气垂向运移提供了有利通道。盆地东部上乌尔禾组退积型扇三角洲砂砾岩整体与下伏中二叠统优质烃源岩直接接触，形成源、储接触直接供烃—不整合面侧向输导的成藏条件（匡立春等，2021）。油气沿不整合面及优质砂体向上倾方向（北东向）运移，在岩性尖灭与断裂侧向遮挡的作用下聚集成藏，表现为"源储紧邻型—低位超覆大型成藏模式"（图4-39）。

通过盆地东部与西部典型油气藏模式的对比分析，认为古地貌与湖平面升降控制了准噶尔盆地上二叠统退积型扇三角洲砾岩储集体与地层圈闭的分布。在二叠系凹陷区油气多沿不整合面沿上倾方向运移，在断层发育区由断层沟通垂向运移，最终在弧形尖灭的大型地层圈闭中聚集，在凹槽区前缘亚相形成大面积分布的地层油藏群（图 4-40）。

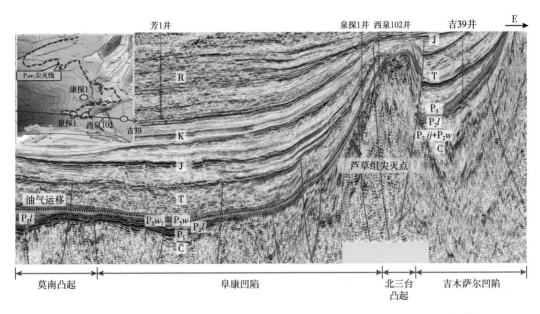

图 4-39　盆地东部阜康凹陷周缘上乌尔禾组源储紧邻，大型地层圈闭成藏特征

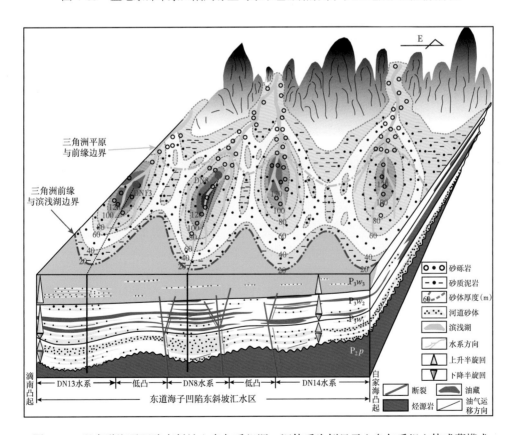

图 4-40　以东道海子凹陷东斜坡上乌尔禾组源—汇体系为例显示上乌尔禾组立体成藏模式

另外，古地貌控制了不同类型油藏的分布。平面上，由凹槽区到凸起区，上二叠统依次发育凹槽区上乌尔禾组一段厚层状大规模的地层油藏、斜坡区上乌尔禾组二段互层状中等规模的超覆—削截型油藏和凸起区上乌尔禾组三段沟谷充填泥包砂互层状小型超覆—削截型油藏（图4-41）。

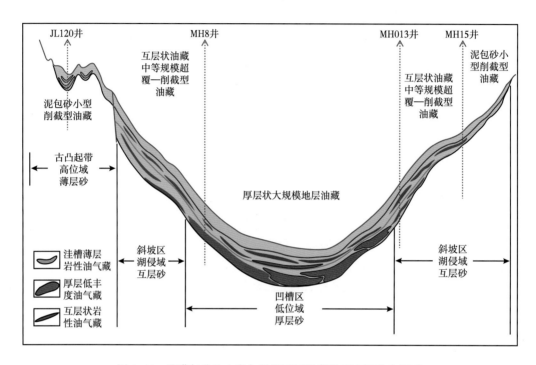

图4-41　准噶尔盆地上乌尔禾组不同油藏类型有序分布模式

第五节　坳陷区古地貌控圈控藏理论意义及勘探方向

一、坳陷区大型地层圈闭成藏意义

以往的勘探和研究主要关注于古凸起削截型或潜山型地层圈闭，本章提出盆地坳陷区迎烃面发育大型地层型圈闭群，是对地层圈闭理论的补充和发展。研究对象坳陷区大型地层圈闭从传统的远源斜坡地区，延伸向深部近源坳陷区。P_3w下伏不整合面是盆地分布最广的区域性不整合面，横跨盆地中央坳陷区，上二叠统超覆于盆地级区域性大型不整合面之上，形成古凸起控制下的三面环绕的地层超覆尖灭带，在中央坳陷迎烃面形成盆地级巨型地层圈闭。因此，突破以单个油气系统为单元的常规勘探思路，以全油气系统源、储耦合与凹槽控砂、控圈的理念为指导，针对五大富烃凹陷梳理出了十大有利区带，面积达16000km²。

目前对地层型油气藏的认识为多受岩相、物性控制，围坳源边分布，规模有限，本次研究创建了富烃凹陷古地貌与湖平面耦控大型地层圈闭油藏成藏与分布模式，丰富和发展了地层油气成藏理论。研究认为准噶尔盆地东西两大富烃凹陷发育两类源、储配置关系，两类烃源岩生烃行为存在明显差异。早二叠世、中二叠世发育了两期咸化湖盆，经历了由下而上、自西向东的时空迁移，导致东西两大坳陷源储关系差异较大。封堵条件时空转换造就了早晚两期油气差异聚集，形成目前两类油气有序分布的格局。其中，西部源储分离型为超覆—削截复合大型地层油藏，东部源储紧邻型为低位超覆大型地层油气藏。在富烃凹陷古地貌与湖平面耦控大型地层圈闭油藏成藏与分布模式指导下，按照风险勘探为引领、预探适度甩开的勘探思路，首次发现了横跨五大富烃凹陷六大地层型油藏群，落实三级石油地质储量 $113241 \times 10^4 t$，天然气 $550 \times 10^8 m^3$，指导了上二叠统超 $10 \times 10^8 t$ 级规模的特大型地层油气藏分布区的发现。

二、上乌尔禾组油气藏勘探方向

综合考虑准噶尔盆地上二叠统扇三角洲前缘规模砂体的发育与分布特征、中—下二叠统生烃中心的位置及通源断裂体系等成藏静态关键要素，结合上乌尔禾组现今构造特征，围绕富烃凹陷，在迎烃面的上倾方向存在上乌尔禾组储—盖配置良好、顶底板条件有利的五大有利勘探领域（匡立春等，2022）：玛湖凹陷南斜坡、沙湾凹陷西斜坡、盆1井西凹陷东北斜坡、东道海子凹陷北斜坡和阜康凹陷东斜坡（图4-42）。

玛湖凹陷是准噶尔盆地油气资源最为富集的富烃凹陷，风城组碱湖相优质烃源岩生成的油气在克百—乌夏断裂带及玛湖凹陷西斜坡区形成两大亿吨级百里油区（支东明等，2021）。玛湖凹陷上乌尔禾组退积型扇三角洲前缘优质储层在空间上搭接连片，垂向上叠覆于风城组烃源岩之上，形成长为75km、宽为30km的有利成藏区。按照"一砂一藏"的成藏模式和认识，已落实储量区 $800km^2$ 和三级石油地质储量 $6.1 \times 10^8 t$，实现了玛湖凹陷继 $10 \times 10^8 t$ 级大油区之后的又一重大油气发现。凹陷区部署的多口油井均获工业油流，潜在有利勘探区的面积达 $1500km^2$，且具备再落实 $5 \times 10^8 t$ 储量的潜力，油气勘探前景良好。

沙湾凹陷西斜坡紧邻沙湾凹陷烃源灶，上乌尔禾组向西北方向逐层削蚀尖灭，在迎烃面可形成大型地层油气藏。沙湾凹陷的烃源岩埋藏深度多大于8000m，具备生成规模高成熟度油气的物质基础。沙湾凹陷西斜坡发育一系列北西—南东向深入生烃凹陷的继承性鼻凸构造，形成高效的油气汇聚通道。2018年，沙湾凹陷西斜坡风险探井沙探1井在上乌尔禾组二段 $5344\sim5375m$ 试油，原油产量最高达35.74t/d，累计生产原油529.76t，天然气产量最高达 $2510m^3/d$。沙探2井、沙探001井等井也在上乌尔禾组相继获得高产工业油气流，证实了沙湾凹陷上乌尔禾组具备与玛湖凹陷相似的"大面积"成藏条件（杜金虎等，2019），6000m以浅的扇三角洲前缘有利储集相带的平面展布面积达 $2800km^2$。整体上，沙湾凹陷的勘探程度较低，油气勘探潜力巨大，是准噶尔盆地继玛湖凹陷之后最现实的勘探突破区。

盆1井西凹陷是目前准噶尔盆地上乌尔禾组勘探程度最低的凹陷，尚无井钻遇上乌尔禾组。综合地质背景和地震资料分析，认为盆1井西凹陷与玛湖凹陷和沙湾凹陷具有相似的沉积—构造背景，上乌尔禾组逐层向北超覆尖灭，凹陷北部被凸起三面封挡，具备形成大型地层圈闭和油气大面积成藏的构造背景（钱海涛等，2021）。凹陷区烃源岩的埋深普遍超过6000m，整体应达到高成熟—过成熟生气阶段，推测凹陷区存在原生规模性气藏。该区上乌尔禾组沉积物源为陆梁隆起古隆区的内物源，因此，其储层规模小于玛湖凹陷。源—汇体系研究发现，规模性扇三角洲前缘亚相储层广泛分布，地震相指示上乌尔禾组有利勘探面积达 $2000km^2$，现已识别38个岩性圈闭，累计面积达 $1250.9km^2$。因此，分析认为盆1井西凹陷上乌尔禾组具备较大的天然气勘探潜力。

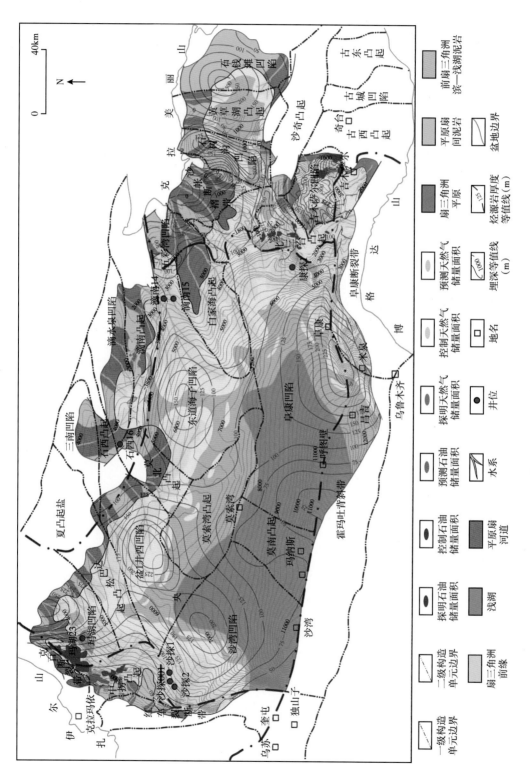

图 4-42　准噶尔盆地上乌尔禾组有利勘探区（据匡立春等，2022）

东道海子凹陷的南北两侧分别被滴南凸起、白家海凸起夹持。凹陷主力烃源岩为中二叠统咸化湖相烃源岩和石炭系气源岩（王小军等，2021），因此该区油气藏以轻质油—凝析油气藏为主。该区上乌尔禾组物源区为克拉美丽山，扇三角洲前缘亚相储层的储集物性较差，但局部微裂缝较发育，可极大地改善储层条件（曹江骏等，2021）。整体上，裂缝发育区的产油量较高，裂缝欠发育区产油量较低。该区上乌尔禾组普遍发育高压，斜坡区钻井压力系数多大于1.2，预测凹陷区压力系数可达1.4~1.78，因此，地层具备较高的供液能力。平面上，扇三角洲前缘有利储层展布面积近1100km^2，目前，在凹陷斜坡区已落实油气储量5000×10^{4}t，具备较大的勘探拓展空间。

阜康凹陷是准噶尔盆地面积最大的富烃凹陷，面积达9300km^2，其南北两侧分别被阜康断裂带、白家海凸起夹持，东部被北三台凸起封堵。上乌尔禾组向上倾方向逐层超覆尖灭，形成一个巨型地层圈闭，为晚期高成熟度油气大规模聚集提供了良好的封堵条件。2019年，以大型地层—岩性油气藏成藏模式为指导，针对上乌尔禾组大型地层圈闭部署康探1井，在中—上二叠统均获高产工业油气流，证实中—上二叠统发育规模性退积型储层，储—盖配置优越（吴俊军等，2013）。垂向上，上乌尔禾组大型退覆式扇三角洲沉积与中二叠统芦草沟组烃源岩直接接触，利于油气大规模近距离充注。目前，阜康凹陷多口探井均钻遇上乌尔禾组油层，在东斜坡区落实上乌尔禾组有利勘探面积达3500km^2，是寻找新一轮规模油藏的重要方向。

第五章 准噶尔盆地源上砾岩大面积油气成藏理论

准噶尔盆地玛湖富烃凹陷近五年在下三叠统百口泉组及上二叠统上乌尔禾组中持续取得突破，发现了中国首个亿吨级源上准连续型高效油藏群，通过勘探实践经验的不断总结，形成了源上砾岩大面积油气成藏理论，指导了夏子街、克拉玛依、中拐、夏盐等百口泉组和上乌尔禾组沉积扇体油气勘探的整体突破，发现了北部百口泉组、南部上乌尔禾组两大油区。大型退覆式扇三角洲沉积形成了源上砾岩大面积成藏的储集体，高陡断裂和大型不整合面为立体成藏的高效输导体，地层异常高压提供了大面积成藏的充注动力。二叠系—三叠系多期退积型砾岩体叠置连片油气藏群的形成是深层源上砾岩远距离大面积油气成藏的体现。

第一节 油气成藏理论的发展

油气成藏理论伴随油气勘探领域的重大发现在不断发展和革新。油气成藏的研究不仅包括静态地从"生、储、盖、聚、圈、保"这6个方面对油气藏进行描述，更是要动态地运用各种分析方法研究油气成藏过程，展现油气成藏规律，为油气分布规律和资源潜力提供理论依据和指导。油气成藏理论伴随油气勘探技术的发展经历了从露头"油气苗""背斜"理论到"圈闭"理论及之后产生的含油气系统、"连续型"非常规油气藏等相关理论的过程。勘探开发领域也在相应地扩大和延伸，从早期的背斜构造油气藏为主进入到构造与岩性地层油气藏并重，再到"进源找油"，从常规油气资源延伸到非常规油气资源（包括页岩和致密火山岩储层中的油气资源等）。油气成藏理论不仅是油气勘探经验的总结提升，关键是能有效指导油气勘探向未知领域进军，每一次油气成藏理论的发展，都会一定程度上带来油气勘探领域的革命。

一、传统油气成藏理论

源上砾岩大面积油气成藏理论是在玛湖凹陷周边大面积砂砾岩体油气勘探中形成，也是取得玛湖凹陷周缘百里油区辉煌成果的理论认识。大面积油气成藏理论的提出、发展及其沿革可以划分为三个阶段：第一阶段为19世纪—20世纪末的单一因素主控成藏理论阶段，第二阶段为20世纪末—21世纪初的含油气系统理论阶段，第三阶段为21世纪之后的多要素联合控制的规模成藏阶段，可以称为与大面积相关的成藏理论阶段（图5-1）。

1.19世纪末—20世纪末的单一因素主控成藏理论

1）背斜学说

在油气勘探的早期，无论是从野外露头找油苗，还是后来的背斜学说及源控论、梁控论等，实质上都是围绕某个单一要素主控下的成藏理论或者学说。White于1861年提出沿背斜褶皱带勘探油气藏的背斜学说，第一次形成油气勘探领域的理论认识，有力地指导了油气勘探，使在已发现的油气产量及储量中，背斜油气藏至今仍居首位。正是在该背斜理论的指导下，中国发现了特大油田——大庆油田。

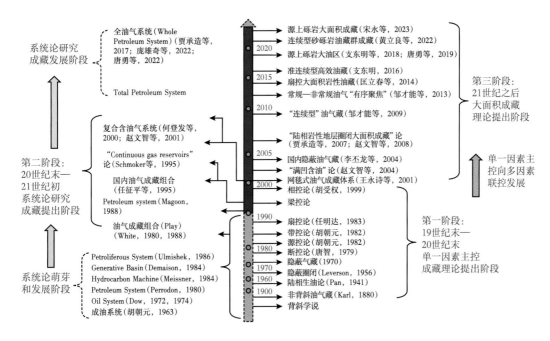

图 5-1　油气成藏理论沿革和发展阶段示意图解

2）"隐蔽"圈闭及油气藏

在背斜学说的基础上，Karl 于 1880 年提出了不受背斜控制和未知成因的非背斜圈闭。20 世纪 60 年代美国著名石油地质学家莱复生（Leversen）提出"隐蔽圈闭"（Obscure and Subtle Traps）这一术语，显然，这个概念是以寻找的难易程度为标准提出来的，它与圈闭的成因类型无关。随着石油地质学理论的发展及勘探方法、手段的革新，隐蔽圈闭的含义也会随之发生变化。20 世纪 70 年代，深层特殊类型的隐蔽性气藏被冠以孤立（孔隙）体圈闭气藏、地层—成岩圈闭气藏、水动力圈闭气藏、水封型圈闭气藏等概念。隐蔽油气藏概念和理论在 20 世纪 80 年代就已经在油气勘探中得到重视，尤其早期在指导中国东部松辽盆地和渤海湾盆地的油气勘探中发挥了重要作用，例如辽河西部凹陷沙四段的油气勘探（陈景达，1982；杨万里，1984；田在艺等，1984；王衡鉴等，1984；钱奕中，1984；甘克文，1984）。1983 年 4 月，中国石油地质学会在无锡市召开了"全国隐蔽油气藏勘探学术讨论会"。但限于隐蔽油气藏的复杂性和当时的技术条件，之后的 20 余年隐蔽油气藏的勘探一直没有引起足够的重视。早期针对隐蔽油气藏只是提出了这个概念，缺乏针对隐蔽油气藏成藏的研究。

到 21 世纪初，随着勘探技术的提高，隐蔽油气藏理论在指导油气勘探中更加受到重视。最为典型的是东部济阳坳陷。此时，开始强调隐蔽油气藏为以地层、岩性为主要控制因素、常规技术手段难以发现的油气藏（李丕龙等，2004）。例如，在"十五"期间，胜利油田加大了隐蔽油气藏形成机制与分布规律的研究力度。在济阳坳陷构造、沉积作用时空演化的背景下，深入研究了断陷盆地储集岩分布、油气运聚和油气成藏的主要机制，提出了以"断坡控砂""复式输导""相势控藏"为核心的隐蔽油气藏成藏理论认识。

3）源控论

早期国外的油气勘探基本都是在海相地层中展开的，1941年潘钟祥明确了陆相地层可以生油，提出了陆相生油说，对世界油气勘探作出重要贡献。陆相生油说强调的是陆相有机质可以规模生油，实质上也是围绕单一的要素有机质生烃而言。这一阶段是油气成藏研究的初始期，形成了一些理论模式，奠定了以后发展的基础。在陆相生油说基础上，我国地质学家提出了源控论的观点，强调"油气田环绕生油中心分布，并受生油区的严格控制，油气藏分布围绕生油中心呈环带状分布"（胡朝元，1982）。海相、陆相油气聚集的规模大小，都受油气源的丰富程度控制，这一基本前提条件对海相盆地、陆相盆地都适用。但海、陆相地层稳定性不同，油气富集区带与生油中心的空间配置关系存在差异。海相地层横向上分布通常较稳定，油气可做长距离运移，最大运移距离超过100km，油气富集区带可以偏离生油中心。陆相地层横向上相变快，使油气难以做长距离运移，总是就近聚集在邻近生油岩的砂体中。源控论并不排斥储层、圈闭或盖层、水文地质等要素的作用，而是强调有效油源区是决定一个地区有无油气藏的根本前提。在源控论的指引下，中国油气勘探遵循围绕主力烃源岩中心层系寻找生油气范围内的有利目标，后续在中生界—新生界、上古生界陆相层系中发现了一大批油气田（胡朝元，1982；李德生，1997；张文昭，1997）。

4）断控论

断控论顾名思义就是断裂控制着油气的运移和聚集成藏。断控论实际上形成很早，早期虽没有形成专门的断控论概念或叫法，但是断裂作为盆地中广泛发育的地质体，普遍控制了油气的运移聚集，因此在20世纪就对油气勘探起了重要的指导作用。例如，早在1977年阎敦实就提出了"断块体成油理论"的初步认识；1979年，唐智完善并详细阐述了该理论的内容，并在《石油勘探与开发》发表了名为《对渤海湾油气区"断块体成油理论"的初步认识》的文章。实际上在1977年以前，断层就被认为是控油的主导因素，盆地内的断层特别是主断层被认为不仅控制着渤海湾盆地古近纪—新近纪的沉积与构造的发育，而且也直接控制着油气藏的形成与分布。各油田先后提出了"占断块，打高点，沿着主断找高产""沿主断，找高产，找到高产多打眼""顺着断层摸，垂直断层扩，见油就扩，见水就缩"等勘探部署原则。这些部署原则充分反映了当时对断层控油的认识，对加速油气勘探工作的确起到了一定作用。断控论内涵强调的是油气的流通或通道环节，是一种重要的输导系统，油源断裂的活动期往往是油气垂向运移的最佳时期，油气顺着油源断裂突破上覆盖层，聚集到相对较浅的部位；油源断裂断到哪套储—盖组合，油气便可以聚集到哪套储层；断裂带附近裂缝发育，从而可以改善储层的储集性能，成为裂缝性油气藏的高产区带。

断控论对油气勘探的指导可以说贯穿了石油工业的发展史。例如，近年来，断控论的重要性更加突出，尤其在塔里木盆地顺北地区奥陶系深层油气藏的勘探中，深层走滑断裂被认为对油气富集起着关键作用。研究者们就该盆地顺北地区走滑断裂控油方面进行了研究。

5）带控论

20 世纪 60—80 年代，在渤海湾断陷盆地油气勘探成果基础上，胡朝元（1982）、李德生（1986）和胡见义等（1986）提出了复式油气聚集区（带）理论，认为在陆相断陷盆地中二级构造带背景上由于相变快和断裂发育等原因，有利于多种类型圈闭形成，不仅发育背斜构造和断块圈闭，还在不同层系中广泛分布了多种类型地层岩性圈闭；油气藏规模一般较小，油、气、水关系复杂，这些油气藏具有一定的地质成因联系，有相同的油气运移和聚集过程，形成了以一种油气藏类型为主、以其他类型油气藏为辅的多种类型油气藏的群集体，具有成群成带分布特点，在空间上相互交织，可以形成很大规模的油气聚集，老一辈地质学家称之为"复式油气聚集带"（李德生，1986；胡见义等，1986；邱中建等，1999），又称为带控论，该理论对陆相断陷盆地的油气勘探具有重要的指导作用。

6）扇控论和梁控论

在 20 世纪 80—90 年代，在准噶尔盆地为重点的西部陆相盆地勘探中，扇控论（任明达，1983；邱东洲等，1986；邱东洲，1992）和梁控论（张纪易，1995；张义杰等，2003）成功指导了准噶尔盆地西北缘克拉玛依油田和腹部陆梁油田的勘探。扇体沉积指主要由粗碎屑沉积组成的平面形态似扇形的沉积体。它是从冲积扇、扇三角洲、水下扇等地质环境抽象出来的一个概念。邱东洲等（1986）提出中国西北地区中新生代的扇体沉积与油气关系密切，扇体沉积可形成较好的储层，冲积扇中的主槽、侧缘槽及辫状沟槽具有较好的孔渗条件，如克拉玛依油田中—下三叠统孔隙度为 10%~20%，渗透率为 100~500mD，扇三洲平原的主河道、分支河道、河口坝及水下扇的供物水道及相关的浊积体都是较好的储集体。我国东部和西部中新生代盆地中扇体沉积发育广泛，扇控论对陆相盆地的粗粒岩体的油气勘探有积极的指导作用。

梁控论或称为梁聚论，是随着准噶尔盆地腹部勘探的发展而逐渐形成的。梁聚论把富烃凹陷周缘的成熟型古隆起（一般指构造高部位）称为"梁"，指出这些"梁"是油气汇聚的有利地带。梁控论实质上是早期新疆油田油气勘探中形成的一种勘探部署的指导思想，在梁控论指导下，准噶尔盆地腹部陆续发现了一大批油气田，包括彩南、石南、石西、陆梁等大型油气田。后来梁控论发展成为隆控论，指出近源的继承性古隆起是油气聚集的有利场所，古隆起高点的迁移和变化对油气的聚集和调整有着控制作用。

7）相控论

相控论的指导思想在 20 世纪 60 年代准噶尔盆地的勘探中就已经成型，准噶尔盆地西北缘最早发现的油气藏就与山麓洪积扇相有关，克拉玛依油田就是由众多的洪积扇砾岩油气藏组合而成。至今以扇控论为代表的相控论在各盆地的油气勘探实践中仍发挥着积极的作用。20 世纪 90 年代末，层序地层学的发展，提出了断陷湖盆陆相层序的体系域具四分性：低水位体系域（LST）、水进体系域（TST）、高水位体系域（HST）和水退体系域（TST），并研究了不同体系域与油气成藏的关系，其实也是相控论的体现。例如，胡受权等（1999）认为水进体系域以初次湖泛面（亦为沉积相转换面）为界与 LST 分开，即扇三角洲平原相转换为扇三角洲水下部分，且湖相成分垂向上逐渐向上增加，直至凝缩段出现，地层型式以退积为主；随着水进作用不断发展，水进体系域以退积型扇三角洲为其沉积主体，靠近构造枢纽的陡坡带边缘，冲积扇相域越来越窄，而向盆内则由滨浅湖相逐渐过渡至半深湖相；因此认为水进体系域的成藏类型分布于从盆地边缘至盆地中心的过渡地带，埋深适中，水进作用所形成的湖相泥岩盖层发育且距生油区较近，因而这一位置是陆相断陷湖盆陡坡带油气勘探最为有利的场所。

邹才能等（2005）全面阐述了相控论的概念和内涵，认为具备有效烃源岩和有利构造背景的前提下，不同类型盆地中的各类油气藏都处于有利相带中，是若干有利"相"交会作用的产物，普遍具有相控的特征，因此提出相控论，指出油气的分布与富集受有利储集相带的控制，各种有利的沉积相和成岩相是决定有效储集体形成和分布的基础和关键，对于成藏地质条件基本清楚的富油气盆地（坳陷），要寻找富油气聚集区带，核心是要寻找有利储集相带。

对于上述相关控藏理论，基本都是单一要素油气成藏控制论，不论是哪一种都是从油气成藏过程中的某个环节及相应的时空背景切入，去观察和总结油气成藏的规律及油气藏在时空分布上的特征。实际上研究人员深知油气成藏的每一个环节极其复杂，也都深切地认识到油气成藏是受多因素联合控制的结果。

2. 20 世纪末—21 世纪初的含油气系统理论

与第一阶段相比，20 世纪末—21 世纪初的含油气系统理论以系统论的方法来研究油气成藏。20 世纪末，Magoon 等在《AAPG Memoir 60》专刊上发表了《The petroleum system：from source to trap》，系统阐述了含油气系统理论，迅速成为这个阶段石油地质领域研究的热点。含油气系统是沉积盆地中一个自然的烃类流体系统，其中包含有活跃的生油洼陷，所有与之有关的油气及油气成藏所必须的地质要素及作用，活跃的生油岩指含大量正在或曾经生成油气的有机质的岩石，基本要素包括生油岩、储集岩、盖层及上覆岩层，基本作用如圈闭形成和油气生成—运移—聚集过程。这些要素与作用必须在时间和空间上配套，才能使生油岩中的有机质适时生油并形成油气聚集。含油气系统理论在中国不同盆地得到了充分的应用（窦立荣等，1996；赵文智等，1996；谢泰俊等，1996；宋建国等，1996；杨涛等，1996；张群英等，1996；姜振学等，1997）。

同时期，也提出了油气成藏组合（Play）理论（David 等，1988），其实质也是采用一种系统论的观点，将生—储—盖组合紧密联系到了一起。Allen（1990）认为成藏组合实际上是一系列地质因素，包括储层、盖层、油气充注、圈闭及上述四因素在时空上的有效匹配组合。Robert（1997）认为成藏组合是含油气系统的基本组成部分，由一个共同的地质特征（储层、盖层、圈闭、时间匹配和运移）与共同的工程特征（位置、环境、流体和流动性质）相结合而成。成藏组合其实就是油气聚集的基本单元，一个成藏组合中的油气可以来自一个含油气系统，也可以来自几个含油气系统，而一个含油气系统又可以向几个成藏组合同时供应油气。每个成藏组合只有一个储层，一般对应一个生油层，其分布不完全受构造带的控制。某个成藏组合有可能在各个构造带分布，而每个构造带也可能有多个成藏组合。任征平等（1995）最早运用 David 等（1988）介绍的方法，编制了东海陆架盆地西湖凹陷和瓯江凹陷油气成藏组合图，通过图件编制的启示对两个凹陷成藏主要特征和控制油气规律提出了一些新认识，并确定了有利勘探区和勘探对象。张义杰等（2003）以构造样式与供油气运移方式为主线，根据活跃烃源范围、距烃源远近、油气运移方式、油气藏类型和聚集特征，将准噶尔盆地油气成藏归纳总结为4种主要组合模式：源内不整合断控油气成藏组合模式、源边不整合断控油气成藏组合模式、源外沿梁断控阶状油气成藏组合模式、源上源下不整合断控油气成藏组合模式。运用油气成藏组合概念可以提高对各盆地和地区的成藏规律的认识。李学义等（2003）首次划分了准噶尔盆地南缘的上、中、下三套油气成藏组合，有力地指导了准噶尔盆区域勘探。

在21世纪初，除系统地研究生—储—盖要素组合以外，也涉及系统地研究油气成藏某些其他要素组合，例如输导要素的组合。该时期，随着对油气成藏机理认识的深入，油气成藏过程和路径受到更多重视，与油气成藏机理相关的油气运移路径、通道和动力的理论不断涌出，例如，优势通道（杨明慧等，2004；姜振学等，2005）、复式输导（张善文等，2006）、相势控藏（庞雄奇等，2007）等，比较有代表性的是网—毯式油气成藏体系（张善文等，2003，2008）。张善文等（2003）根据渤海湾盆地济阳坳陷新近系油气成藏特点，提出了网毯式油气成藏体系是指下伏层系的它源油气通过网毯式运聚形成的次生油气藏组合；所谓"网"，指体系下部的油源通道网层（由切至油源层中的油源断裂网和不整合面组成）和上部的油气聚集网层（由被次级断裂网连通的树枝状砂岩透镜体组成）；所谓"毯"，指稳定分布的巨厚辫状河流相块状砂砾岩（称为仓储层）呈毯状，以及通过油源断裂等输送上来的它源油气在其中的蓄积呈毯状；由于油源断裂网的活动为幕式，多期向仓储层输送它源油气；仓储层各期蓄积的油气可在仓储层中发散运移，也可沿次级断裂网汇聚式运移进入上部的油气聚集网层，再沿砂体—断裂三维输导网络运移，在有圈闭条件的部位形成油气藏（王永诗等，2001）。

在济阳坳陷北部，油源通道网层由古近系和断裂网构成，切入烃源岩的油源断裂起到控制油气向上运移的单向阀的作用，为新近系提供它源油气；仓储层为新近系馆陶组下段低位域辫状河流相砂砾岩，连通性好、分布广、厚度大，蓄积来自古近系的油气形成毯（张善文等，2008，2009）。该理论提出后，学者们对不同盆地或地区的网—毯式成藏体系从不同的角度进行了研究（姜素华等，2004，2006，2007；石砥石，2005，2007；姜涛等，2010；刘桠颖等，2011；王圣柱等，2012；张善文等，2013），但主要集中于东部的济阳坳陷，以东营凹陷为主，西部准噶尔盆地（刘桠颖等，2011；王圣柱等，2012；张善文等，2013）和塔里木盆地塔中地区石炭系（黄娅等，2017；江同文等，2017）也有一些研究。在网—毯式油气成藏理论的指导下，依据网—毯式油气成藏体系理论将渤海湾盆地济阳坳陷新近系勘探由披覆背斜延伸到凸起边部乃至盆内洼陷，从油源大断层拓展到局部小断层，扩大了勘探领域，实现了从构造油藏到岩性、地层类油藏的转变（李丕龙等，2003；张善文，2004），开创了浅层新近系勘探的新局面，济阳坳陷的太平油田、陈家庄油田、垦东地区、孤岛油田南部、孤东油田西部、埕北246等地区的油气勘探均取得了重大突破和进展（张善文等，2008）。

总之，这些都是系统论的观点延伸到了油气成藏的研究中。含油气系统理论之后在中国得到了充分的发展及延伸，之后提出的复合含油气系统概念及目前正在重视的全油气系统概念（从国外的"Total Petroleum System"到国内的"Whole Petroleum System"），都可以称为含油气系统理论体系的一部分。本书第三章中专门介绍了从含油气系统到全油气系统的沿革与发展，这里不再赘述。

3. 21 世纪之后大面积成藏理论

该阶段也是油气成藏理论快速发展和丰富的阶段，是多要素联合控制成藏理论，涉及油气规模成藏效益，可以认为与大面积成藏相关联。含油气系统强调的是烃源灶控制下的整体油气分布的概念，而此阶段相关大面积成藏理论涉及某个或几个要素主控下的系统论，更加强调不同地质环境下某些地质要素的重要性及成藏的结果。

21 世纪之后规模成藏理论基本都是与凹陷内"进源找油"相关。随着油气勘探的深入，尤其是一系列岩性—地层油气藏的发现，人们注意到陆相盆地中很多油气藏分布在生烃凹陷的构造低部位，甚至是向斜的中心部位。主要表现在两个方面：一是凹陷内大面积油气成藏，二是常规—非常规油气"有序聚集"理论。

1）"满凹含油"论与"陆相岩性地层圈闭大面积成藏"论

赵文智等（2003）在富油气凹陷概念（袁选俊等，2002；谯汉生等，2003，2005）基础上，提出了"满凹含油"论，指出在富油气凹陷内，优质烃源灶提供了丰富的油气资源，同时陆相多水系与频繁的湖盆振荡导致湖水大面积收缩与扩张，使砂体与烃源岩不仅间互，而且大面积接触，从而使各类储集体有最大的成藏机会，因而含油范围超出二级构造带，在包括斜坡区的凹陷深部位都有油气藏的形成和分布，呈现整个凹陷都有油气成藏的局面。"满凹含油"论并不意味着在凹陷的每一个部位都可以发现油气藏，而在于强调勘探理念的变化，勘探范围不仅包括已有的正向二级构造带，也包括广大的斜坡区和凹陷的低部位（赵文智等，2005）。富油气凹陷"满凹含油"论的提出是对源控论与复式油气聚集理论的发展，可使油气勘探跳出二级构造带范围，实现满凹勘探，大规模拓展了勘探范围。贾承造等（2007）也总结了陆相断陷型盆地富油气凹陷中，纵向各层系、不同类型储集体中均可能形成油气聚集，平面多层系、不同类型圈闭油气藏相互叠置连片分布；由于富油气凹陷生烃量大，在凹陷边缘的凸起带、滚动背斜带、斜坡的鼻状构造中都可以形成构造油气藏，在洼陷内部储集体与烃源岩体直接接触，可以形成大量岩性地层油气藏。

贾承造等（2007）和赵文智等（2008）进一步提出了陆相岩性地层圈闭大面积成藏理论，认为中丰度、低丰度油气藏大面积成藏具有以下特征：大型敞流湖盆腹地发育大型牵引流成因砂体，与烃源岩呈"三明治式"结构大面积间互，为成藏奠定了基础；构造平缓区呈大面积分布小油气柱与正常—低压力油气藏等特征，降低了成藏对盖层质量的要求；储集体内部非均质性强，气藏整体连通性差，降低了气体逸散能量，保证油气在包括地质条件相对劣质区的大范围成藏；抬升卸载环境导致气源岩解吸面状排烃，有利于晚期大面积成藏。

除上述与大面积成藏理论相关的一些理论阐述以外，从目前文献上看，提到大面积成藏的实例分析主要是四川盆地川中地区上三叠统须家河组（卞从胜等，2009；李伟等，2011）、中二叠统茅口组（汪泽成等，2018），两者涉及的都是二叠系大面积天然气成藏，不同的是须家河组为一套陆相碎屑岩含煤沉积，储层主要为陆相中—细砂岩；中二叠统茅口组为海相碳酸盐岩沉积，发育裂缝—溶洞型和白云岩孔洞型两类主要储层。关于前者，卞从胜等（2009）认为大面积成藏的主控因素包括：（1）平缓构造背景下，大型开放式浅水湖盆广泛发育煤系与砂岩的交互组合，是大面积成藏的基础；（2）优质储层的广泛分布，是大面积成藏的重要条件，主要受早印支期古构造、沉积微相及裂缝的联合控制；（3）白垩纪末盆地的整体抬升，天然气发生膨胀排烃及储层的分隔化对气藏的保存作用是大面积成藏的重要机制。李伟等（2011）将该区大面积成藏解释为地层抬升减压脱溶与水溶气侧向运移减压脱溶两种形式下的水溶气的脱溶成藏。赵文智等（2010）将须家河组成藏称为大范围成藏，并认为该区源灶生气强度平面分布不均衡和储层横向非均质性决定不能大面积连片式成藏，而是大范围斑块式成藏。关于中二叠统茅口组，汪泽成等（2018）认为该区天然气大面积成藏具备一些地质条件，包括：（1）茅口组缓坡颗粒滩体在广元—广安—重庆以西地区大面积分布，为储层形成奠定了地质基础；（2）全球海平面下降导致的区域性侵蚀面有利于大面积岩溶型储层的形成；（3）下志留统龙马溪组、茅口组一段—茅口组二段 c 层及上二叠统龙潭组共三套主力烃源岩与茅口组风化壳岩溶储层构成"三明治式"源—储成藏组合，是天然气大面积成藏的关键。

2）连续型油气藏与常规—非常规油气"有序聚集"理论

邹才能等（2009）提出了连续型油气藏概念，指在大范围非常规储集体系中油气连续分布的非常规圈闭油气藏，与传统意义的单一闭合圈闭油气藏有本质区别，也可称为连续型非常规圈闭油气藏或非常规油气藏；并以湖盆中心砂质碎屑流成因及其连续型油藏、大型浅水三角洲低—特低孔隙度和渗透率及致密砂岩油气藏、煤层气及泥页岩裂缝型油气藏等典型实例阐述了其地质特征：在盆地中心、斜坡等大面积连续分布，且局部富集；以大规模非常规储层为主；非常规圈闭，储集空间大，圈闭边界模糊；自生自储为主；多为一次运移；主要靠扩散方式聚集，浮力作用受限；非达西渗流为主；流体分异差，饱和度差异较大，油层、气层、水层与干层易共存，无统一油气水界面与压力系统；资源丰度较低，储量主要按井控区块计算；开采工艺特殊，需针对性技术。

连续型油气藏现象很早就被美国地质调查局注意到，但是他们关注的基本都是深层致密的天然气藏。例如，1927 年发现的美国圣胡安盆地的深层致密性砂岩油气藏，当时被称为隐蔽气藏；1979 年 Masters 提出深盆气概念，1985 年 Law 称其为致密砂岩气，1986 年 Rose 等首次使用"盆地中心气"这一术语，美国地质调查局 Schmoker 等及 Gautier 和 Mast 于 1995 年正式使用连续型气藏这个概念。20 世纪 90 年代以后，国内将之称为深盆气、深部气及根源气等。美国地质调查局在 2006 年将深盆气、页岩气、致密砂岩气、煤层气、浅层砂岩生物气和天然气水合物共 6 种非常规圈闭天然气（Unconventional Gas）统称为连续气（Continuous Gas）。

近年来，中国学者大力开展常规与非常规油气勘探理论技术研究，在烃源岩、成藏、钻井等方面取得一系列新认识（邹才能等，2013）。邹才能等（2013，2014，2015，2019）、杨智和邹才能（2022）系统阐述了常规—非常规油气"有序聚集"理论，指出常规油气供烃方向有非常规油气共生、非常规油气外围空间可能有常规油气伴生，强调常规油气与非常规油气协同发展，找油思想从"源外找油"深入到"进源找油"。邹才能等（2014，2015）强调了该理论的内涵：（1）指含油气单元内，富有机质烃源岩热演化及生排烃过程与储集体储集空间全过程耦合下演化，油气在时间域持续充注、空间域有序分布，常规油气与非常规油气有亲缘关系，成因上关联、空间上共生，形成统一的常规—非常规油气聚集体系，据此规律可寻找不同类型油气在空间上的分布位置;(2)"有序"体现在时间演化、形成序次、聚集机理、空间分布和找油思想五层含义,不同阶段烃源岩与储层的演化有序,不同非常规油气资源到常规油气资源形成亲缘关系的先后有序,不同孔径储集空间控制油气的类型有序,不同类型常规—非常规油气空间的分布有序,不同阶段找油思想从"源外找油"向"进源找油"的发展有序,这些有序思想突破了传统只专注常规或只专注非常规油气研究、勘探开发的思路;(3)"进源找油"是进入或逼近生油层系中,寻找源内滞留的页岩油和气、近源分布的致密油和气、未成熟油页岩油、煤层气等资源,打破围绕烃源岩找圈闭的思想,突破传统寻找经过二次运移、圈闭油气聚集的"源外找油"方法。连续型油气藏与常规—非常规油气"有序聚集"理论与大面积油气成藏相关,只是指的是深层源外与源内一体化,实际上与本书第三章中提到的全油气系统理论关系很密切。相关油气成藏理论的进展总结见表5-1。

二、源上砾岩大面积油气成藏理论内涵

1. 源上砾岩大面积油气成藏理论提出的背景

中国在准噶尔盆地三叠系克拉玛依组冲积扇形成的砾岩、含砾粗砂岩中发现克拉玛依油田,成为国内发现的首个大型砾岩油气田(胡福堂,1986;支东明,2018)。从20世纪80年代初开始,新疆油田的砾岩油藏勘探已由烃源灶—边界断裂带的"构造控油"转向在源上斜坡带"岩性找油"。2010年以来,新疆油田优选夏子街—玛湖鼻状构造带斜坡区,围绕二叠系—三叠系不整合面之上的百口泉组开展整体研究,构建了"扇控大面积"成藏模式。2012年,夏子街扇西翼在玛13井获得突破,开启了斜坡区下三叠统百口泉组勘探新序幕。随着重点区评价与低勘探区布控勘探整体推进,玛湖凹陷各扇体相继突破,玛湖凹陷斜坡区砾岩油藏群状分布特征日渐明朗,勘探成果逐步证实玛湖凹陷斜坡区三叠系百口泉组具备扇控大面积成藏地质特征。

2. 玛湖凹陷砾岩油藏的独特性及成藏模式

相较于其他已发现的砾岩油藏,勘探实践表明,玛湖凹陷砾岩油气成藏体现出几个特殊性:(1)玛湖凹陷砾岩储层的孔隙度和渗透率相对较低,分别小于10%和1mD,总体为低渗透—致密砾岩储层;(2)玛湖凹陷砾岩油藏的烃源岩层位为下二叠统风城组,储层为三叠系百口泉组、二叠系上乌尔禾组和下乌尔禾组,与常见的源储邻近一体型致密油气不同,玛湖凹陷砾岩大油区在垂向上源储分离,含油气层系百口泉组和乌尔禾组与主力烃源岩下二叠统风城组相距1000~4000m,且中间间隔着较大厚度的泥质岩层;(3)玛湖凹陷砾岩油藏显示出源上砾岩大面积分布特征,围绕玛湖凹陷已形成百里油区,多与砾岩油藏相关,如此大规模的砾岩油藏群的分布属世界罕见。

上乌尔禾组与百口泉组具有相似的沉积背景和成藏条件,二者均为浅水退覆式扇三角洲沉积,均具备大面积成藏的储集条件。扇三角洲前缘亚相砂砾岩储集体中泥质含量普遍较低,粒径中等,但不同沉积微相具有不同的油气富集程度和产量。上乌尔禾组和百口泉组湖泛泥岩和扇间泥岩均较发育,与砂砾岩储集体组成了较好的储—盖组合,且侧向和上倾方向均发育扇三角洲平原亚相致密带,可形成侧向遮挡,具有良好的封闭性。

表 5-1　油气成藏理论或学说的沿革与发展

阶段划分	提出时间	学说或理论简称	学说或理论全称	提出时针对的盆地或地区	内涵	提出人物或代表性人物（非全部）
	1861年	背斜学说	背斜构造勘探学说	广泛	沿背斜褶皱带勘探油气藏	White, 1861
	1881年	非背斜学说	不受背斜控制和未知成因的非背斜油气藏	广泛	沿背斜构造也可以勘探油气藏	Karl, 1881
	1941年	陆相生油说	陆相有机质生油说	松辽盆地	陆相有机质可以规模生油	潘钟祥, 1941
	1965年	隐蔽圈闭	Obscure and Subtle Traps	广泛	早期是指难以寻找的圈闭，与圈闭的成因类型无关，后期含义又发生变化	Leversen 等, 1965; 陈景达, 1982; 杨万里, 1984; 田在艺等, 1984; 钱奕中, 1984; 甘克文, 1984
	1970年	隐蔽气藏	深盆气、致密砂岩气、盆地中心气	美国圣胡安盆地，加拿大阿尔伯达盆地 Elmworth 气田等	深层或盆地中心致密性砂岩气	Masters, 1979; Law, 1985; Rose 等, 1986
第一阶段：单一因素主控成藏理论提出阶段	1977年	断控论	断块体成油理论	渤海湾盆地古近系—新近系	断层是控油的主导因素	阎敦实, 1977; 盾智, 1979
	1982年	源控论	烃源岩控油气藏分布	松辽盆地	油气田环绕生油中心分布，并受生油区的严格控制，油气藏分布围绕生油中心呈环带状分布	胡朝元, 1982, 1986; 黄籍中, 1998; 李熊生, 2000
	1983年	扇控论	冲积扇等扇体控制油气分布	准噶尔盆地西北缘	中国西北地区中新生代的扇体沉积与油气关系密切，可以成为储层	任明达, 1983; 邱东洲等, 1986; 邱东洲等, 1992
	1986年	带控论	复式油气聚集区（带）理论	渤海湾盆地古近系—新近系、三叠系	陆相断陷盆地中二级构造带是多种类型油气藏成群成带分布	李德生, 1986; 胡见义等, 1986; 房敬彤, 1987; 陈景达, 1988; 张湘宁, 1988; 张文昭, 1989
	1995年	梁控论	古隆起控制油气分布	准噶尔盆地腹部	梁是油气汇聚的有利地带，后来发展成隆控论，指近源的继承性古隆起是油气聚集的有利场所	张纪易, 1995; 张义杰等, 2003
	1999年	相控论	沉积相控制油气分布	准噶尔盆地西北缘、渤海湾盆地	早期的相控论为相控论的一种，后来广义提出是针对陆相断陷湖盆不同沉积相控气分布	胡受权等, 1999; 邹才能等, 2004, 2005; 王永诗, 2007; 罗红梅等, 2007; 张文朝等, 2008

续表

阶段划分	提出时间	学说或理论简称	学说或理论全称	提出时针对的盆地或地区	内涵	提出人物或代表性人物（非全部）
第二阶段：系统论研究油气成藏相提出阶段	1994年	含油气系统	Petroleum system: from source to trap	广泛	自然的烃类流体系统，其中包含有活跃的生油洼陷，所有与之有关的油气及成藏所必须的地质要素及作用（Dow，1972）。最早期的概念有 Oil system（1972）	吴元燕等，1995；赵文智等，1996；窦立荣等，1996
	1995年	连续性气藏	Continuous gas reservoirs	广泛	深盆气、页岩气、致密砂岩气、浅层砂岩气和天然气水合物等6种非常规圈闭天然气均为连续气藏	Schmoker等，1995；美国地质调查局
	2000年	全油气系统	Total Petroleum System	Illizi Province, Algeria and Libya	一个成熟烃源灶或多个紧密相关的烃源灶产生的所有石油聚集	Klett，美国地质调查局
	2000年	复合油气系统	多套含油气系统控制油气藏复杂分布	叠合含气盆地	多套烃源岩系在一个或数个负向地质单元中集中发育，导致多个含油气系统的叠置、交叉与葙通	何登发，2000；赵文智等，2000；栗维民等，2000；赵文智等，2001；张义杰等，2002
	2003年	油气成藏组合	相似成因的生—储—盖主控因素控制下的油气成藏现象	广泛	油气成藏组合是一组在地质上相互联系、具有类似烃源岩、储层、圈团和盖层条件的油气藏	任征平等，1995；黄志龙等，2001；张义杰等，2002；李学文等，2003
第三阶段：大面积成藏相关理论提出阶段	2001年	网—毯式油气成藏体系	网状油源和集通道及毯状仓储层控制油气成藏	渤海湾盆地济阳坳陷新近系	油源通道网和聚集网（断层、不整合面、砂体）控制油气运移聚集，毯状储层作为中转站，对油气运移起调节作用	王永诗等，2001；张善文等，2003，2008；姜素华等，2004，2006，2007；石砥石，2005，2007
	2003年	"满凹含油"论	富油气凹陷内，呈现整个凹陷有油气成藏的局面	陆相断陷型盆地，如松辽盆地	富油气凹陷内，包括斜坡区的凹部都存在油气藏的分布，实现满凹勘探	赵文智等，2003，2005；贾承造等，2007
	2004年	隐蔽油气成藏理论	以地层、岩性为主控因素，常规技术手段难以发现的油气藏	渤海湾盆地济阳坳陷	提出了以"断坡控砂"和"复式输导""相势控藏"为核心的隐蔽油气藏成藏理论	李丕龙等，2004a，2004b；李素梅等，2004
	2007年	浅水三角洲前缘带大面积成藏	陆相坳陷型盆地大型浅水三角洲前缘带大面积成藏	松辽盆地南、北长轴沉积大面积形成的三角洲	陆相坳陷型盆地发育大型三角洲沉积体系可形成大面积油气富集区带	贾承造，2007

续表

阶段划分	提出时间	学说或理论简称	学说或理论全称	提出时针对的盆地或地区	内涵	提出人物或代表性人物（非全部）
第三阶段：大面积成藏相关理论的提出阶段	2007年	冲断带扇体控藏	陆相前陆冲断带扇体控藏	准噶尔盆地西北缘冲断带	冲断带不整合面之上砂砾岩扇体控油，发育断层—岩性油气藏；不整合面之下火山岩风化壳控油，发育大型地层油气藏，大面积连片分布	贾承造，2007；宋岩等，2012
	2007年	平原—前缘带控气	河流三角洲平原—前缘油气富集区带成藏	四川盆地川西—川中前陆斜坡隆起带上三叠统须家河组	前陆斜坡隆起带须家河组主要发育大面积陆相三角洲成岩圈闭，三角洲平原—前缘过渡带控气	贾承造等，2007；卞从胜等，2009；李伟等，2011
	2007年	陆相岩性地层圈闭大面积成藏理论	陆相岩性圈闭中丰度、低丰度油气藏大面积成藏理论	陆上大型坳陷盆地向斜区	大型敞流湖盆腹地发育大型牵引流成因砂体，与烃源岩呈"三明治式"结构大面积同互，大面积成藏	贾承造等，2007；赵文智等，2008；邹才能等，2008
	2009年	连续型油气藏	连续型非常规圈闭油气藏或非常规油气藏	盆地中心或近源斜坡非常规储集体系	大范围非常规储集体系中，非常规油气在盆地中心、斜坡等大面积连续分布，目局部富集	邹才能等，2009，2012；公言杰等，2009；陶士振等，2011；阿布力米提，2016；支东明，2016
	2013年	油气"有序聚集"	常规—非常规油气"有序聚集"	盆地中心或近源斜坡非常规储集体系	常规油气与非常规油气有亲缘关系，因上关联，空间上共生，形成统一的常规—非常规油气聚集体系，进源找油	邹才能等，2013，2014，2015，2019；杨智等，2022
	2017年	全油气系统	Whole Petroleum System	准噶尔盆地玛湖凹陷风城组	含油气盆地相关联的烃源岩层形成的全部油气在内的自然系统	贾承造等，2017；支东明等，2021；庞雄奇等，2022
	2014年	源上砾岩大油区	源上扇三角洲砾岩大面积成藏	准噶尔盆地玛湖凹陷下三叠统百口泉组和上二叠统上乌尔禾组	多期退积型砾岩体搭连片大面积分布岩性油气藏群成藏	匡立春等，2014；支东明等，2018；支东明等，2019；唐勇，2019，2022；黄立良等，2021；瞿建华等，2021；卢红刚，2022

源上砾岩大面积成藏的总体模式是，风城组优质烃源岩生成的油气通过高陡断裂发生纵向运移，垂向跨层运移 2000~4000m 至三叠系，部分通过二叠系和三叠系内部多期不整合面发生侧向运移，在退覆式扇三角洲顶底板与侧向主槽致密砾岩立体封堵下，并最终汇聚于各类扇体的前缘亚相砾岩砂砾岩储层中，形成了研究区特殊的多层系叠置的地层、断层—地层、断层—岩性油气藏或岩性油气藏，实现了玛湖大油区大面积成藏的场面，其中相对优质储层的物性、异常高压决定了油气田的高产。图 5-2 和图 5-3 分别是玛湖凹陷边缘斜坡区三叠系百口泉组大面积成藏模式和上乌尔禾组大面积成藏模式，其特点为：（1）大型地层尖灭带形成上倾方向遮挡；（2）退积型多期砂体叠置连片；（3）不整合侧向输导，断裂垂向调整；（4）两期湖泛泥岩与扇间泥岩立体封堵，前缘相砂砾岩大面积成藏。

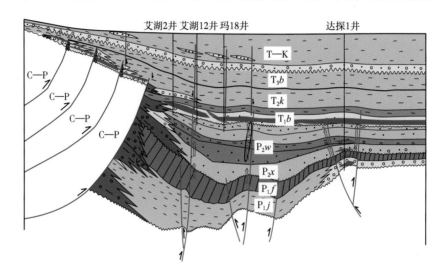

图 5-2　玛湖凹陷边缘斜坡区百口泉油气大面积成藏模式

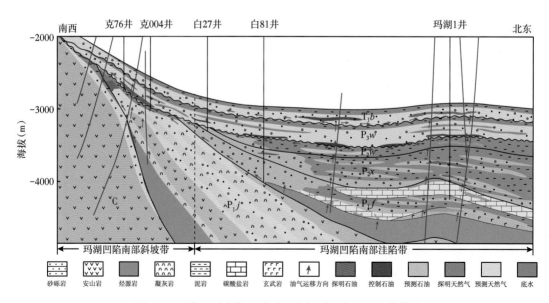

图 5-3　玛湖凹陷南部二叠系上乌尔禾组大面积成藏模式

3. 源上砾岩大面积成藏的条件及内涵

玛湖凹陷上乌尔禾组和百口泉组砂砾岩体形成大面积成藏的局面有其得天独厚的条件和内涵。首先是下伏的风城组为间歇式碱湖优质烃源岩，由于咸水环境下藻类勃发得以发育Ⅰ型、Ⅱ型优质生烃母质，另一方面碱性矿物发育环境下有机质热演化具有滞后作用，使生油窗延长，大量深层液态烃得以保留，在生烃模式上显示为生油窗内双峰特征，即一个成熟生油期的高峰和一个高成熟期的生油高峰，因而高效生烃，大幅增加了原油资源量，为大面积成藏提供了资源基础。

其二是大型退覆式扇三角洲砂砾岩体形成了大面积成藏的储集体。受周缘老山充足物源供给、水浅坡缓有利地理环境及持续湖侵作用和多期坡折的影响，扇三角洲砂砾岩体由凹陷边缘向中心延伸距离较远，呈席状分布。玛湖凹陷发育夏子街、黄羊泉、克拉玛依、中拐、达巴松等多个扇三角洲沉积体系，这些扇三角洲扇根砂砾岩体的分布范围有限，且扇根之间发育相对稳定的细粒泥质岩，使扇根砂砾岩体呈现相对独立的分布特征。在退覆式浅水扇三角洲模式下，扇端可以延伸到湖盆中央，因而砂砾岩体可以从山前和盆缘的扇根和扇中位置延伸到湖盆的中心地带，使玛湖凹陷中部可以成为寻找早期低位砂体覆盖的领域（图5-4、图5-5），在湖侵背景下扇三角洲前缘砂砾岩体由湖盆中心向物源方向多期搭接连片，使砂砾岩体可以充盈整个湖盆，为大面积成藏创造了优越的储集体条件。

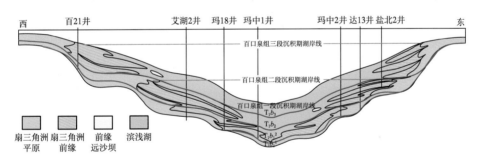

图 5-4 玛湖凹陷百口泉组多期坡折—湖侵体系有利储集体发育模式

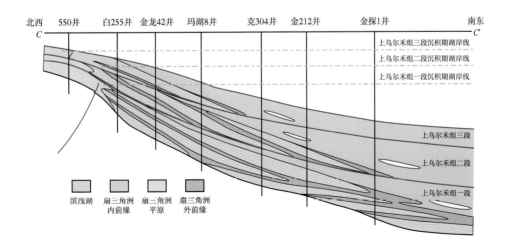

图 5-5 玛湖凹陷上乌尔禾组退覆式扇三角洲沉积模式

因此，从理论认识上，沉积储层认识经历了从盆缘"洪积扇模式"到凹陷区"大型退覆式浅水扇三角洲模式"，有效储层埋深由 3500m 以浅到 5000m 以深，指导部署从盆缘断裂带冲积扇扇中拓展到整个凹陷前缘相带，新增勘探面积 6800km²。

深部溶蚀增孔及超压保孔为大面积成藏创造了有利的储集空间。2013 年 10 月，黄羊泉扇部署的玛 18 井百口泉组压裂最高日产油量 58.30m³，玛 18 井钻探发现扇三角洲前缘亚相贫泥砾岩发育深埋优质储层，中深层前缘亚相砾岩发育长石次生溶孔，突破了埋深在 3500m 之下砾岩物性差、"有砂无储"的传统认识。玛湖凹陷深层储层砂砾岩颗粒内部和颗粒之间发生溶蚀作用，形成粒内和粒间溶蚀性次生孔隙，主要表现为长石碎屑颗粒容易发生溶蚀形成粒内溶孔，方解石等碳酸盐矿物和浊沸石等硅酸盐矿物也可以发生溶解、溶蚀和交代形成粒间溶孔。研究认为，深埋条件下，有机酸对砾岩能够产生有效溶蚀，泥质含量对砾岩（长石）溶蚀有明显控制作用（图 5-6），这赋予了"扇控大面积成藏模式"新的内涵，奠定了勘探家向深层找油的信心。另外，玛湖凹陷深层领域异常高压普遍发育，压力系数高，垂向和平面分布范围广，异常高压对储层成岩作用产生了影响，一定程度上抑制了压实作用，减弱了胶结作用，促进了溶蚀作用和裂缝形成，从而有效增大了储层孔隙空间，增强渗流能力，有效提升了储层质量。

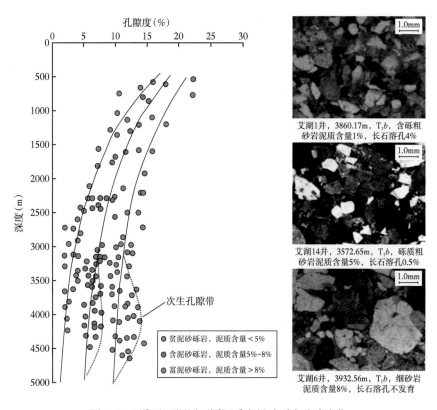

图 5-6　玛湖地区深层不同泥质含量砂砾岩孔隙演化

除此之外，源上砾岩大面积成藏还有一些有利条件：扇三角洲沉积相带储—封一体形成了有效封堵和储—盖组合，高陡断裂和大型不整合面为油气从下伏风城组烃源灶向上覆砂砾岩体运移及立体成藏的高效输导体，地层异常高压为大面积成藏提供了充注动力，最终使多种源上砾岩油藏类型并存、多个大型扇体油气藏群连片叠置分布。归结起来，玛湖凹陷源上砾岩大面积成藏内涵可以概括为具有"坡、扇、源、断"四大要素主控，即弱变形缓坡背景下坡折带、储—封一体的退覆式浅水扇三角洲沉积、优质间歇性碱性烃源岩条件、广泛分布的通源断裂。在此条件下，受鼻状构造带、前缘有利相带和断裂联合控制具有"一砂一藏、一扇一田"分布特征，玛湖凹陷百口泉组实现亿吨级准连续型油藏群整体含油、局部富集的大面积成藏局面。

源上砾岩大面积油气成藏理论和以往的凹陷或斜坡大面积油气成藏理论有很大差异。纵观油气成藏理论的发展，可以看出 2000 年以后提出了一些有关大面积油气成藏的理论或叫法，无论是早期赵文智等（2003，2005，2007）提出的"满凹含油论"及贾承造等（2007）和赵文智等（2008）进一步提出的大面积岩性油气藏理论，还是邹才能等（2009，2011，2012）提出的连续型非常规圈闭油气成藏理论及中低丰度岩性地层油气藏大面积成藏地质理论（贾承造等，2007；赵文智等，2008），其实质都是强调了源内找油或延伸到靠近源内的斜坡找油的思想。传统的油气连续聚集都强调的是烃源岩层系内或近源储层内的大面积连续聚集（图 5-7）。源上砾岩大面积油气成藏理论是以往这些大面积油气成藏理论的发展

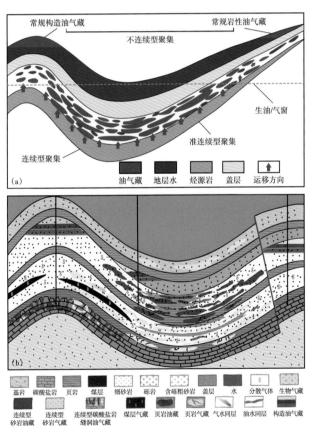

图 5-7　经典近源"连续型聚集"成藏模式图

（a）据 Schmoker 等，1995；（b）据邹才能等，2009

和延伸,从源内指向可以跨越1000m垂向距离的源外;从以往的源内细粒沉积非常规油藏或砂岩透镜体隐蔽油藏延伸到源外的粗粒砾岩油气藏;该理论明确了退覆式三角洲浅水沉积模式下,靠近湖盆中心,仍然可以广泛发育大片粗粒砾岩储层,从而实现湖盆中心形成大面积砾岩油气藏的局面。对于勘探来说,坚定了湖盆中心地带不仅可以在源内勘探细粒非常规页岩油气藏,也可以寻找粗粒砾岩油气藏的信心。

第二节　大型退覆式扇三角洲砂砾岩体形成了大面积成藏的储集体

一、退覆式扇三角洲模式的地质背景及条件

1. 具备多方向充足物源供应和稳定水系持续建造

1)坳陷盆地期山体物源向盆地内多期推覆

三叠纪坳陷盆地沉积期,受推覆挤压影响,准噶尔盆地西部隆起、陆梁隆起持续隆升,为玛湖凹陷提供了充足的物源。三叠纪初期,盆地内基底断裂及盆山之间的断裂开始逐渐稳定,活动日趋变弱,坳陷型盆地特征更为明显。但推覆挤压的构造背景仍在持续,玛湖凹陷内存在两个方向的推覆,即西北山体由北西向南东推覆和乌伦古由北东向南西方向推覆。推覆产生的主应力除了来自西北方向外,还有东北方向的应力,玛湖凹陷北部物源区即位于此应力交会区,东北方向的应力与西北方向的应力在此区域内相挤压、压扭,使区域内山体发育北东—南西向的断裂,成为输送剥蚀区物源的通道,即形成玛湖凹陷夏子街地区主要的物源通道口,是物源供应的主要出山口。

西北缘山体向盆地内推覆具有多期性、分带性的特点。多期性指推覆现象持续时间长,从晚石炭世、二叠纪一直持续到中侏罗世。其影响范围大,涉及整个准噶尔盆地西部及西北部,活动特点是二叠纪末期之前主要以推覆平移运动为主,地层横向叠加距离大,这与前陆盆地发育阶段相关。进入前陆盆地消亡阶段后,即二叠纪末、三叠纪初,产生了挤压抬升。百口泉组沉积时期是西部推覆运动相对稳定时期,也是坳陷盆地完全形成时期,整个盆地内基本完全进入坳陷盆地沉积。

西北缘推覆体受断裂带分隔可以分为三个推覆带(图5-8),三个推覆带向盆地一侧分别发育了红车断裂带、克乌断裂带、乌夏断裂带,分别对应红车推覆带、克乌推覆带、乌夏推覆带。红车推覆带与克乌推覆带之间为中拐断裂,克乌推覆带与乌夏推覆带之间形成黄羊泉断裂。这些北西向的走滑断裂从西部山体延伸到盆地内,形成了良好的物源通道,与百口泉组形成的中拐扇体与黄羊泉扇体的位置吻合,因此,这些推覆带体之间大的走滑断裂是扇体发育的主要区域。

2)重矿物组合指示存在多方向物源

玛湖凹陷目前仍接受西北山区的物源供给,形成冲积扇沉积。现今地质简图、剥蚀—沉积关系图显示(图5-9),西北部山区内主要出露了石炭系、泥盆系,岩性为中基性喷出岩、中酸性喷出岩,凝灰岩、沉凝灰岩及部分的沉积岩、花岗岩。而目前玛湖凹陷百口泉组沉积物由褐色、灰绿色砂砾岩,砂岩,含砾泥质粉砂岩,灰褐色、褐色泥岩及砂质泥岩

等组成，砂砾岩中砾石成分以岩屑为主，夹长石和少量石英，其中岩屑的成分大部分为凝灰岩，与西北部山区物源区的岩性相吻合，表明了物源来自西北山区。

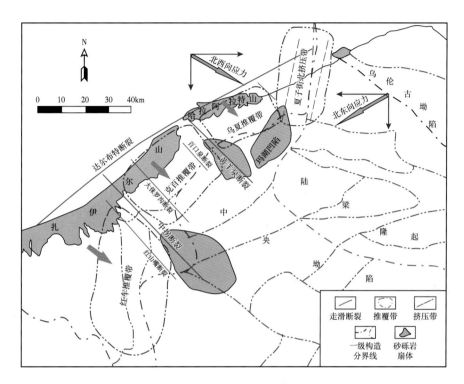

图 5-8 玛湖凹陷三叠纪沉积时期构造背景示意图

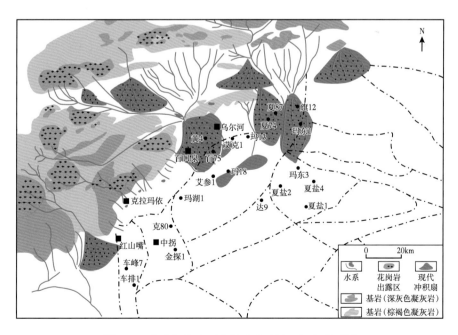

图 5-9 准噶尔盆地西北缘现今剥蚀—沉积关系图

根据重矿物组合特征及古地貌资料，可将玛湖凹陷分为 6 个分支物源（图 5-10）。夏子街物源中重矿物主要为绿帘石—钛铁矿—白钛矿—褐铁矿组合，母岩主要为中基性岩类；黄羊泉物源中重矿物主要为钛铁矿—褐铁矿—绿帘石—白钛矿组合，母岩主要为中基性岩及花岗岩类；克拉玛依物源主要为锆石—钛铁矿—白钛矿—尖晶石组合，该物源以稳定类重矿物为主（锆石含量高），分布规模较小。中拐物源中重矿物以绿帘石—钛铁矿—褐铁矿组合为主，中拐凸起紧靠物源；夏盐物源重矿物组合为白钛矿—褐铁矿—锆石，其中稳定类重矿物白钛矿的含量高，主要分布于盐北 2 井—达 9 井一带；玛东物源重矿物以绿帘石—白钛矿—锆石组合为主，分布于玛东 5 井—盐北 1 井一带。以上论述的前 4 个物源为西北部老山物源，后 2 个分支物源为东部陆梁隆起物源。

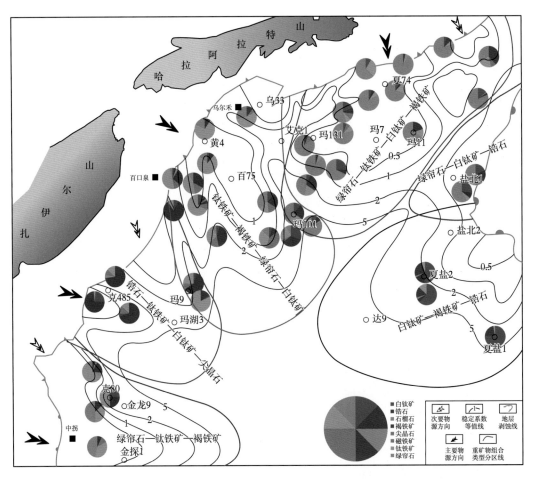

图 5-10　准噶尔盆地玛湖凹陷百口泉组重矿物分析图

砂砾岩沉积与物源供给密切相关。以玛湖凹陷西斜坡为例，百口泉组发育三个大型扇三角洲，包括夏子街扇三角洲、黄羊泉扇三角洲和克拉玛依扇三角洲。在玛湖凹陷西斜坡可容纳空间充足的条件下，物源供给越强，单砂层的厚度越大，含砂率越大，反之越小。因而，可以通过统计单砂层的厚度与含砂率来反映物源供给的强弱。百口泉组一段、百口泉组二段和百口泉组三段分层段统计结果显示（表5-2），其单砂层的平均厚度与最大厚度的大小均为：夏子街扇三角洲＞黄羊泉扇三角洲＞克拉玛依扇三角洲。同时，各地区各层段的单砂层厚度均较厚（平均3~19m），反映物源供给均较为充足，其中夏子街扇三角洲最充足，黄羊泉扇三角洲次之，克拉玛依扇三角洲最小。

表5-2　玛湖凹陷西环带各扇三角洲单砂体统计数据

地层	扇三角洲	单砂体个数	单砂层厚度（m）	平均厚度（m）	平均含砂率（%）
百口泉组一段	夏子街	53	2~52	16.7	88
	黄羊泉	29	2~44	10.8	78
	克拉玛依	37	1~27	8.2	83
百口泉组二段	夏子街	81	2~92	19.8	80
	黄羊泉	36	2~62	11.3	78
	克拉玛依	48	1~41	6.9	67
百口泉组三段	夏子街	138	1~65	7.3	65
	黄羊泉	46	1~18	4.7	53
	克拉玛依	45	1~11	3.2	50

2. 具备盆大、坡缓、水浅的古地貌形态

早三叠世准噶尔西北缘造山带强烈隆升并向盆地俯冲，造成地层挠曲沉降形成挤压坳陷盆地，此时地形相对断陷盆地来说，地貌坡度相对较平缓。百口泉组沉积时期玛湖斜坡区构造较简单，主体呈向湖方向倾斜的平缓单斜构造，地层倾角为1°~4°。玛湖凹陷周缘山体推覆作用较强的区域坡度较大，而推覆作用较弱的区域坡度较平缓，但总体上进入坳陷湖盆后古地貌坡度变缓。百口泉组沉积前玛湖凹陷地层在三叠纪初被抬升剥蚀，凹陷内古地貌坡度并不均一，存在沟槽、凸起及坡折等复杂地貌。对百口泉组残留厚度分析表明（图5-11），玛湖凹陷南部与盆1井西凹陷形成一个大的沉积中心，接受玛湖凹陷内各物源的沉积，该沉积中心地震剖面显示厚度达到350m，但目前无井钻遇。地层厚度较薄的地方是古地貌相对凸起的区域，分隔了各物源。

地震剖面及地层厚度变化等资料表明，玛湖凹陷内古地貌存在一定的分化，各斜坡扇体发育区域坡度陡缓，坡折及沟槽特征有差异。以三叠系白碱滩组底拉平后的百口泉组底地形坡度为例（大于2°为陡坡，小于2°为缓坡），凹陷北斜坡呈陡坡、多级坡折特征；凹陷西斜坡具缓坡，存在多级坡折特征；南斜坡为缓坡、无坡折特征；东斜坡和中拐地区均具先缓后陡、多级坡折特征。从地势高低看，北斜坡与西斜坡地势较低，因此沉积的厚度较大；而中拐与南斜坡地势稍高，东斜坡地势最高，其百口泉组一段在斜坡高部位未沉积，斜坡上百口泉组逐渐超覆。各斜坡间坡度陡缓、地势高低与西北缘各推覆带发育强度、二叠纪末抬升剥蚀程度及盆内凸起等因素有关。地形坡度控制着扇三角洲的展布范围与分布规律，也反映了可容纳空间的大小。

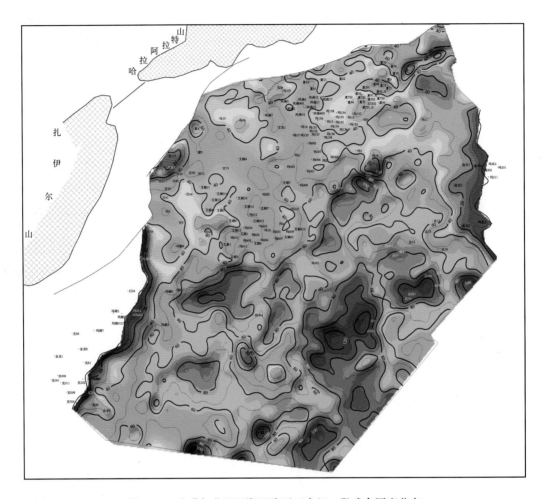

图 5-11　准噶尔盆地玛湖凹陷百口泉组一段残余厚度分布

百口泉组多发育厚度不一的褐红色、杂红色泥岩段，对其进行了分类取样分析，用姥植比（Pr/Ph）、$Fe^{2+}/（Fe^{2+}+Fe^{3+}）$、钍铀比（Th/U）3 种参数，对该区泥岩沉积时所处的沉积环境进行了界定（表 5-3）。分析结果表明，玛湖凹陷百口泉组主要为弱氧化—还原环境的滨岸沉积或浅水沉积。同时，地震剖面上单个前积层厚度在一定程度上代表了当时水体的深度。在百口泉组识别出的扇三角洲前缘前积层厚度较小，表明了当时水体较浅。结合岩心沉积构造等资料综合分析认为，百口泉组主体属平缓斜坡背景下的浅水环境沉积，整体为一个不断湖侵、水体加深的过程。

表 5-3　玛湖凹陷百口泉组泥岩饱和烃气相色谱 Pr/Ph 分析

井号	层位	岩性	Pr/Ph	沉积环境	沉积相
艾湖 2 井	T_1b_2	褐色泥岩	1.4	弱氧化—还原	滨岸
艾湖 2 井	T_1b_2	灰色泥岩	1.0	还原	水下
玛 002 井	T_1b_2	褐色泥岩	1.6	弱氧化—还原	滨岸

续表

井号	层位	岩性	Pr/Ph	沉积环境	沉积相
玛11井	T_1b_3	褐色泥岩	1.3	弱氧化—还原	滨岸
玛18井	T_1b_1	灰色泥岩	1.3	弱氧化—还原	滨岸
玛18井	T_1b_1	褐色泥岩	1.6	弱氧化—还原	滨岸
玛9井	T_1b_1	灰色泥岩	1.4	弱氧化—还原	滨岸
玛东2井	T_1b_3	深灰色泥岩	1.2	弱氧化—还原	滨岸
玛东2井	T_1b_3	褐色泥岩	1.8	弱氧化—还原	滨岸
玛湖3井	T_1b_2	灰色泥岩	1.2	弱氧化—还原	滨岸
夏90井	T_1b_2	褐色泥岩	1.1	弱氧化—还原	滨岸
夏盐2井	T_1b_3	灰色泥岩	1.8	弱氧化—还原	滨岸
夏盐2井	T_1b_2	灰色泥岩	2.0	弱氧化—还原	滨岸
盐北2井	T_1b_2	褐色泥岩	1.1	弱氧化—还原	滨岸

3. 古地貌控制下百口泉发育多个扇三角洲体

玛湖凹陷周缘主要发育夏子街、黄羊泉、夏盐、中拐、玛东、克拉玛依等六大扇三角洲，各扇体规模不一，前四个扇体规模相对较大，扇三角洲平原亚相向湖区方向延伸较远，各相邻扇体前缘相带交互叠置。百口泉组沉积时期，玛湖凹陷斜坡区古地形坡度1°~4°，斜坡区夏子街扇、黄羊泉扇、玛东扇、夏盐扇等扇三角洲前缘砂体分布范围广，延伸距离远，交互叠置覆盖在玛湖凹陷中、下斜坡带上。中拐扇体与夏盐扇体由于处于玛湖凹陷与盆1井西凹陷交界处，且两大扇体规模也较大，因此对两个凹陷沉积都有较大的影响。玛湖凹陷西部四个扇体的物源不同，岩石成分有所差别，黄羊泉扇体砾石以花岗质岩屑为主，而夏子街扇体以凝灰岩岩屑为主，塑性岩屑含量高于黄羊泉扇体。西部的四个扇体间在根部位置以扇间洼地分隔，而其前缘部分进入凹陷后交会沉积叠置。其中玛湖凹陷西环带主要为夏子街扇三角洲、黄羊泉扇三角洲、克拉玛依扇三角洲（图5-12），下文主要介绍这三个扇体分布。

夏子街扇体包含夏子街主扇与风南扇体分支扇体。扇三角洲平原亚相主体位于扇体北部风南10井—夏9井—夏71井—夏73井一线以北，向南部湖区方向延伸至玛7井—玛5井一线，东部延伸到玛11井一带。扇三角洲前缘亚相分布广泛，西至玛16井—玛00井一线，南至玛101井并与黄羊泉扇体交会，东与玛东扇体在凹陷北部中心交会。

黄羊泉扇体有两个分支扇体，一是黄羊泉扇体，另一个是艾湖扇体，其中黄羊泉扇又可分为黄羊泉主扇与百口泉分扇。黄羊泉冲积扇扇体向南延至黄3井、百75井方向。核心在黄4井—百75井—艾湖4井一带，其坡下次扇向南延伸至玛中4井以东，目前玛中4井钻遇该次扇的边部，本区域内百口泉组岩性以紫红色含砾泥岩及泥质砾岩为主，砾石分选差，排列杂乱，显粒序性，具有泥石流沉积特点。

克拉玛依扇体位于黄羊泉扇体与中拐扇体的中间，百口泉组一段沉积时期存在两个分支扇体，扇体一影响范围主要是玛湖 1 井—玛湖 16 井—玛湖 17 井一带，其中玛湖 1 井获得了高产油气流，储层为水下河道砂体。扇体二影响范围主要是在白 22 井—玛湖 6 井—玛 9 井—艾参 1 井一带，目前此分支扇未有突破。与中拐扇体类似，扇体根部的下部地层未沉积百口泉组一段，地层是超覆沉积的，因此其沉积时地势也相对较高，但是总体上，克拉玛依扇是在一个坡度较缓的斜坡区沉积的，扇体内无冲积扇扇根沉积，主要发育扇三角洲沉积，扇三角洲平原亚相主要位于靠近老山的区域内，而前缘发育于玛湖 3 井—玛湖 6 井—玛 9 井以东。

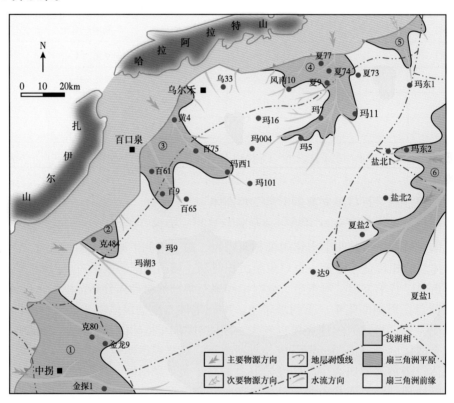

图 5-12　准噶尔盆地玛湖凹陷扇三角洲位置及沉积相分布
①—中拐扇三角洲；②—克拉玛依扇三角洲；③—黄羊泉扇三角洲；④—夏子街扇三角洲；
⑤—玛东扇三角洲；⑥—夏盐扇三角洲

4. 湖侵背景下多期坡折导致砂体搭接连片

百口泉组和上乌尔禾组扇体沉积过程是水体逐渐加深的湖侵过程。初始沉积时，首先在靠近凹陷中心的坡折平台上形成扇三角洲沉积砂体，随着水体的加深发生退积，沉积物不能都完全到达凹陷中心，而是在更上一级的坡折平台上沉积形成扇体，湖侵持续使沉积物逐渐由沉积中心向湖盆边缘退积，从而使湖盆早—中期的砂体得以保存，砂体大面积在湖盆中分布。反之，发生进积时，早期沉积在斜坡中的砂体更容易被后期侵蚀，都搬运到湖盆中心，从而不能形成大面积分布的砂体。因此湖侵背景下，更利于形成大面积砂体分布的沉积样式（图 5-13）。

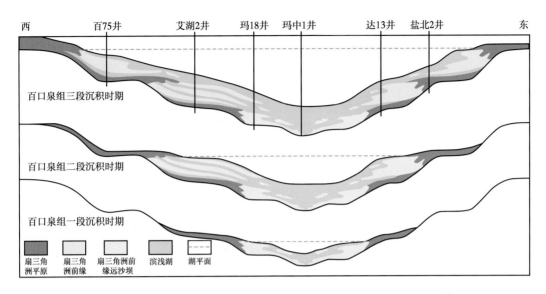

图 5-13 玛湖凹陷多期坡折—湖侵体系沉积模式

由于玛湖凹陷内存在多期坡折，因此也存在多级平台区，导致砂体在不同的平台区分布而形成大面积砂体的分布样式。玛湖凹陷北斜坡夏子街扇向湖盆中心延伸较远，在接近湖盆中心钻探的玛20井仍有扇三角洲平原亚相的砂体沉积，是其在靠近凹陷中心的坡折下形成的早期扇体（图 5-14）。多级坡折造成扇体向湖盆中心延伸较远，也使扇体在多个平台上错落叠置，形成大面积砂体叠加。

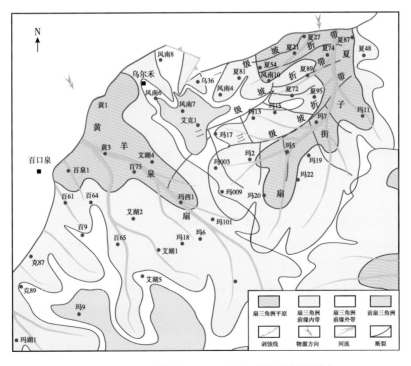

图 5-14 夏子街斜坡区百口泉组沉积相坡折带叠合

在多级坡折带控制下，扇三角洲砂体呈帚状叠进式分布。例如，夏子街扇三角洲地形先陡后缓，水动力强，碎屑流较发育，随着地形坡度减小，扇体延伸较远（图5-14）。由于夏22井坡折带、夏9井西部坡折带、玛15井坡折带等调节坡折带共同构成了多级台阶，夏子街扇三角洲砂体呈现典型的叠进式展布。在每级坡折带的坡脚，砂体倾泄，逐级叠加，最终形成帚状扇三角洲砂体（图5-14）。

通过顺切夏子街扇三角洲坡折带的砂体剖面，可以看出一级坡折带内夏74井全井段均为巨厚层平原相砾岩，从二级坡折带内的夏89井至三级坡折带内的玛2井，砂体总厚度逐渐减薄，且单砂层的厚度也逐渐减薄。在每个坡折带之下，发育新的砂体，新的砂体与旧的砂体在空间上叠置，平面上连片分布，体现了坡折带对砂体的控制（图5-15）。

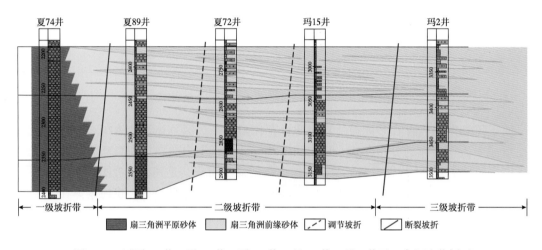

图5-15 过夏74井—夏89井—夏72井—玛15井—玛2井百口泉组连井剖面

二、退覆式扇三角洲模式的判别依据

经过不断的勘探实践，得出的新认识为大型浅水退覆式扇三角洲模式，主要有以下特征作为依据：发育有不同于传统扇三角洲模式的水下沉积、存在牵引流的多种流体搬运机制等。

1. 平面沉积显示湖盆收缩和扩张，导致扇三角洲连片分布

百口泉组砾岩以厚层块状为主，为近源快速沉积，泥质含量高，因而自然伽马曲线不能反映岩性的变化，而电阻率曲线呈厚层高幅锯齿箱形，能较好地体现地层层序特征。依据高分辨率层序学原理，可进一步将百口泉组划分为1个水进退积长期旋回（LSC）和3个中期旋回（MSC_1、MSC_2、MSC_3），分别对应百口泉组一段、百口泉组二段和百口泉组三段（图5-16）。

对玛湖凹陷—盆1井西凹陷周缘百口泉组不同时期沉积扇体的刻画，显示出扇三角洲延伸范围的变化，尤其是延伸到湖盆水体内扇三角洲前缘和前三角洲部分的变化，说明湖盆收缩和扩张对扇三角洲分布有很大影响，反映出退覆式扇三角洲的沉积演化特征。

百口泉组一段沉积时期，玛湖凹陷—盆1井西古湖盆范围相对小，夏子街扇体根部主要发育冲积扇扇根相带，至玛20井仍是大套的厚层砂砾岩沉积，冲积扇主要分布于

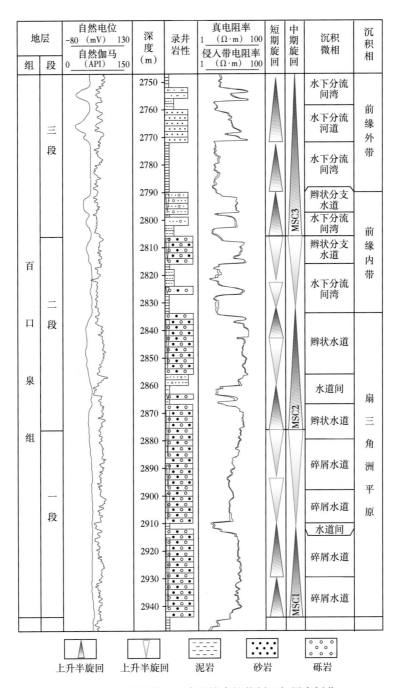

图 5-16 玛湖凹陷百口泉组综合柱状剖面与层序划分

风南 10 井—夏 9 井—玛 19 井一线以北地区。冲积扇扇中—扇三角洲平原亚相紧邻冲积扇扇根的区域内，由于坡折的原因，平原亚相向南延伸较远，主要出现于风南 17 井—夏 72 井—玛 131 井—玛 20 井—玛 24 井—玛 11 井以北，扇三角洲前缘亚相广泛分布于此线以南，最远端向西延伸至玛 101 井—玛中 1 井一带与黄羊泉扇体交会，向南可达凹陷中心部位，目前未有钻井钻到边界，向东在玛中 2 井与玛东扇体在凹陷北部中心交会。

百口泉组二段沉积时期，湖盆范围逐渐扩大，整体上发生退积现象。各扇体物源方向基本未变化（图 5-17），但中拐凸起及夏盐扇体地层超覆沉积明显，各扇体相带边界向凹陷边界逐渐退缩，冲积扇扇根存在于夏子街扇与黄羊泉扇扇体的盆地边界附近，扇三角洲平原、前缘亚相进一步退缩，湖泊范围扩大。

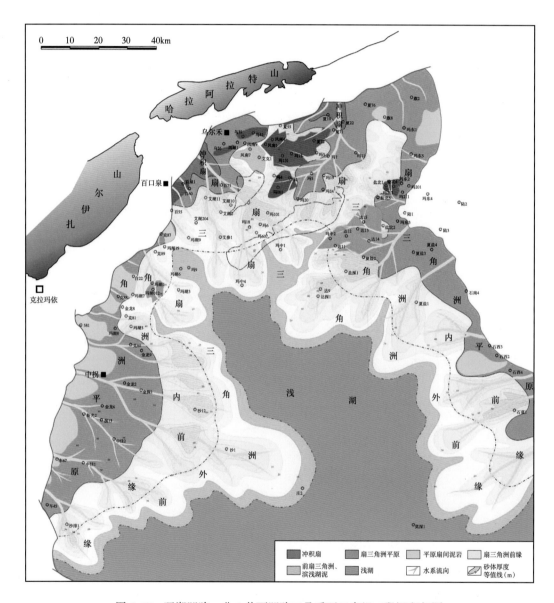

图 5-17　玛湖凹陷—盆 1 井西凹陷三叠系百口泉组二段沉积相图

百口泉组三段沉积时期，湖盆范围进一步扩大，各个扇体范围大大减小，并且不再交会沉积，扇体中各相带进一步向盆地边界后退。夏盐扇体地层超覆沉积明显，在夏盐石南地区都有沉积，但沉积厚度较薄。整体上，水体达到最深，砂体在各扇体内延伸不远（图 5-18）。

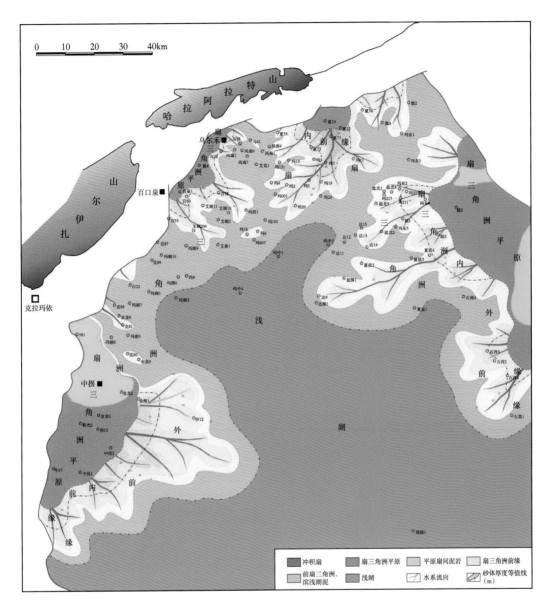

图 5-18　玛湖凹陷—盆 1 井西凹陷三叠系百口泉组三段沉积相图

2. 沉积相特征指示存在扇三角洲水下沉积过程

三叠纪早期，准噶尔盆地内开始进入干旱、半干旱气候，这种气候条件下的沉积物表现为氧化色，并且百口泉组沉积时期玛湖凹陷内斜坡区坡度相对平缓，因而湖盆水体普遍较浅，凹陷之中大部分是红色泥岩与红色砂砾岩层序组合，只有在水体较深的区域内沉积了灰色泥岩与灰色砂砾岩层序组合。

玛湖凹陷—盆 1 井西凹陷百口泉组沉积了一套氧化色为主的砂砾岩的骨架砂体，研究认为百口泉组主体发育两种沉积序列的沉积体系：玛湖西北物源区发育冲积扇—扇三角洲—湖泊沉积体系（表 5-4），中拐凸起周缘物源区相对较远，钻井资料表明泥岩带分布较广，因而盆地边缘未发育冲积扇；玛湖凹陷—盆 1 井西凹陷的东部中央隆起物源区发育扇三角洲—湖泊沉积体系，盆 1 井西凹陷发育扇三角洲沉积。总体上玛湖凹陷—盆 1 井西凹陷百口泉组以扇三角洲—湖泊沉积体系占主导。

表 5-4　玛湖凹陷—盆 1 井西凹陷百口泉组主要沉积相类型表

沉积相类型	亚相类型	主要微相类型
冲积扇	扇根	主槽（侧缘槽），漫洪带
	扇中	辫流线、片流带、漫流带
扇三角洲	扇三角洲平原	辫状分流河道、河道间、泥石流
	扇三角洲前缘	水下分流辫道、分流间湾、席状远沙坝、前缘碎屑流
	前扇三角洲	前缘泥、席状浊积砂
湖泊（淡水湖泊）	滨浅湖	湖泥、滩坝

以玛湖凹陷—盆 1 井西凹陷部分新井及沙湾凹陷周缘的部分单井为研究对象，总体上各井能反映冲积扇—扇三角洲—湖泊沉积序列中不同相带的沉积特征，各列一些单井进行描述。

1）达 18 井

达 18 井位于玛湖东斜坡夏盐扇体，百口泉组总体上为扇三角洲相—湖泊相（图 5-19）。百口泉组一段下部为扇三角洲平原亚相，主要以泥石流沉积为主，岩性为褐色泥质砾岩、砂砾岩，中上部为扇三角洲前缘亚相，SP、RT 测井曲线特征为多期叠加的钟形、箱形，为水下河道特征，岩性主要为灰色的砾岩、砂砾岩、砂岩，具有良好的油气显示。

百口泉组二段下部为厚层扇三角洲前缘水下河道沉积，测井曲线显示为多期河道叠加而成，岩性为灰色砂砾岩。从此层段的岩性观察看，为多期河道叠加，具有正粒序特征，百口泉组二段顶部为厚层泥岩，为分流间湾微相。百口泉组三段下部为扇三角洲前缘远端水下河道沉积，砂体薄，粒度细，以含砾中细砂岩为主。由于百口泉组三段水体变深，离湖岸较近，岩性变化为细砂岩，上部为湖泊相滩坝及泥质沉积。从整个百口泉组沉积来看，湖平面上升，沉积水体越来越深，离物源逐渐变远。

2）玛中 1 井

玛中 1 井是目前钻井中靠近玛湖凹陷中心的井位，从资料分析是受玛湖西斜坡黄羊泉扇体影响，其物源基本是从黄羊泉扇而来。单井相分析显示，百口泉组主要为扇三角洲相—湖泊相（图 5-20），百口泉组下部为扇三角洲前缘亚相，上部为湖泊相。砂体结构和测井曲线特征表明，扇三角洲前缘主要为水下河道、远沙坝、分流间湾沉积。砂体厚度较薄，岩性主要为灰色的砂砾岩、泥质砂砾岩和褐色灰色泥岩、砂质泥岩。百口泉组中上部为湖泊相，岩性为大套泥岩，夹少量薄层的含砾砂岩、砂砾岩。总体上，玛中 1 井和其他靠近扇体的井相比，其砂体厚度明显减薄，层数增多，表明离湖盆中心近。

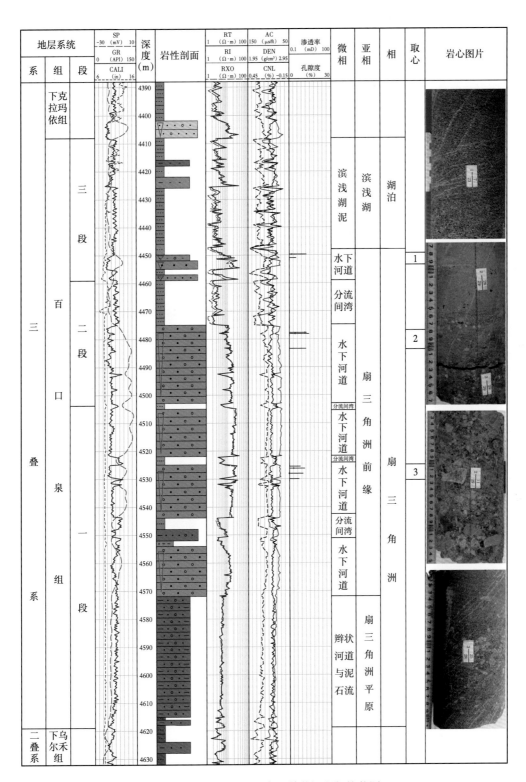

图 5-19　达 18 井百口泉组单井沉积相柱状图

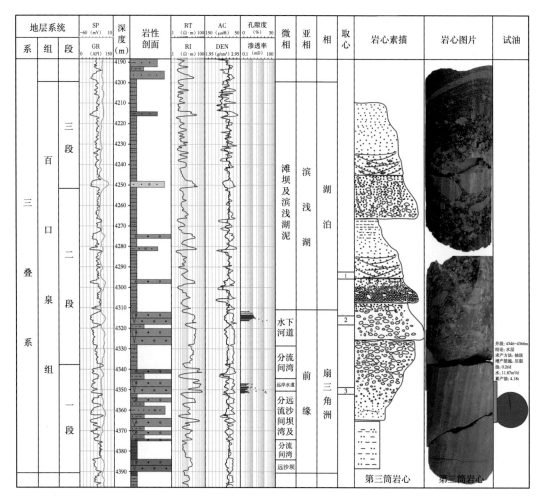

图 5-20 玛中 1 井百口泉组单井沉积相柱状图

3）车 62 井

车 62 井位于沙湾凹陷西北缘，位置较靠近中拐凸起，也是属于盆地边界附近井。单井相分析显示，百口泉组沉积了百口泉组二段、百口泉组三段，总体上为扇三角洲相（图 5-21）。由于车 62 位置较靠近盆地边缘，在百口泉组一段沉积时期，地层仍未在高处沉积，而只在后期逐渐超覆的过程中沉积了百口泉组二段、百口泉组三段。从岩心观察与其他资料结合认为百口泉组二段、百口泉组三段皆为扇三角洲平原沉积，其测井曲线显示为高幅箱形、钟形特点，内部有小幅锯齿起伏，表明为多期河道叠加而成，岩性为灰色砂砾岩，在各套单层砂体上部往往有粒度较细的砾质砂岩沉积，具有正粒序特征。

从这些示例井的岩心上可以观察到扇三角洲水下沉积的典型特征：水下环境形成的灰色或灰绿色、水下波浪形成的浪成波纹层理及水下河道的正粒序特征等。这些单井相特征及大量的岩心特征说明，百口泉组具有水下沉积特征，这说明扇三角洲已经延伸到湖盆水体以下，进入湖盆内部了，因此砂砾岩体分布可以扩展到湖盆内部形成大面积分布。

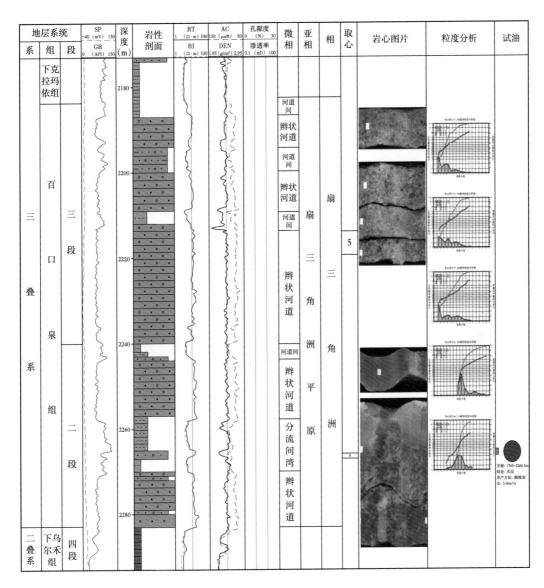

图 5-21　车 62 井百口泉组单井沉积相柱状图

3. 发育扇三角洲水上水下多种微相

　　百口泉组砾岩为近源粗粒扇三角洲成因，且扇三角洲搬运机制复杂，水动力条件变化快。根据岩心沉积特征与测井响应特征，百口泉组粗粒扇三角洲可划分为扇三角洲平原、扇三角洲前缘及前扇三角洲，其中前缘可细分为扇三角洲前缘外带和前缘内带。其中，扇三角洲前缘及前扇三角洲都延伸到湖盆水体以下。

　　扇三角洲平原水道与水道间是扇三角洲平原的主要微相，其中平原水道又可以细分为碎屑水道和辫状水道，二者的测井响应类似，均为高幅、锯齿状、厚层箱形，顶部略呈钟形。碎屑水道与辫状水道的识别标志与区分特征关键在于其岩心特征：碎屑水道岩心上表现为混杂堆积，分选较差，碎屑流特征突出；辫状水道岩心上可见砾石的叠瓦状排列，分选相对较好，牵引流特征明显。粗粒辫状水道与辫流坝间紧密联系。由于水动力条件变化复杂，水道经常对坝进行侵蚀、改造，坝也经常在水道中迁移，且二者的测井响应特征基本一致，因此二者在微相上很难区分识别。水道间常为浅灰褐色粉砂岩或含砾泥岩，测井曲线表现为中高幅、微锯齿状指形。

扇三角洲前缘相带的沉积环境时而处于水上、时而处于水下，前缘内带是指时常出露水面，但在洪水期没于水下，前缘外带是指时常位于水下，仅在枯水期出露地表。依据岩心与测井识别标志，以及沉积微相在空间上的延续性，扇三角洲前缘可细分为辫状分支水道、水下分流河道、水下分流间湾、河口坝四种微相类型。其中，辫状分支水道是平原相辫状水道的延伸分支，其河道规模减小，即沉积厚度和沉积构造规模均相对辫状水道较小，且主要砂砾岩粒度也相对较小，以中砾岩为主，泥质含量大幅度降低，发育粒级层理、槽状交错层理等牵引流成因沉积构造；测井曲线为高幅、微齿状钟形。辫状分支水道再往前推进就过渡为水下分流河道，河道分叉更频繁，弯曲度更高，即砂砾岩与泥岩间互更频繁，岩石粒度在三种水道中最细，为中细砾岩、细砾岩，分选性与磨圆度较好，以槽状交错层理为主，测井曲线为中高幅钟形。

在扇三角洲前缘外带边缘，由于沉积载荷松动发生富泥的碎屑流沉积，呈朵状向前推移，称为水下碎屑朵体，其在测井上识别难度大，而在岩心观察中特征明显。在前缘外围局部发育与岸线平行的河口坝，岩性为含砾粗砂岩、细砾岩，砾岩相对最好的分选性与磨圆度及大量板状交错层理的发育为主要识别标志，测井曲线为中幅漏斗形。水下分流间湾是水道之间的细粒沉积，岩心及测井上均能较好识别，其岩性以灰绿色粉砂岩为主，测井曲线为低幅指形。前扇三角洲泥位于浅湖中，泥岩以深灰色为主，局部含一些砂质碎屑，测井曲线为低幅锯齿状线形。

凹陷内岩相组合受沉积微相影响较大，近物源地区发育氧化色的砾岩、砂砾岩，颗粒大，有河道沉积的粒序层理砾岩，也有混杂堆积的砾岩；在斜坡区中部，可见有还原色的砂砾岩、砾岩，包括冲刷粒序层理、槽状交错层理的砾岩，也有灰色的混杂堆积的砂砾岩；在更接近凹陷中心的钻井岩心中见有反粒序的灰色砂岩。在玛湖凹陷主要储层沉积模式与岩相特征综合对比图中（图5-22），岩相叠置和变化反映了沉积微相的变化，总体上展现了冲积扇—扇三角洲—湖泊沉积水上水下多种亚相的过渡变化特征。

4. 沿主流方向砂体为楔形，粒级逐步变细

前述玛湖凹陷百口泉组主要为扇三角洲—湖泊沉积体系，通过地质连井相与地震剖面结合确定了各扇体的相带变化特征，佐证了相带分布规律，达到了寻找有利相带砂体目的。历年对玛湖凹陷—盆1井西凹陷百口泉组大格局的相带研究中选取了多条连井剖面和相对应的地震剖面进行沉积相对比，基本确定了两凹陷各扇体的沉积相、亚相的展布范围。例如图5-23为夏子街扇体轴向百口泉组二段相剖面，显示了沿扇三角洲轴向主流方向砂体为楔形，粒级逐步变细，以及泥石流—碎屑流—洪流—牵引流的演化特征。

图5-24是夏盐扇体百口泉组连井剖面图，总体上顺物源方向。百口泉组一段主要以扇三角洲平原亚相为主，夏盐4井区—达19井区为辫状河道微相，盐探1井区—达18井区发育泥石流沉积，但顶部为扇三角洲前缘河道沉积；百口泉组二段水体加深，坡下的盐

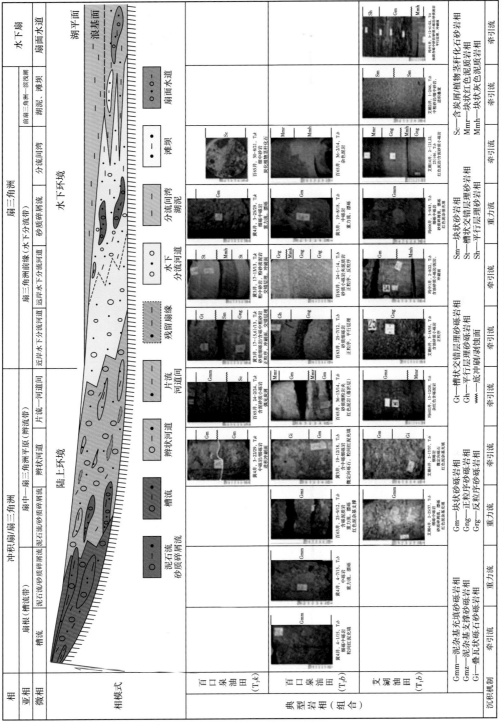

图5-22 玛湖斜坡区主要储层层沉积模式与岩相特征综合对比图

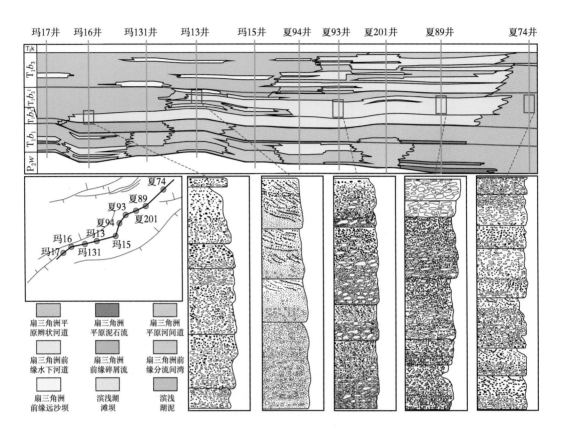

图 5-23　夏子街扇体过玛 17 井—玛 131 井—玛 15 井—夏 94 井—夏 201 井—夏 74 井
百口泉组沉积相对比剖面显示砂体形态和粒度的变化

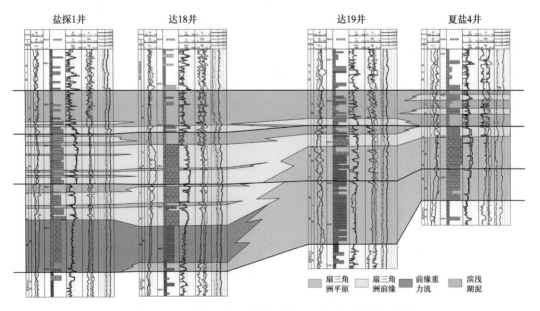

图 5-24　过盐探 1 井—夏盐 4 井百口泉组沉积相对比图

探 1 井区—达 18 井区均为前缘亚相，沉积了多套水下河道砂体，扇根处的夏盐 4 井除了平原亚相辫状河道沉积，顶部转变为前缘亚相水道沉积；百口泉组三段沉积时期该剖面内全部为水下沉积环境，并且主要以湖泊相泥岩沉积为主，充当良好的盖层。该剖面显示了退覆式扇三角洲相带的变化特征，即沿主流方向砂体为楔形，粒级逐步变细，反映了湖盆水体加深的过程。

图 5-25 是盆 1 井西凹陷石西扇体至凹陷腹部的剖面，石西 4 井处于扇体的扇根部位，百口泉组主要发育平原亚相辫状河道砂体，盆东 1 井处于湖岸线位置，百口泉组一段与百口泉组二段均有平原、前缘亚相，表明湖水升降频繁，是平原前缘过渡带，其往湖盆方向可能发育更有利的前缘相带。莫深 1 井与盆 8 井在百口泉组一段沉积时期发育扇三角洲前缘砂体，说明早期扇体深入湖盆，与玛湖凹陷中心发育砂体相类似，因此盆 1 井西凹陷内部百口泉组一段也存在砂体发育带。整个剖面也反映了湖盆水体加深带来的相带变化及粒度变细的沉积过程。

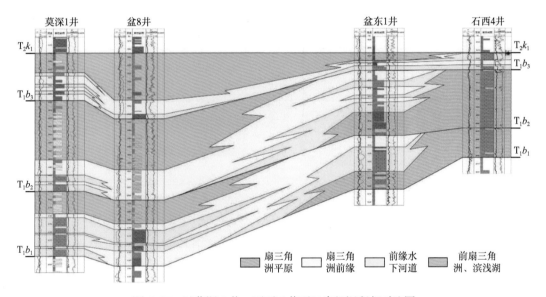

图 5-25　过莫深 1 井—石西 4 井百口泉组沉积相对比图

5. 多种岩相类型指示存在多种流体搬运机制

岩相是岩石物理相的简称，又可称为能量单元，代表了沉积水动力条件的变化，是分析沉积作用过程的第一要素。岩相代码通常用大写字母 G 代表砾岩，小写字母 m 和 c 分别代表基质支撑和颗粒支撑，以及用 t 和 p 分别代表槽状交错层理与板状交错层理等。

同粒度与颗粒形状是不同砾岩岩相的识别特征之一。由于砾岩粒度较粗，填隙物粒径也相应提高，中砾石、粗砾石可呈漂浮状分布于中砂级、粗砂级（0.5~1.0mm）与细砾级（2.0~4.0mm）颗粒中。砾岩支撑形式可分为基质支撑与颗粒支撑，基质支撑可细分为泥质支撑、砂质支撑、砾石质支撑，颗粒支撑则分为同级颗粒支撑与多级颗粒支撑。进一步结合该区砾岩的颗粒排列方式（如叠瓦状定向排列）、粒度的垂向变化（如粒级层理）、沉积构造（如槽状交错层理与板状交错层理），划分出相应的砾岩岩相（图 5-26）（于兴河等，2014）。

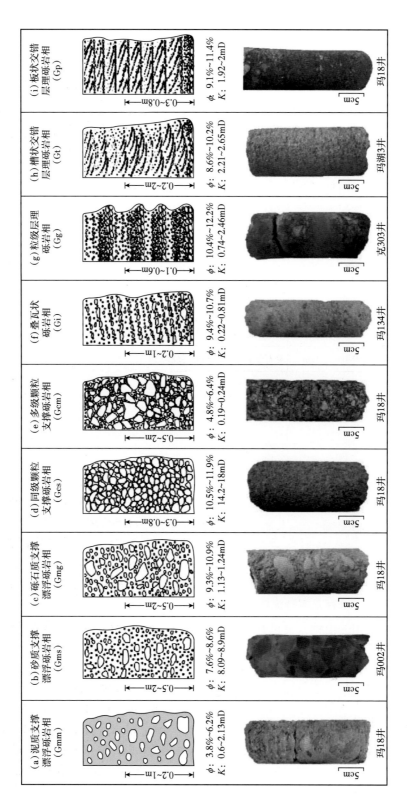

图 5-26　玛湖凹陷西北缘百口泉组岩相类型

通过对环玛湖凹陷百口泉组72口取心井进行精细观察描述，根据砾石颗粒支撑形式、排列方式、粒度变化、沉积构造对百口泉组砾岩进行岩相划分。岩性主要以砾岩、砂砾岩等粗碎屑沉积物为主，分选较差。依据沉积物搬动流体性质总结出三大类12小类岩相类型（表5-5）。

表5-5　玛湖凹陷百口泉组储层岩相分类特征简表

大类	序号	岩相名称	代码	岩相特征	粒径
重力流	1	杂基质支撑砾岩相	Gmf	混杂堆积，分选差，不同粒径砾石漂浮于泥岩中	细砾—巨砾
	2	块状砾岩相	Gm	岩石无明显层理，分选差，泥质含量高，砾石粒径变化大，且砾石间充填粗砂，无规律叠置	细砾—巨砾
重力流—牵引流	3	粒序层理砾岩相	Gd	砾石在纵向上呈粒序层理，反映水流强度的变化	细砾—粗砾
	4	颗粒基质支撑漂砾岩相	Ggf	中细砾岩含量高，支撑粗。砾漂浮于其中，分选中等偏差，块状结构，局部呈现层理	细砾—粗砾
	5	多级颗粒支撑砾岩相	Gmp	砾石分选差，各个级别粒度均有，巨粗中砾之间充填中细砾和粗砂，泥质含量相对较少	中砂—粗砾
牵引流	6	叠瓦状砾岩相	Gi	砾石叠瓦状定向排列，反映水动力条件较强且稳定	细砾—粗砾
	7	同级颗粒支撑砾岩相	Gsp	砾石分选较好，且相互接触支撑	粗砂—中细砾
	8	槽状交错层理砾岩相	Gt	砾石发育槽状交错层理，分选中等	粗砂—中细砾
	9	板状交错层理砾岩相	Gp	砾石发育板状交错层理，分选中等	粗砂—中细砾
	10	交错层理砂岩相	Stp	砂岩发育槽状板状等交错层理，分选较好，偶尔含中细砾砾石	中粗砂—细砾
	11	粒序层理砂岩相	Sd	砂岩在纵向上呈粒序层理，反映水流强度的变化	细砂—粗砂
	12	波状层理砂岩相	Sw	砂层内见波状层理，灰色泥质条带	粉砂—中细砂

（1）泥质支撑漂浮砾岩相（Gmm）是以高泥质含量的碎屑流沉积为典型特征，反映扇三角洲端部泥质含量高的碎屑朵体。典型识别标志为不同粒径的砾石漂浮于泥岩基质中，砾石通常与界面平行顺层排列，偶见直立状，其粒径直方图为多峰态，且物性差［图5-26（a）］。

（2）砂质支撑漂浮砾岩相（Gms）以中砂、粗砂为填隙物的富砂碎屑流沉积为典型特征，反映扇三角洲中部碎屑朵体或碎屑水道沉积。碎屑流沉积中，当砂质碎屑含量较高时，砾石悬浮于砂质颗粒中，为其典型识别标志。其主要粒径为砂质粒径与砾石粒径，因而其粒度直方图呈双峰态，且砂质含量更多，呈正偏双峰态。颗粒间孔隙空间相对适中，但连通性较好［图5-26（b）］。

（3）砾石质支撑漂浮砾岩相（Gmg）中粗砾石悬浮于细砾中，属于富砾粗碎屑流沉积，反映扇三角洲根部碎屑流朵体或碎屑水道沉积。当砾石含量较高时，粗砾石被细砾支撑悬移，这是该岩相的识别标志。其主要粒径为细砾石与粗砾石，粒度直方图表现为双峰态。由于粒度较粗，因而又称为高双峰态。颗粒间孔隙空间相对较大，但连通性差［图5-26（c）］。

（4）同级颗粒支撑砾岩相（Gcs）的典型区分标志为砾石分选性与磨圆度均较好，且相互接触支撑，沉积构造相对不发育。该岩相为稳定水动力条件下牵引流沉积，发育于辫状水道、辫状分支水道序列的中上部。主要粒径为中细砾岩与细砾岩，粒度直方图呈矮双峰态。颗粒间孔隙空间最大，孔喉连通性较好，为最有利的岩相类型［图 5-26（d）］。

（5）多级颗粒支撑砾岩相（Gcm）典型识别标志为大小砾岩混杂，多级颗粒支撑，砾石分选差、磨圆度差，粗砾石之间充填中砾、细砾和粗砂，各个级别粒度基本均有覆盖，为扇三角洲平原上的洪流沉积，多呈厚层块状出现于水道的底部。粒度直方图呈多峰态。颗粒间孔隙空间较小，连通性也差，属于最差的岩相类型［图 5-26（e）］。

（6）叠瓦状砾岩相（Gi）的砾石呈层状、叠瓦状定向排列，是识别该岩相的典型标志，反映水动力条件为较稳定的牵引流，常发育于扇三角洲前缘水下分流河道或辫状分支水道中部。主要粒度范围相对较为集中，粒度直方图呈负偏双峰态，颗粒间孔隙空间相对较大，但连通性较差［图 5-26（f）］。

（7）粒级层理砾岩相（Gg）的砾岩为正粒序，且粒序变化频繁，多层中厚层状正粒序的叠加为该岩相的识别特征，反映间歇性洪水沉积，发育于扇三角洲各类水道的上部。粒度相对集中，其直方图呈单峰态，是有利的岩相类型之一，其孔隙度好，渗透率也较好［图 5-26（g）］。

（8）槽状交错层理砾岩相（Gt）识别标志在于砾石呈槽状排列，且相互发生侵蚀切割，发育槽状交错层理，反映水动力方向变化的冲刷沉积，位于扇三角洲前缘水道的中下部。主要粒度较为集中，主要为中细砾岩与细砾岩，其孔隙度较好，渗透率中等［图 5-26（h）］。

（9）板状交错层理砾岩相（Gp）识别标志为砾石沿某固定方向倾斜排列，发育板状交错层理，反映顺水流方向的加积作用，位于扇三角洲水道的中上部。粒度范围与 Gt 类似，也是单峰态，主要为中细砾岩与细砾岩，其孔隙度较好，渗透率一般［图 5-26（i）］。

从发育的岩相类型分析，玛湖斜坡区存在三种沉积流体搬运机制（图 5-27）。一是反映泥石流、碎屑流等重力流成因机制的岩相，如杂基质支撑砾岩相、块状砾岩相，岩相的特点是高泥质，分选极差，块状构造，以中粗砾为主，流体性质为层流，主要为悬浮搬运方式；二是介于重力流与牵引流的沉积岩相，大部分是先期沉积的重力流岩相后被牵引流改造，如粒序层理砾岩相、颗粒基质支撑漂砾岩相、砂质支撑砾岩相、粒序层理砾岩相和叠瓦状砾岩相，岩心特点是较高泥质，分选差，块状构造，岩石上部可见斜层理，反映高密度洪流性质，属于碎屑流向牵引流过渡类型；三是反映牵引流沉积机制的岩相，包括交错层理砾岩相、同级颗粒支撑砾岩相、粒序层理砾岩相、多级颗粒支撑砾岩相等，此类岩相特点是低泥质，分选中等，可见槽状、板状、平行等层理，反映稳定水动力条件下牵引流沉积，流体性质为湍流，主要为底负载搬运方式。砂砾岩多种岩相组合，显示了研究区多类型的沉积物搬运机制，反映了复杂的退覆式扇三角洲水上、水下的沉积微相特征，也指示了湖平面频繁升降及湖盆不断扩张和收缩下沉积物粒度不断变化的特征。

6. 垂向岩相组合显示湖平面频繁升降和退覆下多期扇体叠置

岩相类型反映了单一沉积作用或沉积过程，而岩相垂向组合序列体现了某沉积环境的垂向组合特征。通过岩心细致观察，总结出 6 种垂向组合序列，分别反映不同的沉积微相环境：碎屑水道、辫状水道、辫状分支水道、辫流坝、水下分流河道、水下碎屑朵体

（图 5-28）（于兴河等，2014）。不同成因岩相组合的岩石组分与结构特征不同，导致孔渗特征与油气产能存在明显差异。

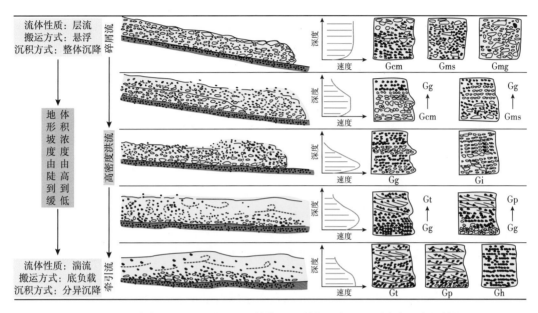

图 5-27　玛湖斜坡区的三种沉积流体搬运机制指示大型退覆式扇三角洲特征

（1）碎屑水道岩相组合（Gcm—Gmg—Gcs）：底部为洪流沉积，向上过渡为富砾碎屑流与颗粒流沉积。由于沉积速率快，沉积物大小混杂，以多级颗粒支撑为主，且泥质含量高，孔隙被细粒物质充填，造成砾岩物性较差［图 5-28（a）］。

（2）辫状水道岩相组合（Gmg—Gcm—Gms）：由底部的富砾碎屑流向洪流和富砂碎屑流沉积过渡，该组合受碎屑流与牵引流的共同作用，牵引流作用使颗粒间相对有序排列，且泥质含量较低，造成其物性相对碎屑水道较好，进而影响了单井油气产量［图 5-28（b）］。

（3）辫状分支水道岩相组合（Gcm—Gcs—Gt）：底部洪流沉积向颗粒流和稳定牵引流过渡，由于流水分选淘洗作用，以颗粒间相互支撑为主，且填隙物较少，造成物性较好，单井油气产量高［图 5-28（c）］。

（4）辫流坝岩相组合（Gp—Gcm—Gmg）：底部为牵引流，中部为洪流，在顶部存在富砾碎屑流，见粗砾石，砾岩结构既有颗粒支撑，又有砾石质基质支撑，与辫状水道类似，进而物性也相近［图 5-28（d）］。

（5）水下分流河道岩相组合（Gcm—Gt—Gp）：由薄层洪流逐步向稳定的牵引流过渡，槽状与板状交错层理发育，以同级颗粒支撑为主，分选好、磨圆度较好，该组合储集空间大，物性最好［图 5-28（e）］。

（6）水下碎屑朵体岩相组合（Gcs—Gcm—Gmm）：底部具有颗粒流沉积，向上过渡为洪流沉积与富泥碎屑流，顶部为泥质基质支撑，物性差，产量低［图 5-28（f）］。

图 5-29 为过玛 17 井—玛 131 井—玛 13 井—玛 15 井—夏 702 井—夏 91 井—夏 92 井—夏 9 井百口泉组沉积相剖面图，可以看出多口井垂向上都具有多期不同扇环境的砂体叠置特征。总体来看，垂向沉积组合显示了湖平面频繁升降特点：湖相泥岩灰色，常见浪成砂

纹层理；骨架砂体以相互叠置水下分流河道砂体为主，缺乏河口坝；湖平面频繁升降，导致浅水湖盆大面积收缩与扩张，水上（褐色）与水下（灰色）沉积交替出现。图5-30为玛18井百口泉组岩心垂向特征，显示了多期垂向正粒序下的沉积组合及水下河道沉积特点。这些特点加上上述的多种垂向沉积组合，显示了湖平面频繁升降导致退覆下多期扇体叠置的特征。

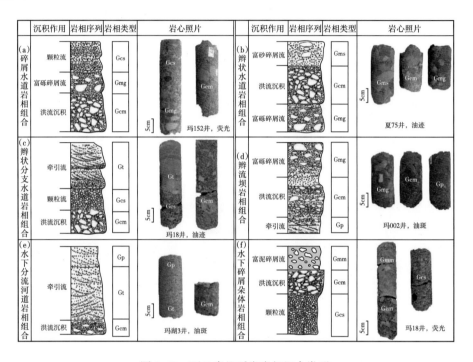

图5-28 百口泉组砾岩岩相组合类型

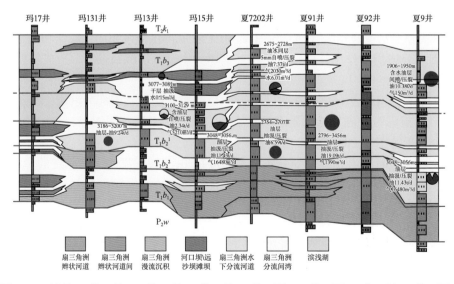

图5-29 过玛17井—玛131井—玛13井—玛15井—夏702井—夏91井—夏92井—夏9井百口泉组沉积相剖面图显示垂向多期不同扇环境砂体叠置特征

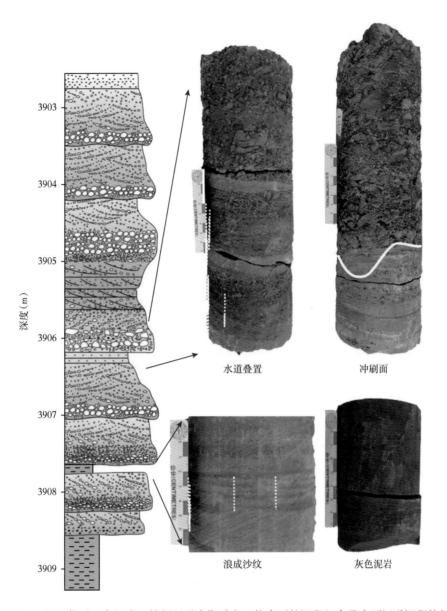

图 5-30　玛 18 井百口泉组岩心特征显示多期垂向正粒序下的沉积组合及水下河道沉积特征

三、不同机制下的退覆式浅水扇三角洲扇体特征

1. 玛湖凹陷百口泉组扇三角洲分类

主要依据古坡度、物源供给方式两个标准对玛湖凹陷百口泉组扇三角洲进行分类，包括山口陡坡型、山口缓坡型、靠山缓坡型、靠山陡坡型、靠扇陡坡型五种类型（表 5-6）（唐勇等，2014）。

（1）山口陡坡型以夏子街扇三角洲为代表，形成于东西两个推覆带挤压结合部位，挤压形成的近南北向断裂成为物源通道，并在盆地边缘形成山口物源通道，其物源供应充足。

进入湖盆后，在陡坡（坡度3.3°）环境下向盆内搬运，经过二级（二级以上）坡折改造，使扇三角洲形成多级扇体。平面上坡折控制砂体沉积作用明显，砂体多沉积于坡折之下的平台处。搬运机制以重力流沉积为主，牵引流沉积为辅。形成沉积物粒度粗，分选差，泥质含量高，但在前缘有牵引流沉积的地方仍有稍好的储层。

（2）山口缓坡型以黄羊泉扇三角洲为代表，形成于西侧推覆带中克百推覆带与乌夏推覆带两个次级带剪切走滑的结合部位，形成的北西向黄羊泉走滑断裂成为物源主要通道，并在盆地边缘形成山口物源通道，其物源供应充足。由于推覆作用不强，形成了缓坡（坡度1.9°）沉积背景，但也存在高差较小的坡折。物源充足使扇体规模增大，出山口后扇体呈平铺分散叠置形态。搬运机制以牵引流沉积为主、重力流为辅。牵引流沉积的粒度稍粗，分选较好，前积明显。

表 5-6　玛湖凹陷百口泉组扇三角洲类型及特征（据唐勇等，2014）

扇三角洲类型	构造背景	古地貌特征	物源供给	扇体外形	沉积特征	代表扇体
山口陡坡型	东西挤压推覆结合部山前坳陷区	坡度3.3°，多级坡折	山间挤压式断裂形成大的山口通道，物源充足	规模大，多级坡折控制多级扇体	沉积物粒度粗，分选差，泥质含量高，单砂体厚度大。重力流沉积为主，牵引流沉积为辅	夏子街扇
山口缓坡型	同侧推覆错断部山前坳陷区	坡度1.9°，多级坡折	走滑大断裂形成的山口通道，物源充足	规模大，出山口后坡折下扇体呈席状叠置形态	粒度稍粗，前积明显，分选较好，单砂体较厚。牵引流沉积为主，重力流沉积为辅	黄羊泉扇
靠山缓坡型	推覆断裂山前坳陷带	坡度1.0°	山间小断裂形成的小沟槽通道，物源不足	规模小，扇体呈均匀席状分布，水道分布均匀	粒度稍细，分选好，单砂体厚度薄，地层沉积较薄。以牵引流沉积为主	克拉玛依扇
靠山陡坡型	盆缘隆起边缘带	先缓（坡度1.0°）后陡（坡度2.5°~3.2°），多级坡折	凸起上早期断裂沟槽通道，物源不足	规模较大，沟槽及坡折控制扇体平面分布	牵引流为主，粒度细，分选好。地层厚度薄，单砂体厚度小。陡坡下重力流多，粒度稍细，但分选差，泥质含量高	玛东扇、夏盐扇
靠扇陡坡型	同侧推覆错断部山前坳陷区	先缓（坡度1.0°）后陡（坡度3.0°），多级坡折	山口冲积扇之下的凸起内部沟槽通道，物源充足	规模大，扇体分布于冲积扇周缘	近山口冲积扇粒度粗，分选差，泥质含量高，重力流沉积为主；陡坡下扇三角洲粒度稍细，分选差。重力流沉积为主，牵引流沉积为辅	中拐扇

（3）靠山缓坡型以克拉玛依扇体为代表，形成于西侧推覆带中克百推覆带之前，山前没有较大的走滑断裂作为物源通道，山体物源通过小沟槽搬运到缓坡（坡度1.0°）之上，然后搬动运送至湖盆内。整体上坡折不明显，由于物源供应不足，扇体规模小，平面上呈均匀面后通过牵引流状分布。同时牵引流形成的沉积物粒度较细，分选较好。这一类型重力流相对不发育。

（4）靠山陡坡型以玛湖凹陷东部玛东扇三角洲、夏盐扇三角洲为代表，形成于凹陷东部陆梁隆起边缘，物源通道是早期断裂形成的沟槽，物源供应相对不足，地层厚度薄，单砂体厚度小。由于地形坡度原因，扇体在平面上分布较广，沟槽及坡折控制扇体平面形态。

搬运机制中上部缓坡（坡度约 1.0°）区以牵引流为主，粒度细，分选较好；下部陡坡（玛东扇坡度 3.1°，夏盐扇坡度 2.8°）重力流多，粒度稍细，但分选差，泥质含量高。

（5）靠扇陡坡型以中拐扇三角洲为代表，这种类型在上部缓坡（坡度 1.0°）区与山口缓坡型类似，物源供给充足。物源通道成因与黄羊泉扇三角洲类似，是中拐走滑断裂形成的山口通道，但由于缓坡原因沉积物出山后在中拐地区形成大面积的冲积扇群，而后进入湖盆后坡度变陡（坡度 3°）形成扇三角洲。其规模大，一直延伸到玛湖凹陷以南的中心地带。

以玛湖凹陷西斜坡的夏子街扇三角洲、克拉玛依扇三角洲和黄羊泉扇三角洲为例，均为大型退覆式浅水扇三角洲扇体模式，但由于古地理环境的差异，导致其岩相、岩性结构及流体主控搬运机制有所不同，因而存在多种退覆式浅水扇三角洲扇体亚模式。

2. 流体搬运机制控制了扇三角洲亚模式的差异

不同扇体因为发育的古地貌及地理环境有差异，因此其形成的岩相及流体搬运机制也有所不同。

扇三角洲的发育部位对沉积物的供给与沉积物卸载区域是直接的先决控制条件。夏子街扇三角洲位于玛湖凹陷湖盆的长轴，扇三角洲逐次向前进积，纵向延伸较远，平面呈帚状。黄羊泉扇三角洲发育于哈拉阿拉特山与扎伊尔山山间物源口，扇三角洲以侧向摆动迁移为主，平面呈朵状。克拉玛依扇三角洲发育于哈拉阿拉特山山体前端，为多个相对孤立的小型扇体，平面呈扇形。

对玛湖凹陷西环带的夏子街扇三角洲、黄羊泉扇三角洲及克拉玛依扇三角洲砾岩沉积特征进行了对比，主要包括岩石颜色、粒度、颗粒接触关系、排列方式、沉积构造等方面，从砾石颗粒的接触关系与沉积构造特征判别沉积时搬运机制，根据最大砾石的粒径确定水动力条件强弱（于兴河等，2014）。夏子街扇三角洲发育于湖盆长轴，地形坡度陡，且先陡后缓，物源供给充足，平面呈帚状，砾岩颜色以浅灰褐色为主，颗粒接触关系以多级颗粒支撑为主［图 5-31（a）、（b）、（e）、（f）］，包括多级颗粒支撑砾岩相、砾石质颗粒支撑漂浮砾岩相；偶见杂基支撑［图 5-32（d）］的漂浮砾岩相，局部发育砾石的定向排列［图 5-31（c）］。扇三角洲砾岩多呈大小混杂、泥质含量高，反映夏子街扇三角洲以碎屑流搬运成因机制；最大砾石直径达 15cm，反映水动力强度大。

黄羊泉扇三角洲发育于山间物源口，地形坡度较陡且先缓后陡，物源供给充足，平面呈朵状，发育牵引流成因构造与结构，槽状交错层理［图 5-32（b）］与板状交错层理［图 5-32（e）］均可见，砾石呈叠瓦状与定向排列［图 5-32（a）、（f）］，也发育多级颗粒支撑砾岩［图 5-32（d）］，砾岩以灰绿色和灰色为主，三角洲正粒序沉积序列常见，反映黄羊泉扇三角洲以碎屑流与牵引流共同作用；最大砾石直径为 9cm，反映黄羊泉扇水动力强度较大。

克拉玛依扇三角洲发育于山前，地形坡度相对较缓且一直稳定，物源供给相对不足，砾岩主要呈浅灰绿色，颗粒支撑常见，槽状交错层理与砾石的定向排列广泛发育［图 5-33（b）、（c）、（f）］，偶见多级颗粒支撑砾岩与混杂堆积砾岩［图 5-33（a）、（e）］，扇三角洲正粒序沉积序列，反映克拉玛依扇三角洲以牵引流与洪流沉积为主；最大砾石直径为 6cm，反映水动力强度中等—较大。

图 5-31 玛湖凹陷西环带夏子街扇三角洲百口泉组岩心特征分区对比

（a）玛 003 井，3551.65m，砂质支撑砾岩；（b）夏 10 井，2343.52m，磨圆度较好的粗砾岩；（c）玛 19 井，3452.9m，
具定向排列的中砾岩；（d）夏 55 井，2030.9m，杂基支撑砾岩；（e）玛 009 井，3613.5m，
多级颗粒支撑中粗砾岩；（f）玛 152 井，3247.43m，细砾石支撑砾岩

图 5-32 玛湖凹陷西环带黄羊泉扇三角洲百口泉组岩心特征分区对比

（a）艾湖 2 井，3325.3m，呈叠瓦状排列；（b）艾湖 1 井，3859.89m，槽状交错层理；（c）百 65 井，3381.37m，
中细砾岩正粒序；（d）黄 4 井，2106.05m，多级颗粒支撑中粗砾岩；（e）玛 18 井，3874.1m，反粒序、
板状交错层理；（f）玛西 1 井，3649.5m，具定向排列中砾岩

图 5-33 玛湖凹陷西环带克拉玛依扇三角洲百口泉组岩心特征分区对比

（a）白 24 井，3229.6m，多级颗粒支撑中细砾岩；（b）玛湖 2 井，3244.1m，呈叠瓦状排列；（c）克 81 井，3273.75m，
槽状交错层理含砾粗砂岩；（d）克 303 井，3535.42m，粒级层理；（e）白 27 井，3218.2m，混杂堆积中砾岩；
（f）玛湖 3 井，3778.24m，槽状交错层理细砾岩经统计，不同地区的主要粒度范围有别，其中夏子街扇三角洲砾岩粒度粗，变化范围大，砾石粒径主要在10~60mm；黄羊泉扇三角洲砾岩粒度中等，砾石粒径通常在2~30mm；克拉玛依扇三角洲粒度中等偏细，粒径主要在2~20mm之间。砾岩的母岩性质也有所差别，夏子街扇三角洲砾石以花岗岩碎屑为主，黄羊泉扇三角洲以变质岩为主，克拉玛依扇三角洲以沉积岩和变质岩为主。从结构成熟度和成分成熟度来看，克拉玛依扇三角洲砾岩最高，黄羊泉扇三角洲次之，夏子街扇三角洲最差。同时，夏子街扇三角洲主要的砾岩岩相以Gmp、Ggf及Gmf为主，指示碎屑流为主控机制；黄羊泉扇三角洲的砾岩岩相主要为Gmp、Gd及Gt，兼顾碎屑流与牵引流作用；克拉玛依扇三角洲砾岩以Gi、Gt及Gp为主，指示主要牵引流为主控机制（表5-7）。

表5-7　玛湖凹陷西环带岩心特征对比

岩相	颜色	粒度	结构成熟度	成分成熟度	母岩性质	主要岩相
夏子街扇三角洲	浅灰褐色为主	粒度粗、变化范围大，10~60mm	分选较差、磨圆度中等，成熟度低	大量花岗岩岩屑，成分成熟度低	花岗岩为主	Gem，Gmg，Gmm
黄羊泉扇三角洲	灰绿色和灰色	粒度中等，普遍为2~30mm	分选好、磨圆度中等—较好，成熟度中等	见石英颗粒，成分成熟度中等	变质岩为主	Gem，Gg，Gt
克拉玛依扇三角洲	浅灰绿色	粒度中等偏细，主要为2~20mm	分选好、磨圆度较好，成熟度较高	石英含量较高，成分成熟度较高	沉积岩与变质岩为主	Gi，Gt，Gp

综上所述，夏子街扇三角洲为长轴持续供给型碎屑流主控的帚状扇三角洲，黄羊泉扇三角洲为山间供给充足型碎屑流与牵引流共同作用的朵状扇三角洲，克拉玛依扇三角洲为山前供给略少型牵引流作用控制的扇形扇三角洲（表5-8）。

表5-8　玛湖凹陷西斜坡各扇三角洲成因特征

成因特征	夏子街扇三角洲	黄羊泉扇三角洲	克拉玛依扇三角洲
发育部位	湖盆长轴	山间物源口	山前前端
物源强弱	单砂层平均厚度14.6m，物源持续供给充足	单砂层平均厚度8.9m，物源供给充足	单砂层平均厚度6.1m，物源供给相对充足
地形坡度	先陡后缓(12°~15°)	先缓后陡(8°~12°)	坡度稳定(5°~7°)
可容纳空间			
剖面结构	长轴持续供给型前积	山间供给充足型前积	山前供给略少型前积
展布特征	帚状	朵状	扇形
平面模式	多级颗粒支撑 砾石质颗粒支撑 杂基支撑	多级颗粒支撑 粒级层理 槽状交错层理	叠瓦状 槽状交错层理 板状交错层理

四、退覆式浅水扇三角洲模式的识别

在岩心精细描述的基础上，综合相模式及沉积机制分析，建立了玛湖凹陷百口泉组大型浅水退覆型扇三角洲相微相成因单元岩相及测井特征的识别图版（图 5-34、图 5-35）。

扇三角洲平原主要发育基质支撑漂浮砾岩相、冲刷粒序层理砾岩相、洪积层理砾岩相、水平—波状层理砂岩相、褐色泥岩相等岩相类型，整体呈褐色、灰褐色，反映了氧化—弱氧化沉积环境。基质支撑漂浮砾岩相以块状构造和混杂堆积为典型特征，砾间主要为红褐色泥质充填，局部见中粗砾级漂砾悬浮于泥杂基中，为重力流成因的泥石流沉积的典型岩相。洪积层理砾岩相以底冲刷接触、微弱粒序层理为典型特征，岩心颜色以褐色为主，为牵引流成因的平原辫状河道沉积的典型岩相。水平层理、波状层理砂岩相，以具有低角度波状层理、水平层理沉积构造的褐色泥质粉砂岩和粉砂质泥岩为典型特征，为扇三角洲平原河道间沉积的典型岩相。

扇三角洲前缘主要发育交错层理砂砾岩相、石灰质胶结砂砾岩相、砂质颗粒支撑漂浮砾岩相、水平—波状层理砂岩相、灰色泥岩相等岩相类型，整体呈灰色、褐灰色，反映了弱氧化—还原沉积环境。交错层理砂砾岩相在研究区发育比较普遍，岩性以绿灰色、灰色砂砾岩为主，见槽状交错层理、平行层理、底冲刷面等河道沉积构造，泥质含量较低，为扇三角洲前缘水下分流河道的典型岩相。砂质颗粒支撑漂浮砾岩相为扇三角洲前缘碎屑流沉积的典型岩相。水平—波状层理砂岩相以具有水平、波状层理沉积构造的灰色泥岩、粉砂质泥岩为典型特征，为扇三角洲前缘分流间湾沉积的典型岩相。

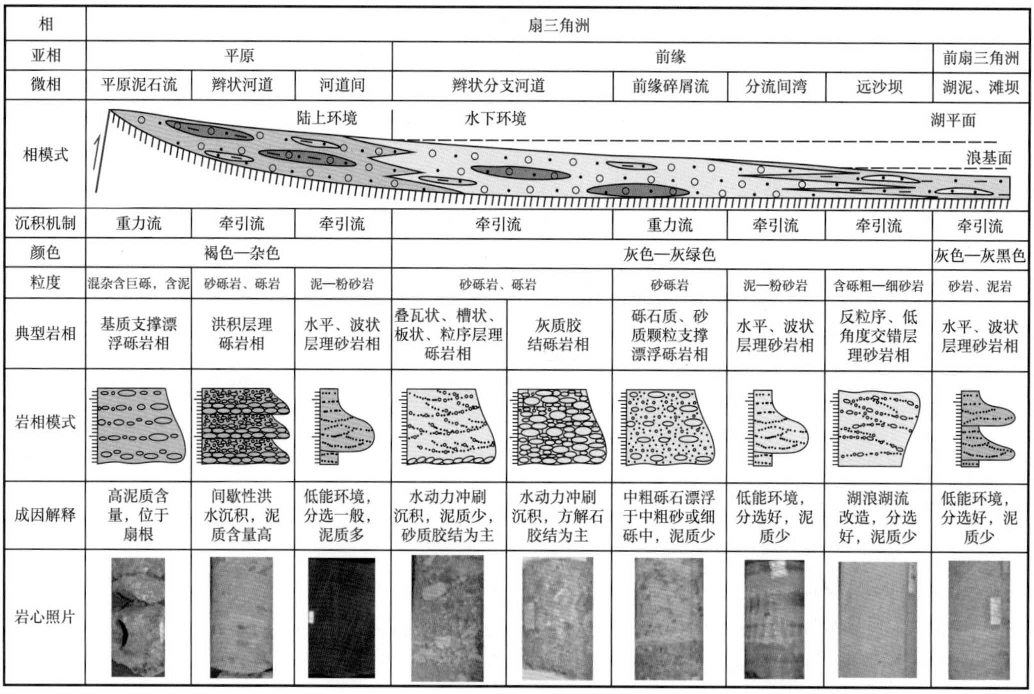

图 5-34　玛湖凹陷三叠系百口泉组大型浅水退覆型扇三角洲微相单元识别的
岩相特征（据唐勇等，2014）

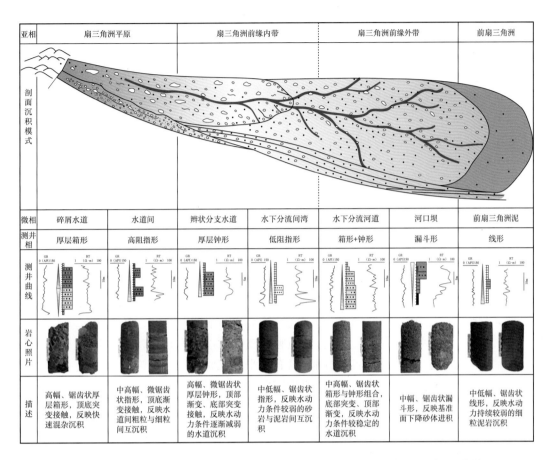

图 5-35　玛湖凹陷三叠系百口泉组大型浅水退覆型扇三角洲相带微相识别的测井特征

玛湖凹陷百口泉组发育盆地退覆式浅水扇三角洲的依据或标志归纳为以下几条：（1）具有发育大型退覆式浅水扇三角洲的构造和古地貌特征；（2）沉积物特征显示有退覆式浅水扇三角洲的岩性岩相特征，可以划分出扇三角洲平原、扇三角洲前缘和前扇三角洲三个亚相类型；（3）岩相类型显示具有重力流和底层牵引流的双重流体机制，符合退覆式浅水扇三角洲环境下砾岩的成因机制和搬运形式与水动力条件；（4）三角洲前缘砂砾岩分布范围广，延伸距离远，沿主流方向砂体为楔形，粒级逐步变细，例如沿夏子街扇体轴向百口泉组二段沉积相剖面显示具有泥石流—碎屑流—洪流—牵引流的演化特征；（5）具有盆地退覆式浅水扇三角洲垂向沉积组合特点：湖相泥岩灰色，常见浪成砂纹层理；骨架砂体以相互叠置水下分流河道砂体为主，缺乏河口坝；湖平面频繁升降，导致浅水湖盆大面积收缩与扩张，水上（褐色）与水下（灰色）沉积交替出现；（6）具有典型的退积型扇三角洲岩相组合与相序特征：①岩性以砂砾岩、砾岩为主，分选差；②交错层理发育，以水下分流河道为主；③发育碎屑流沉积、洪流与牵引流混合沉积；④剖面呈楔形，平面呈长轴鸟足状；（7）具有盆地大型退覆式浅水扇三角洲的平面分布特征：从物源区至凹陷中心依次发育扇三角洲平原、扇三角洲前缘和前扇三角洲，在山高源足、稳定水系、盆大水浅、持续湖侵背景下，多期前缘砂体搭接连片，广大斜坡及凹陷区前缘有利相带广泛分布。

五、退覆式浅水扇三角洲新模式及意义

1. 退覆式浅水扇三角洲新模式

以往对准噶尔盆地玛湖凹陷周缘二叠系上乌尔禾组和三叠系百口泉组的沉积体系的认识为传统的扇三角洲沉积模式，这种模式与对山区斜坡形成的冲积扇有关。冲积扇是由携带大量沉积物的山区暂时性河流从山谷流出，由于地形坡度急剧变缓，水流向四周散开，流速骤减，在山口附近碎屑岩大量沉积形成的由山前向相邻低地延伸的扇状沉积体。玛湖凹陷边界处是物源老山向盆地内搬运沉积的最接近物源的地区，沉积了大量的水上粗碎屑沉积物，形成了冲积扇沉积。冲积扇可分为扇根、扇中与扇端三个亚相，其中扇根与扇中是冲积扇的沉积主体，砂体主要分布其中。传统扇三角洲模式典型特征为扇三角洲沉积体系分布局限性，基本为水上沉积特征，横向延伸距离短（图 5-36），因此在该模式下，认为优质砾岩储层往往沿盆地边缘分布，埋藏深度相对较浅，不能明确埋深超过 4500m 的深层能否发育有效储层。因此传统上通常认为凹陷区远离物源，砾岩沉积不发育，碎屑岩细粒且致密，属石油勘探"禁区"。

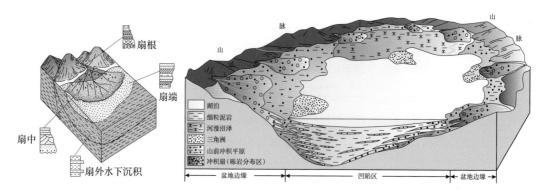

图 5-36　传统扇三角洲沉积模式（左，图中岩性所指分别为水上沉积的扇根、扇中、
扇端和扇外的水下沉积部分）及传统湖泊及周缘沉积模式（右）

传统上认为断陷湖盆由于不具备大范围平缓地形及浅水等条件，通常不利于浅水三角洲发育。但经过玛湖凹陷的勘探实践，发现在断陷湖盆萎缩期或断坳转换期，由于构造运动减弱，也可出现缓坡带为主的平缓地形，形成浅水收缩的可容纳空间。坳陷湖盆浅水三角洲具有盆大、坡缓、水浅等特征，以河控作用为主，整体延伸较远，垂向叠加不明显，具有不同于吉尔伯特型三角洲的沉积相带、骨架砂体和垂向层序及相组合特征。

通过勘探实践经验的积累和对玛湖凹陷及其周缘地区百口泉组和上乌尔禾组扇三角洲形成特征及条件的分析，提出大型浅水退覆型扇三角洲新模式（图 5-37）。这种新型湖相大型扇三角洲沉积上具有以下特色之处：（1）整体富含砾质；（2）以泥石流或碎屑流成因的砾岩与水上或水下辫状水道成因的砾岩、含砾砂岩交替叠置为特点；（3）扇三角洲前缘面积巨大，其内水下分流河道可向前长距离延伸，且保持为砾质；（4）前扇三角洲泥内未见具滑塌变形层理的碎屑流或砂质浊流沉积。总结出该类型扇三角洲沉积模式的特征：断坳转换，充足物源；稳定水系，持续建造；水浅坡缓，快速推进；多级坡折，搭接连片；山口主槽，控扇延展；凸起高地，扇间分隔；坡折岸线，相带转化；侧翼平台，分流朵叶。

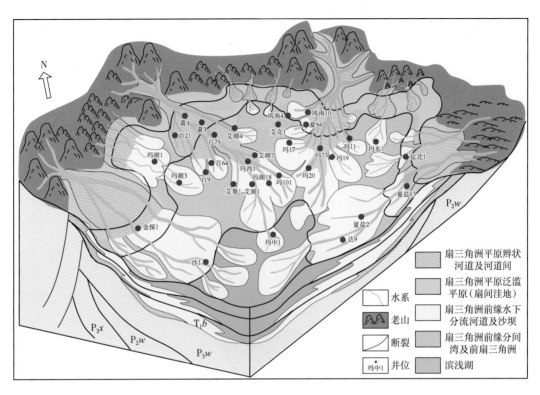

图 5-37 湖盆凹陷区大型浅水退覆式扇三角洲沉积模式

2. 意义

玛湖凹陷及其周缘地区百口泉组和上乌尔禾组已经成为准噶尔盆地油气勘探的主要区域，油气主要赋存于扇三角洲前缘砂砾岩储集体中，目前已获得一定规模的工业储量，显示出良好的勘探前景。另一方面，百口泉组和上乌尔禾组扇三角洲与中国东部盆地的扇三角洲形成背景有所不同，中国东部扇三角洲往往发育在断陷盆地边缘陡坡带，而百口泉组和上乌尔禾组的扇三角洲主要发育于坳陷背景下，砂砾岩可以呈现满凹分布特点。图 5-38 显示了从环玛湖凹陷斜坡区百口泉组洪积扇沉积模式（a1）和相应剖面图（a2）到新建退覆式浅水扇三角洲沉积模式（b1）和相应剖面（b2）的变化，可以看出传统的洪积扇模式下形成的砂砾岩体沉积局限于山前扇根和扇中部位，而新建退覆式浅水扇三角洲沉积模式下砂砾岩体可以延伸到湖盆中心，从而使砂砾岩体充盈整个凹陷，使粗粒沉积学从盆外和湖盆边缘向湖盆内延伸和发展，从而发展了扇三角洲模式，丰富了粗粒沉积学理论，具有非常重要的理论意义。同时也为勘探领域由山前拓展到整个凹陷区奠定了理论基础，对玛湖凹陷大型浅水退覆式扇三角洲油气勘探也具有非常重要的指导意义。

按照传统的冲积扇控制下的山前扇三角洲模式［图 5-39（a）］，盆地边缘洪积扇体勘探面积 2300km²，而新建大型退覆式浅水扇三角洲沉积模式［图 5-39（b）］，砾岩可以充满凹陷，从而使勘探从盆缘山前砂砾岩体延伸到整个凹陷区的砂砾岩体，新增勘探面积 6800km²，是克拉玛依老油田面积的 3 倍，大幅增加了勘探面积。

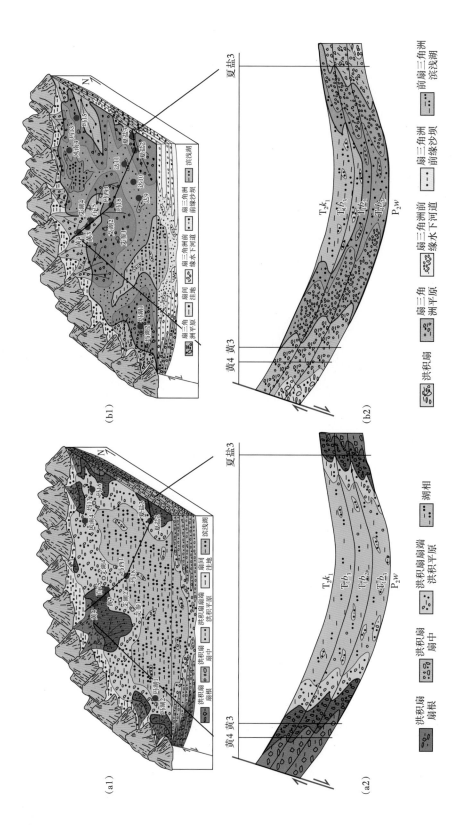

图 5-38　从环玛湖凹陷斜坡区百口泉组洪积扇沉积模式（a1）和相应剖面图（a2）到新建退覆式
浅水扇三角洲沉积模式（b1）和相应剖面（b2）变化示意图

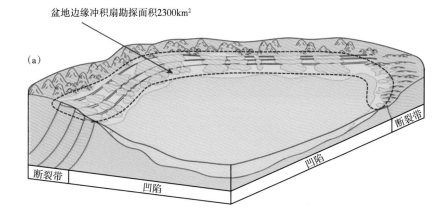

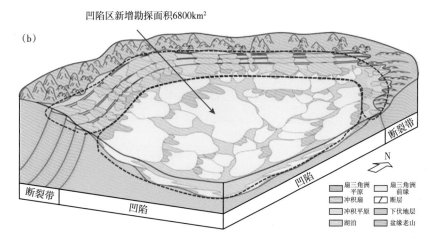

图 5-39　传统的洪积扇控制下扇三角洲沉积模式（a）和新建大型退覆式浅水扇三角洲
砾岩满凹沉积模式（b）下勘探面积对比

第三节　源上砾岩大面积成藏模式及主控因素

一、多个大型扇体油气藏群连片分布

玛湖凹陷百口泉源上砾岩大油区的沉积体系为扇三角洲，扇体的面积向湖盆方向不断扩大，多期发育的多个扇形砂砾岩体在凹陷中心呈纵向叠置、横向连片分布，总体上表现为"满凹含砂"的特征。玛湖凹陷有多口井在各个扇体的源上砂砾岩层中均获得不同程度的产油量，形成不同规模的扇三角洲油藏群，呈现"满凹含油、一扇一群（田）"的油藏分布特征。其中，百口泉组发育在凹陷北部的夏子街扇、西部的黄羊泉扇、南部的克拉玛依扇、东部的盐北扇和达巴松扇中，并分别形成玛北油藏群、黄羊泉油藏群、玛南油藏群和玛东油藏群，且与中部玛中油藏群一起构成五大油藏群（图 5-40）。上乌尔禾组发育在中拐扇和白碱滩扇，分别形成中拐油藏群和玛南（白碱滩扇）油藏群；下乌尔禾组发育在白碱滩扇、黄羊泉扇、夏子街扇和达巴松扇中，受经济条件和勘探程度限制，目前仅在白碱滩扇中探明了具有规模储量的玛南油藏群，而在其他扇体中该组的油藏均呈零星分布。

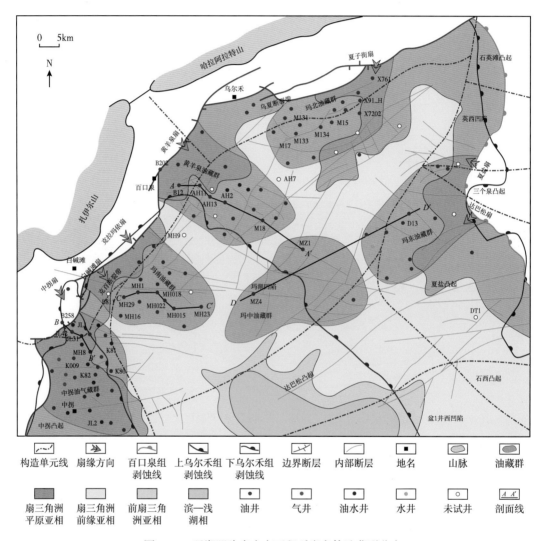

图 5-40　玛湖凹陷多个大面积砾岩扇体油藏群分布

每个扇三角洲都是一个自储自封、储—封一体的圈闭体群。百口泉组从凹陷边缘到凹陷中心依次发育扇三角洲平原亚相、扇三角洲前缘亚相和前扇三角洲亚相，这些亚相在圈闭作用中的表现有差异。靠近凹陷边缘的扇三角洲平原亚相为陆上环境重力流成因支撑漂浮砾岩相，发育褐色砂砾岩、泥质砾岩，分选性差，岩性相对混杂且泥质含量高，往往形成富泥砂砾岩体。砂砾岩体的物性总体相对较差，颗粒溶孔仅局部发育，大多难以成为有效储层，可提供良好的侧向遮挡条件。位于沟槽两翼坡折平台区的扇三角洲前缘亚相（主要为水下分流河道）为牵引流成因砂砾岩，发育灰色砂砾岩。受较长距离的河水及湖水淘洗作用，这类砂砾岩的岩性较纯且泥质含量低，分选性和孔隙结构相对较好，颗粒溶蚀孔隙广泛发育，物性总体相对较好，往往形成优质的贫泥砂砾岩储层。而前缘亚相河道间湾、前扇三角洲亚相及滨—浅湖相的水体动力较弱，岩性主要为偏细粒的泥质岩类，可提供侧向和垂向的封闭条件。这些不同沉积相带的多期叠加共同构成了大面积广泛分布的扇体岩性圈闭群（图5-41）。

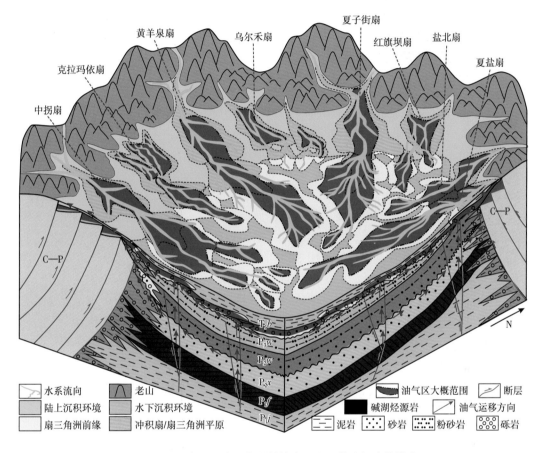

图 5-41 玛湖油区扇三角洲前缘大面积立体油气成藏模式

二、多种源上砾岩油藏类型并存

玛湖凹陷源上砾岩在不同地区和构造部位，形成了多种源上砾岩油藏类型，包括岩性油藏、地层—岩性油藏、断层—岩性油藏等，形成连片分布。

在坡折带和斜坡处，可以形成超覆型地层油气藏。例如玛湖凹陷斜坡下倾部位玛2井区百口泉组一段代表了百口泉组早期低位扇的沉积，扇三角洲前缘亚相控制着玛2井区百口泉组一段含油层系，其他地区多以水上环境的扇三角洲平原亚相为主。百口泉组二段随着湖侵，湖岸线逐步向老山方向靠近，扇三角洲前缘亚相也逐步向老山方向扩大，前缘亚相已扩展至斜坡上倾部位夏72井区，相对应百口泉组二段是玛131井区—夏72井区的主要含油层。随着水体进一步扩大，百口泉组三段前缘亚相已退至老山附近，其他地区以滨浅湖为主，百口泉组三段含油层主要分布于靠近老山附近的斜坡区。总之随着湖平面上升，前缘相带逐步向斜坡方向扩展，其含油层逐步变新，整体形成超覆型大型地层岩性油气藏。

玛湖凹陷源上砾岩的油藏类型主要为岩性油藏，局部为断层—岩性油藏及地层—岩性油藏。油藏多无统一油水界面和压力系统，无明显边底水特征，具有"一砂一藏"的特征。扇三角洲前缘亚相的砂砾岩体在纵向上呈多层叠置分布，累计厚度为32~61m。扇三角洲前缘亚相贫泥砾岩抗压能力强，原生孔隙可有效保存，其次，其岩石组分中长石含量相对较高，后期深埋有利于流体交换，长石溶蚀作用强，埋深至5000m仍可发育有效储层，突破以往砾岩有效储层埋深下限为3500m的观念。主力油层相对集中，跨度一般小于30m，隔（夹）层一般为1~5层，厚度1~5m。储层整体为低孔隙度、低渗透率，主力油层百口泉组二段储层孔隙度为6.95%~13.90%，平均值为9.00%，渗透率为0.05~139.00mD，平均值为1.34mD。单个扇体储集性质较优的储集体与周缘致密砾岩、扇间泥岩、火山岩、顶部河流相泥岩等非渗透性地层组合形成岩性圈闭。

例如，黄羊泉油藏群的岩心观察显示，百口泉组一段和百口泉组二段储层中砂砾岩层显示荧光含油级别的岩心长度分别为15.0~48.0m和12.0~36.0m，平均值分别为31.3m和23.4m，明显大于断层断距（约为10m），反映断层不能完全错开其两侧砂体并起到遮挡作用。当断层靠近砂砾岩尖灭线、断层断距大于储层厚度时，断层可构成断层—岩性油藏的遮挡条件。试油成果中，油层、油水同层、水层在构造高部位、构造中部位和构造低部位均有分布，单一油藏的油水分布呈现出油水同储同出的特点，说明各大扇体油藏群的油水分布不受构造控制。

黄羊泉油藏群过B12井—MZ1井的三叠系百口泉组油藏剖面（图5-42）分析显示，在构造低部位原油密度小、压力系数大，而在构造高部位原油密度大、压力系数小，即从构造低部位到构造高部位，原油密度、黏度呈现增大的趋势，压力系数则呈减小的趋势。例如，在位于构造低部位的M18井，原油密度为0.8219g/cm³，黏度为12.35mPa·s，压力系数为1.74；在位于构造中间部位的AH2井，原油密度、黏度和压力系数分别为0.8299g/cm³、20.48mPa·s和1.19；而在位于AH2井西北部构造高部位的B12井，原油密度、黏度和压力系数分别为0.8552g/cm³、11.84mPa·s和1.08。这表明这些井的油藏不存在统一的油水界面和压力系统，其油层互不连通，表现出"一砂一藏"的特征，反映出单个砂体独立成藏。

中拐扇体过B258井—MH8井的上乌尔禾组油气藏剖面（图5-43）分析也显示，除JL42井在上乌尔禾组二段发现纯油层外，上乌尔禾组一段4口井的钻探结果均显示主要为油气水同层，说明上乌尔禾组一段各井的钻遇砂体均为孤立透镜状岩性圈闭，彼此之间互不连通，更不具有统一的油水界面，也无明显的边（底）水，油藏分布同样具有"一砂一藏"的特征。

深层低孔隙度、低渗透率储层造成油藏一定闭合高度所要求的侧向遮挡及封盖条件有所降低。玛湖凹陷北斜坡区含油边界主要受岩性控制，油藏分布没有明显的边界，无统一油水界面和压力系统，储层低孔隙度、低渗透率、边（底）水不活跃，降低了侧向遮挡及封闭要求，易于形成大面积连续型油藏（支东明，2016）。

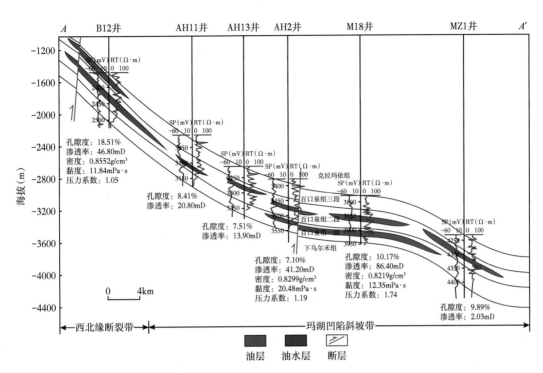

图 5-42　黄羊泉油藏群过 B12 井—MZ1 井百口泉组油藏剖面

注：SP—自然电位；RT—地层电阻率

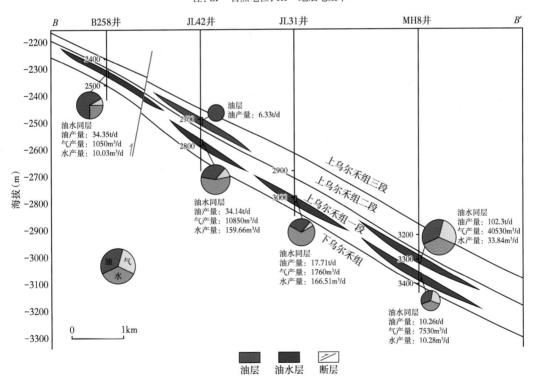

图 5-43　中拐油藏群过 B258 井—MH8 井上乌尔禾组油气藏剖面

三、源上砾岩油藏先致密后成藏

源上砾岩储层经历了多类型、多期次的成岩作用改造，包括碎屑颗粒压实变形及颗粒边界从线接触到凹凸接触的强压实作用，自生绿泥石、方沸石、高岭石和多期方解石等胶结物及黏土杂基的充填作用，长石、岩屑、早期方解石和方沸石等的溶蚀作用，最终形成了致密储层（肖萌等，2019；朱宁等，2019）。储层中泥质含量的不同将导致储层的孔隙演化过程存在差异。通过分析贫泥砂砾岩（泥质含量小于3%）、含泥砂砾岩（泥质含量为3%~8%）和富泥砂砾岩（泥质含量大于8%）的储层孔隙度演化曲线，结合烃源岩热成熟度的时间温度指数（TTI），可确定不同泥质含量的砂砾岩在关键时期，即早侏罗世和早白垩世，分别对应的孔隙度（孟祥超等，2016）。其中，贫泥砂砾岩、含泥砂砾岩和富泥砂砾岩在早侏罗世（TTI为15）所对应的孔隙度分别为13.8%、11.2%和8.5%，在早白垩世（TTI为75）所对应的孔隙度分别为11.6%、8.2%和5.5%。这些数据表明，在早侏罗世，贫泥砂砾岩尚未致密化（孔隙度大于12%），而含泥砂砾岩和富泥砂砾岩已处于致密状态（孔隙度小于12%）；在早白垩世，这三种类型的砂砾岩储层均进入致密状态。

根据百口泉组储层中流体包裹体的产状、均一温度、荧光颜色等特征及埋藏史曲线分析（齐雯等，2015；王绪龙等，2013；支东明等，2021），三期油气充注包括早三叠世的低成熟—成熟油充注期、早侏罗世的成熟油充注期和早白垩世的高成熟轻质油充注期，以早白垩世充注期为主。烃源岩在早三叠世的埋深较浅、成熟度低，低成熟—成熟油仅分布在玛湖凹陷西北部的生烃中心；随后，受到凹陷南降北升的翘倾运动影响，生烃中心开始向南迁移，在早侏罗世，成熟油的充注范围逐渐向南扩大，并发育一期生油、排油高峰；随着中侏罗世—早白垩世发生快速沉降，烃源岩的成熟度快速升高，镜质组反射率 R_o 最高达到2.0%，从而形成全凹陷大面积油气充注（支东明等，2021）。因此，在早侏罗世，三叠系百口泉组大部分储层进入致密状态；在早白垩世，储层整体达到致密化，即油气充注与储层致密具有先致密后成藏的关系。

四、储封一体扇三角洲相带与有利储盖组合

百口泉组沉积时玛湖凹陷已经转变为坳型盆地，构造日趋稳定，此时凹陷地形地貌坡度相对较平缓。经历三叠纪初期构造活动后，在百口泉组沉积时并未完成进一步活动，直到三叠系白碱滩组沉积时期才开始新的活动。百口泉组古地貌与推覆作用有关，凹陷周缘山体推覆作用较强的区域坡度大，推覆作用弱的区域坡度平缓，凹陷斜坡区古地貌坡度变缓。百口泉组二段、百口泉组三段沉积时期，整体上的古地貌格局没有大变化，继承了百口泉组一段内部的沟槽与凸起样式。但整个玛湖凹陷沉积中心发生了迁移，沉积中心转为玛湖凹陷与盆1井西凹陷形成的一个大的沉积中心，并且沉积范围较百口泉组一段扩大，沉积范围也随之扩大，特别是在玛东—石南地区，在百口泉组一段、百口泉组二段沉积时期未有沉积，而到百口泉组三段沉积时期有地层超覆其上。百口泉组三段沉积最厚地区相对百口泉组二段与百口泉组一段更靠近盆地边界，表明湖盆扩大的同时，沉积中心向边界后退，发生了退积现象。

玛湖凹陷斜坡区三叠系百口泉组三段发育湖相泥岩，形成区域盖层。三叠系克拉玛依组—百口泉组三段有效储层主要发育在靠近物源的断裂带，在斜坡区以细粒沉积为主，成

为百口泉组二段扇三角洲前缘砂体的直接盖层，构成良好顶板条件（图 5-44）。玛北斜坡区局部百口泉组一段与百口泉组二段底部为扇三角洲平原亚相致密砂砾岩沉积，因此百口泉组内部扇三角洲前缘有利砂体具备良好的顶底板封堵条件。夏子街扇体主槽部位发育杂色、褐色致密砂砾岩带，主要为泥石流沉积，沿沟谷呈带状分布，扇体间多以扇间泥岩分割，因此在扇三角洲前缘相带两翼形成良好的遮挡条件。玛北斜坡上倾部位除了部分受扇三角洲平原亚相致密带遮挡外，克拉玛依—乌尔禾断裂带也起着重要的遮挡作用。因此扇三角洲平原亚相致密带、湖相与扇间泥岩，以及断裂相互配置，形成组合式多面遮挡，为扇三角洲前缘亚相大面积成藏提供了良好封堵条件。

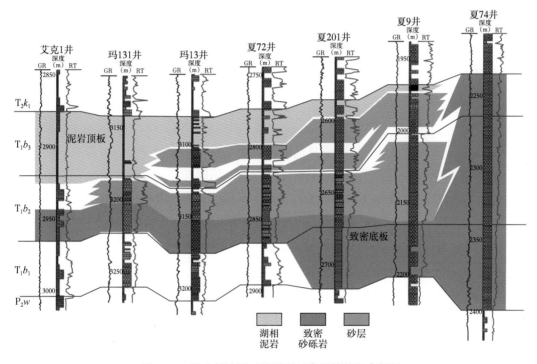

图 5-44　玛北斜坡区三叠系百口泉组储盖组合剖面

上乌尔禾组和百口泉组都发育退覆式扇三角洲体系，都发育储—封一体扇三角洲相带及形成了有利储—盖组合。储—封一体的扇三角洲是指在扇三角洲沉积体系发育过程中，不同沉积相带在空间上呈广泛的互层分布，并分别起着储层和封闭层的作用。扇三角洲前缘亚相砂砾岩的分选性好、泥质含量低，为优质砂砾岩储层；而平原亚相砂砾岩由于靠近物源，具有弱分选性和较高的泥质含量，可形成石油运移的封闭层，并与前扇三角洲亚相泥质岩类沉积构成良好的封闭遮挡条件。这些多期发育的不同沉积相带在空间上呈互层分布，在成藏过程中各司其职，分别起着储集油气和封闭遮挡油气的作用。通过玛湖凹陷不同沉积相产油井的统计（样本数为 70），在百口泉组扇三角洲前缘亚相中，产油井占总出油井的比例为 87.1%，平均产油量为 7.35t/d，而在扇三角洲平原亚相中产油井的占比仅为 12.9%，平均产油量仅为 2.76t/d；在玛南斜坡的上乌尔禾组扇三角洲前缘亚相中，产油井的占比超过 92.0%。

五、高陡断裂和大型不整合面构成立体成藏的高效输导体系

玛湖凹陷大油气区通源断裂广布，创造了油气高效垂向运移的通道条件。通源断裂是指在油气成藏过程中沟通烃源岩层与储层的断裂体系，其活动时间与成藏要素形成良好的配置关系。玛湖凹陷受盆地周缘山前海西运动和印支运动期逆冲推覆作用的影响，发育一系列具有调节性质、近东西向和北西—南东向的断裂。这些断裂断距不大，断面陡倾，大多断开二叠系—三叠系百口泉组（图5-45）。断裂数量较多，平面上成排、成带发育，与主断裂相伴生，直接沟通了下部烃源岩，因此断裂成为源、储大跨度分离情况下油气的运移通道，为油气大面积成藏提供了输导条件。玛湖凹陷二叠系风城组烃源岩的埋藏深度为4000~7000m，而源上致密砾岩的埋藏深度为2000~5000m。既然百口泉组垂向上远离风城组主力烃源层2000~4000m，且相隔厚度较大的泥岩和致密砂砾岩等封隔层，那么沟通烃源岩与砾岩储层的通源断裂就显得极为必要。由于众多断裂形成高效沟通的运移通道，使原本纵向上与烃源岩分隔的储—盖组合可近似看作源储一体或自生自储型储—盖组合。因此，断裂对斜坡区大面积成藏起到关键作用。对玛东斜坡区百口泉组的试油成果与探井距逆断裂距离的统计分析表明，各探井的日产油量与距逆断裂的距离呈明显的负相关关系，即距海西期—印支期逆断裂越近，探井的日产量越高，这表明逆断裂对油藏的形成与富集有明显的控制作用。

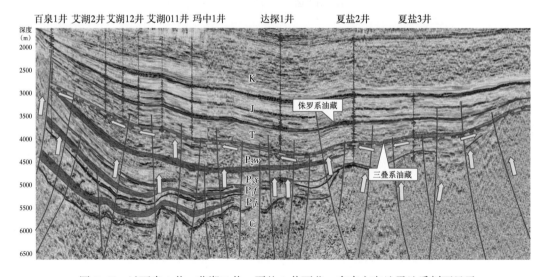

图5-45　过百泉1井—艾湖2井—夏盐3井西北—东南方向地震地质剖面显示断裂—不整合面复合输导体

由于上乌尔禾组和百口泉组均为向上变细的湖进沉积旋回，存在上乌尔禾组和百口泉组与下伏地层的两大不整合面。百口泉组南部不整合于上乌尔禾组之上，北部不整合于下乌尔禾组之上，向西部斜坡区逐渐超覆不整合于夏子街组、风城组及其以下地层之上。扇三角洲前缘亚相的分布随着层位变新，逐步由盆地向老山方向退却，地层不整合面与超覆砾岩体形成良好的匹配关系。大面积砾岩超覆于区域不整合面之上，为油气侧向运移提供了良好的输导条件（图5-46）。因此，最终高角度走滑断裂的垂向油气输导实现源外跨层

运聚，加上不整合面及其上"毯"砂侧向输导的匹配，形成断—"毯"复合输导体系，为二叠系上乌尔禾组及三叠系百口泉组砂砾岩体的大面积油气成藏创造了优越的输导条件（图5-46）。

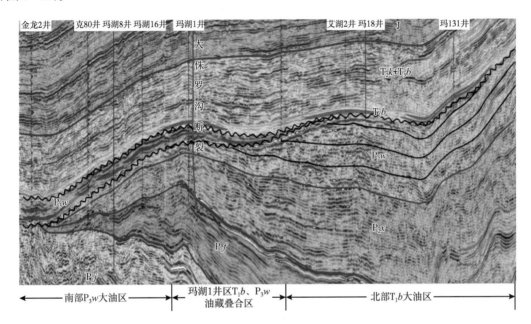

图5-46 过金龙2井—玛湖1井—艾湖2井—玛131井西南—东北方向地震地质剖面
显示区域不整合面下作为侧向运移通道砾岩的分布

六、地层异常高压为大面积成藏提供充注动力

玛湖凹陷源上砾岩大油区的含油层位中，超压特征普遍。实测地层压力资料显示，玛湖凹陷侏罗系及以上地层基本为正常压力，中—上三叠统为过渡带，下三叠统及以下地层普遍发育异常高压。异常高压对油气勘探意义重大，包括扩大生烃窗范围，改善储集体物性和提高盖层封闭性等。玛湖地区百口泉组已知油藏多分布于压力系数大于1.3的异常高压区（图5-47）。凹陷中心区百口泉组压力系数最大可达1.9，凹陷西北环带的百口泉组压力系数为1.3~1.6，整体上凹陷的东南向西北方向压力系数逐渐减小。烃源岩生烃作用产生的超压是油气自深层向上跨层运移并进入源上储层形成大油区的主要动力。研究区地层超压还具有埋深越大超压越发育的特征，超压使深部风城组烃源岩有足够动力将油气运移至浅部的储集体中，且构造凸起上的断层更容易开启，成为压力释放点，形成有效的垂向输导条件。油气在侧向运移的过程中，长条状的鼻状凸起顶部形成的构造脊可以产生沟渠效应，油气汇聚进入鼻状凸起，并沿着构造脊由构造低部位向构造高部位运移，在超压作用下快速充注到百口泉组储层中，形成了现今油藏高压高产的特征。超压区的压力封闭效应和致密层的封闭作用有效地提高了盖层的封闭性，对油气藏的保存起到了关键作用。

玛湖凹陷西斜坡砾岩探井的试油成果和压力系数统计显示，试油成果随着压力系数的增加整体呈现出增加的趋势；当地层压力系数大于1.4时，试油作业测试基本不产水，且随压力系数增加，日产油量的增加更加显著，异常高压是油气能够高产的一个重要因素。

油井产量与地层压力系数存在良好的正相关性，较高的压力系数一方面反映了油气来源比较充足，另一方面则可为油气井高产提供重要的充注动力，从而弥补储层物性差的不足。另外，异常高压的发育也有利于原生孔隙和早期次生孔隙的保存和微裂缝的形成（李军等，2020），进而增强孔隙的连通性和石油的渗流能力。例如，在黄羊泉油藏群过 B12 井—MZ1 井油藏，B12 井区的油藏为常压，压力系数约为 1.05~1.08，产量相对低；AH2 井区油藏的压力系数为 1.19，产量中等；而在下斜坡带，M18 井区油藏的压力系数为 1.74，属于异常高压，物性较好，油质开始变轻，产量明显增加。再如，在玛南斜坡区 MH1 井、MH2 井和 MH3 井，百口泉组油藏的压力系数分别为 1.53、1.35 和 1.19，油气产量（或油气显示）明显变差，而导致钻探失利的主要原因是油气充注强度低，甚至未充注。

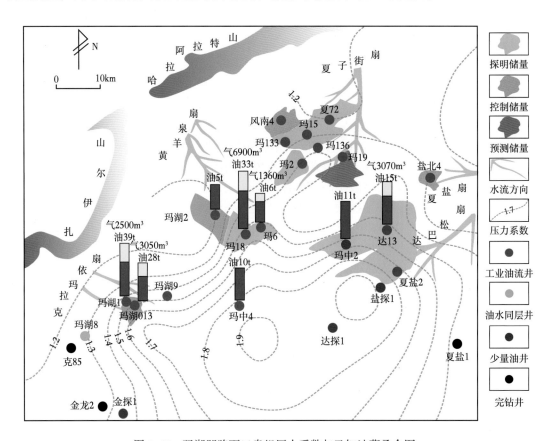

图 5-47 玛湖凹陷百口泉组压力系数与已知油藏叠合图

总之，在玛湖凹陷，油气充注造成储层中地层压力明显偏高，尤其是坡折带之下发育异常高压，对提高单井产能具有重要作用，而扇三角洲前缘有利相带大部分位于异常高压与轻质高成熟油气重合区，这是玛湖凹陷百口泉组油气能够高产富集的一个重要原因。玛湖地区高成熟的风城组所生成油气，在切穿烃源灶和储层的高角度压扭性断裂沟通下，优先充注物性相对好的扇三角洲前缘水下河道砂岩和砂质细砾岩，并且在地层异常高压促进下，控制着油气富集程度，使玛湖油气区在大型缓坡浅水扇三角洲沉积体系下形成源上"扇""断""压"联控下的连续型大面积油气藏。

第四节　源上砾岩大面积油气成藏理论的意义及启示

一、勘探实践和理论意义

随着勘探技术的不断突破，在准噶尔盆地西北部玛湖凹陷的二叠系—三叠系中发现了储量超过 10×10^8t 级的砾岩大油区（支东明等，2018）。源上砾岩大面积油气藏的成功勘探具有重要的意义，玛湖凹陷大油区已经成为新疆油田提升油气储量与产量的新基地，不仅开辟了准噶尔盆地岩性油气藏勘探新局面，而且对于推动中国西部盆地斜坡区岩性油气藏勘探具有重要的指导意义。在勘探战略指导方面，勘探思路由构造油气藏勘探转变为岩性油藏勘探、扇控大面积成藏整体勘探，从单个岩性圈闭勘探到扇控大面积成藏，最后到砾岩岩性油藏群大油区集中勘探，为继续寻找大油气田奠定了基础。

随着地质认识深化，勘探领域不断扩展，勘探连获新发现。在勘探实效方面，指导勘探部署由单个圈闭转向整个有利相带，探井成功率由 35% 提高到 63%，支撑了玛湖石油勘探的持续发现，发现了八大油藏群，形成南、北两大油区。玛湖已成为中国原油最重要的上产基地之一，产能建设已全面展开，2020 年生产原油 222×10^4t，已累计生产原油 624×10^4t，目前日产水平近 7000t，"十四五"末将实现原油年产 500×10^4t 以上。在理论方面，除了前述的碱湖双峰生烃新模式及退覆式浅水扇三角洲沉积新模式突破了以往传统的理论认识以外，在成藏机制方面突破了源储一体或源储紧邻才能大面积成藏的已有观点，丰富发展了岩性油气藏理论，为勘探领域由山前拓展到整个凹陷区奠定了理论基础，首次发现油气沿高角度断裂垂向跨层高效运移 2000~4000m，在退覆式扇三角洲顶底板与侧向主槽致密砾岩立体封堵下，在扇三角洲前缘亚相的砾岩体中大面积成藏，实现了满凹含油的场面。

二、对油气勘探的指导作用

1. 指示了不同层位潜力勘探领域

源上致密砾岩油藏的形成与分布总体上受扇三角洲沉积相带、烃源岩、断裂和宽缓构造背景等因素控制。然而，由于源上三套砾岩层系的地层分布范围、勘探程度、油气发现规模有所不同，其勘探方向和勘探目标也有所差异。

百口泉组是目前勘探程度最高的源上砾岩层系，在玛东、玛北、黄羊泉和玛南等斜坡区均发现规模油气储量，考虑到以下成藏特点，下一步勘探应进一步围绕已发现扇体向湖盆中心（玛中地区）方向推进（图 5-48）：（1）湖盆中心为多扇体的砂体叠置汇聚区，砂体呈纵向多层发育、横向连片分布；（2）烃源岩的成熟度高，生烃形成异常超压的压力系数可达1.7~1.9，且湖盆中心的原油性质（密度、黏度等）明显低于凹陷边缘；（3）相对于凹陷西侧边缘，由于湖盆中心源—储距离较近，断裂型输导体系更为高效，储层中溶蚀孔隙相对发育；（4）由于百口泉组中断层的断距较小，往往小于储层厚度，因此在多数情况下断层对油气藏不能起到有效遮挡或形成圈闭的作用，"准连续"分布的岩性圈闭是勘探的主要圈闭类型。

上二叠统上乌尔禾组油藏勘探在中拐扇体和白碱滩扇体的翼部相继获得重大突破，下一步除继续加大中拐扇体特别是白碱滩扇体的外甩勘探力度外，需加强斜坡下倾方向乃至向东更大范围储层及其含油气情况的研究。其成藏条件具有以下特点：（1）受不整合面剥蚀作用影响，地层为宽缓的单斜构造，地层厚度从凹陷边缘向中心逐渐增加，扇三角洲沉积的砂体厚度也具有增加趋势；（2）相对于凹陷边缘来说，凹陷下倾方向的烃源岩所形成的异常压力更高，有利于储层孔隙的保存及油气充注；（3）相对于凹陷边缘的岩性圈闭和地层圈闭，凹陷下倾方向的岩性圈闭为勘探的主要目标。

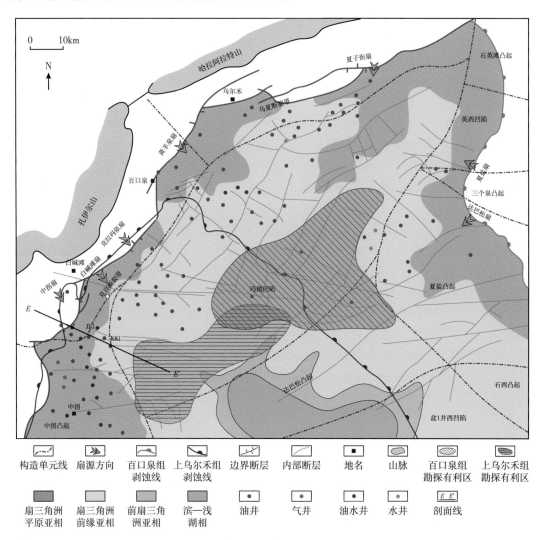

图 5-48　玛湖凹陷百口泉组和上乌尔禾组勘探目标区优选

中二叠统下乌尔禾组的油气显示比较普遍，但仅在玛南斜坡区发现规模储量。与百口泉组和上乌尔禾组类似，下乌尔禾组同样发育退覆式浅水扇三角洲沉积，优质储层主要发育在扇三角洲前缘相带，且各套前缘亚相储层均被前缘分流间湾或湖相泥岩所覆盖，在靠近物源方向又有扇三角洲平原亚相致密砂砾岩沉积构成遮挡，从而形成与三叠系百口泉组和二叠系上乌尔禾组相媲美的封盖条件。下乌尔禾组储层相对较薄，横向上变化较大，因而岩性圈闭发育，具备形成大面积岩性油气藏的基本条件。在下乌尔禾组内，通源断裂的断距稍微大于上覆百口泉组内的断距，断裂不仅可以作为运移的主要通道，还可以作为砂体的遮挡条件，形成断层—岩性油气藏。

总之，在玛湖凹陷周缘大面积油气成藏理论的指导下，在不同的部位，形成相应的几个潜力勘探区：（1）三叠系大面积分布岩性油气藏群，分布于玛湖凹陷东斜坡和西斜坡及所夹的中心平台区；（2）中二叠统发育大型地层油气藏，分布于环玛湖凹陷中二叠统大型地层超覆尖灭带、剥蚀尖灭带形成地层型油气成藏环带。近两年围绕环二叠系大型地层超削带整体布控，8口井获得工业油流，盐北4井区落实储量3400×10⁴t，下乌尔禾组展现了点多、面广的含油气特点，具有较大的勘探潜力；（3）下二叠统—石炭系下组合大构造领域，分布于玛湖凹陷二叠系—石炭系紧邻烃源层或处于源内，勘探程度低，发育大型构造圈闭、火山岩与云质岩双重介质储层，成藏条件优越，是盆地深层重大的战略接替领域；（4）玛湖凹陷西斜坡风城组致密油藏，分布于风城组云质岩有利区，分布范围1460km²，Ⅰ类云质岩储层有效厚度28~32m，Ⅱ类云质岩储层有效厚度60~65m；（5）玛湖凹陷中浅层，分布于玛湖凹陷中浅层侏罗系，近两年在4个层组砂层中23口井获发现，展现5个有利成藏带。

2. 指示了大型岩性圈闭群的分布及重大勘探接替领域

玛湖凹陷斜坡区百口泉组整体属扇三角洲沉积，侧翼及上倾方向有扇三角洲平原相致密带形成有效遮挡，侧向和顶板、底板湖相泥岩封隔层发育，具备形成大面积岩性圈闭群的地质条件，同时，扇三角洲前缘相带紧邻玛湖富烃凹陷，有通源断裂沟通下伏油源，成藏条件优越，控制着斜坡区油气垂向与平面的分布与富集。加之该区构造平缓，储层低渗透，边（底）水不活跃，具备大面积成藏的宏观地质背景。

在上述玛湖凹陷大型缓坡扇三角洲大面积控藏地质模式中，扇三角洲平原亚相致密带对扇三角洲前缘有利相带在侧翼及上倾方向能形成有效遮挡，压实作用是玛湖凹陷三叠系碎屑岩储层最重要的减孔作用，扇三角洲平原相带能否形成好的储层，其物性优劣取决于埋藏深度，近物源断裂带—上斜坡带的乌36井区、百21井区等构造高部位油藏，其埋深较浅，压实作用对原生粒间孔的破坏程度较小，原生剩余粒间孔相对较发育，该部位扇三角洲平原相带可以形成相对优质储层。至中斜坡带、下斜坡带，随埋藏深度逐渐增加，压实作用对扇三角洲平原相带的压实减孔作用逐渐增强，加之扇三角洲平原相带泥杂基含量相对较高，造成中斜坡带、下斜坡带扇三角洲平原相带砂砾岩物性差（孔隙度3%~5%）并最终形成有效遮挡层。夏子街扇夏74井—玛5井—玛7井一线的扇三角洲平原致密带在侧向及上倾方向的有效遮挡是形成玛131井—夏71井区百口泉组二段亿吨级规模储量区及玛19井高压油层的关键。黄羊泉扇黄4井—百75井—玛西1井—玛101井一线的扇三角洲平原致密带在侧向及上倾方向的有效遮挡亦是形成玛18井—艾湖1井区百口泉组优质高效油藏的关键因素之一。

2012年以来，中国石油新疆油田公司突破扇体沿断裂带和盆缘局限分布的传统认识，在大型浅水退覆式扇三角洲沉积模式指导下，提出扇三角洲前缘亚相紧邻玛湖凹陷，前缘亚相砂砾岩泥质含量低、粒径适中、分选好，为有效储层，表现为大面积含油的特点，前缘亚相不同沉积微相（距物源的远近）控制着油气的富集与产量；纵向顶板、底板泥岩发育，侧向及上倾方向平原亚相致密带、扇间泥岩及断裂组合遮挡，为前缘亚相大面积成藏形成3面立体封堵的良好封闭条件，退覆式扇三角洲前缘亚相具备形成大面积岩性圈闭群的地质条件。2012—2016年，玛湖凹陷南斜坡克拉玛依扇玛湖1井、西斜坡黄羊泉扇玛18

井及东斜坡夏盐—达巴松扇盐北1井在百口泉组均获高产工业油流，玛湖凹陷百口泉组各扇体相继获得突破，展现玛湖凹陷"满凹含油"大场面。

2016年，分析认为玛湖凹陷南部上乌尔禾组同样发育大型浅水退覆式扇三角洲，具备形成大油区的储集条件；上乌尔禾组顶部湖泛泥岩、扇间泥岩与厚层前缘相砂砾岩形成良好配置，发育大型地层尖灭带，形成上倾方向遮挡，为大油区的形成创造了良好的封盖条件；上乌尔禾组超覆于大型不整合面之上，地层平缓，易于大面积成藏。在大型浅水退覆式扇三角洲沉积模式指导下，重新认识已知油藏，认为目前已发现的油藏受古地貌部位和不同湖侵阶段控制，在湖侵初期低位域沉积阶段，沟槽区发育厚层状砂砾岩，油藏类型为厚层低饱和度岩性油藏；在湖侵上升阶段，斜坡区发育互层状砂砾岩，顶板、底板条件好，为互层状岩性油藏，以纯油为主；在湖侵范围最大阶段，古凸起带发育薄层砂砾岩，砂砾岩沿山前小型沟槽呈带状分布，被厚层泥岩包围，为受沟槽控制的薄层岩性油气藏（图5-49）。以地层背景下岩性油气藏群地质模式为指导，新井部署与老井复试相结合，甩开勘探与拓展勘探相结

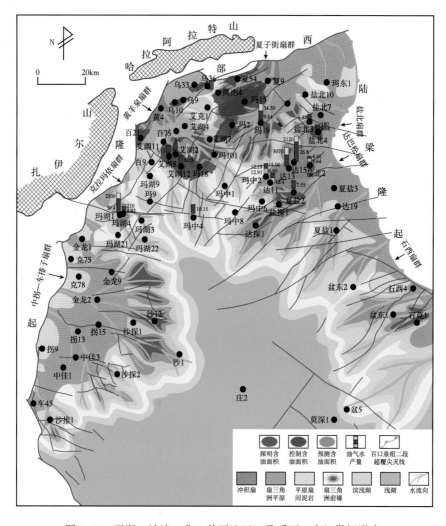

图 5-49 玛湖—沙湾—盆 1 井西地区三叠系百口泉组勘探潜力

合，整体部署，共 20 井、22 层新获工业油流，继北部百口泉组大油区之后，又一个大油区轮廓已具雏形，已展现出 $5×10^8$t 级勘探大场面。中拐凸起北斜坡上乌尔禾组构建大面积含油新模式实现整体突破后，按玛湖凹陷百口泉组勘探发现规律分析（图 5-49 中红色实线所示），盆 1 井西凹陷和沙湾凹陷北斜坡的上乌尔禾组亦发育大型退覆式浅水扇三角洲群（图 5-49 中蓝色虚线和黑色虚线所示），应是下一步重大油气勘探接替领域。

第六章 准噶尔盆地深层多源多成因天然气成藏

准噶尔盆地近年来加大了针对中下成藏组合的油气勘探，取得了多项重要发现，在深层原油勘探上有重大突破，但目前该盆地发现的油气资源以油为主，天然气探明率很低，勘探结果呈现出明显的油多气少现象。近期该盆地在天然气勘探上取得了很多点式突破，预示着准噶尔盆地深层有着丰富的天然气资源。盆1井西凹陷周缘发育凸起区石炭系构造、凹槽区二叠系、凹陷区侏罗系构造三大天然气勘探领域，有望形成盆地新的 $5000 \times 10^8 m^3$ 级大气区。准噶尔盆地深层天然气发育了多套腐泥型气源岩和腐殖型气源岩，深层具有多源多成因天然气成藏特点。

第一节 深层天然气具有多元成因

深层天然气成因具有多元性，包括大量液态烃在高温演化阶段裂解生气，还包括以一些分散不溶有机质（干酪根）的生气及深部的无机气体。深层由于处于高温高压环境，液态烃裂解还受到高压的影响。研究显示，压力对液态烃裂解生气的影响具有多样性，不同压力下的裂解生气实验反映了以下3个特征：慢速升温条件下，压力对液态烃裂解过程有抑制作用，可使液态烃大量裂解的起始时间滞后；快速升温条件下，压力对裂解过程影响不明显；高演化阶段，压力对裂解过程的影响增强，可使液态烃裂解过程延至更高演化阶段（赵文智等，2011）。

分散不溶有机质主要是指高演化阶段的干酪根，高演化阶段干酪根是否生成天然气是深层气资源规模的重要问题。对于煤及煤系泥岩在各演化阶段产气率的研究仍存在一些争议，如煤在高演化阶段的生气量问题，早期的观点认为煤在 R_o 为 2.5%~3.0% 之间的生气潜力很低（肖芝华等，2009）；有模拟实验显示，干酪根 R_o 为 1.2%，Ⅲ型干酪根已释放了全部烷基，Ⅰ型干酪根仍有 9% 的碳是烷基碳，Ⅱ型干酪根仍有 3.5% 的碳是烷基碳（周中毅等，1997）。也有学者认为煤系烃源岩在高演化阶段时有机质可以重新组合形成新的干酪根，在更高的演化阶段（R_o 达 5.0%）还可以生成大量的天然气（Erdmann 等，2006），还有学者认为以煤为代表的有机质高度富集的Ⅲ型有机质生烃率低，生烃延续的成熟阶段长，没有明显的生气高峰，腐殖型煤生气下限的 R_o 最高可达 10%（陈建平等，2007）。

孙龙德等（2013）认为煤的生气界限可以由以往认为的 R_o=2.5% 延伸到 R_o=5.0%，在 $R_o > 2.5$% 的阶段仍具有约 20% 的生气潜力，并认为煤的最大生气量可达 300mL/g，是过去提出的 150mL/g 的两倍。宋岩等（2012）认为由于煤系气源岩干酪根中含有大量烷基酚类化合物和芳构化结构的物质，这些物质只有在高温环境下才能发生裂解，因此煤系气源岩在过成熟阶段仍然可以生成大量的天然气，我国四川、鄂尔多斯、塔里木、准噶尔和松辽深层等主要含气盆地 $R_o > 2.5$%~3.0% 的煤系气源岩分布面积广，在过成熟后期阶段仍具有一定量的生气量。

无机成因气也是深层天然气的一种重要类型。20世纪下半叶以来，有确切地球化学证据的无机成因二氧化碳、甲烷及烷烃气的报道不断出现，例如，中国松辽盆地昌德、肇州西等商业天然气藏烷烃气体具无机成因特征。戴金星等（2008）在中国有机成因气及无机成因烷烃（甲烷）碳同位素系列、R/Ra及CH$_4$/^{3}He大量分析数据的基础上，结合国外的分析数据，综合提出判别无机成因烷烃气的指标：甲烷碳同位素组成大于-30‰、具有负碳同位素系列（宋岩等，2004，2005；戴金星等，2008）。松辽盆地徐家围子断陷和莺山—庙台一带被认为存在无机烷烃气，且能聚集形成有商业价值的天然气藏（王先彬等，2009），这说明中国东部盆地深层无机烷烃气可能具有良好的资源前景。

有机—无机相互作用，例如烃类—岩石—水相互作用，对深层天然气的形成尤其是无机成因烷烃气的形成有重要意义。加氢作用是有机—无机相互作用生成烃类气体化学过程的体现，外来氢的加入将促进干酪根等有机大分子化合物向气态小分子烃类转化。传统的观点认为烃源岩中的有机氢是限制石油和天然气形成的关键因素（Baskin，1997），而现在越来越多的观点认为地壳中的无机氢是加氢作用中氢的主要来源，水是氢的重要来源，水中的氢参与了沉积有机质热演化过程（Price，1994；Seewald，1994；Lewan，1997）。水在高温条件下分解或在放射性元素作用下发生分解形成氢气，水与氧化亚铁在300~500℃下通过催化反应也可生成氢（刘文汇等，2006）。其意义在于，由于在有机质成烃的高演化阶段，有机质中富碳而贫氢，因此深部流体可为成烃提供所需要的氢。在济阳坳陷、东营凹陷及塔里木盆地塔中地区深部流体的研究中，已经发现富氢流体对干酪根的加氢生烃效应（杨雷等，2001；金之钧等，2002）。金之钧等（2011）认为深部流体中氢的加入可显著提高烃源岩的生烃效率，在深部富氢流体的影响下，可提高盆地深部广泛分布的贫氢烃源岩的生烃潜力，增加深部油气资源的生成潜力。

黏土矿物和过渡金属镍、钴、铁、铜及某些金属氧化物的催化作用可使无机氢与有机质结合形成烃类（Frank等，1997；Frank，2001）。黏土矿物作为一类有效的矿物催化剂，其主要特点是对有机质具有较强的吸附能力，并形成黏土有机复合体。这种无机—有机复合体的构成为深层有机质的催化裂解和油气生成提供了关键的地球化学条件（李术元等，2002）。

总之，深层—超深层天然气具有多元成因，存在多途径生烃演化模式。如图6-1所示，四川盆地和塔里木盆地古老海相地层油气藏成因与深层多途径生烃演化模式密切相关（贾承造等，2023）。

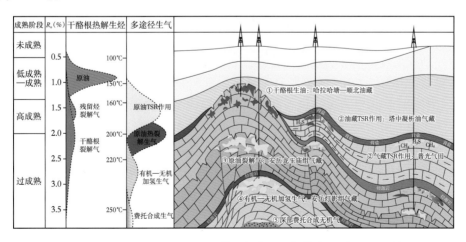

图6-1　深层—超深层多途径生烃演化模式与典型油气藏成因（据贾承造等，2023）

第二节　准噶尔盆地深层天然气勘探展示良好前景

一、准噶尔盆地深层天然气勘探点式突破

准噶尔盆地油气资源丰富，具有良好的油气勘探开发潜力，但现有油气勘探结果显示天然气与石油探明储量之比仅为 0.06∶1，呈现出明显的油多气少现象，与中西部其他大型叠合含油气盆地差异明显。油多气少的现象与盆地天然气地质条件不匹配（胡素云等，2020）：（1）与主要烃源岩类型不匹配，准噶尔盆地主要发育石炭系、二叠系、侏罗系 3 套烃源岩，其中石炭系—下二叠统佳木河组与侏罗系这两套均为煤系烃源岩，厚度大、分布广，以生气为主，应具规模生气潜力；（2）与烃源岩超大埋深不匹配，准噶尔盆地石炭系—二叠系烃源岩层系古老、埋深大，中央坳陷带埋深为 10000~12000m，最大埋深超过 15000 m，烃源岩热演化程度高，应具规模生气能力；（3）与天山南、北前陆冲断带勘探领域不匹配，天山南、北前陆冲断带具有相似构造沉积地质背景，宏观油气成藏条件相似，南面库车前陆冲断带已形成万亿立方米级大气区，而北面准南缘前陆冲断带仅发现五个中小型油气田，累计探明天然气地质储量 346×10⁸m³，南面、北面的天然气勘探成果相差十分悬殊。

另外，勘探结果也与全油气系统理论不匹配。2019 年，玛湖凹陷玛页 1 井取得重大突破，发现玛湖凹陷西斜坡常规油藏、致密油藏和页岩油藏有序共生现象（唐勇等，2021；何文军等，2021；支东明等，2019，2021），揭示了深层油气的勘探潜力，推动了全油气系统理论走向实践，形成了常规—非常规油气藏勘探新格局。然而，相比于原油勘探，准噶尔盆地天然气探明率较低，仅为 5.3%，玛湖凹陷目前勘探实践结果几乎为全油系统，从全油系统发展成真正的全油气系统，需要勘探到更多相匹配的天然气资源，所面临的任务依然非常艰巨。

近期在天然气勘探上的大量多点式突破，为深层凹陷内天然气勘探带来了信心。车探 1 井在石炭系内幕获两层高产气流，开创了西北缘油区整体连片新局面；沙探 2 井与道探 1 井二叠系见重要苗头，展现了两类凹陷天然气勘探新场面；石西 16 井石炭系、石西 18 井二叠系风城组均获高产工业油流和工业气流，这表明深层石炭系—二叠系资源潜力大。呼探 1 井创盆地深层天然气高产新纪录，开启了寻找万亿立方米级大气区的新征程。

虽然相比较四川、鄂尔多斯和塔里木等天然气勘探取得重大突破的盆地，准噶尔盆地深层天然气勘探未取得显著的规模性效益，然而准噶尔盆地深部天然气成藏却显示出典型的深部多源多成因天然气复合成藏特征。准噶尔盆地深层目前发现了多成因类型天然气藏，这不仅与其有多个气源灶有关，也与其同时发育腐泥型和腐殖型有机质有关。准噶尔盆地深层多为腐泥型—腐殖型混源成因天然气，包括石炭系煤型气成因的高成熟凝析气、以二叠系风城组和佳木河组成因的西北缘油型气和煤型气混源气、二叠系下乌尔禾组成因的腹部油型气和煤型气混源气、以侏罗系煤型气为主控成因的南缘混合型天然气藏。

准噶尔盆地东部发现的克拉美丽大气田天然气探明地质储量超 800×10⁸m³，是迄今为止在准噶尔盆地发现的最大气田，其天然气为来自石炭系烃源岩的煤型气。在盆地南缘，中—下侏罗统煤系烃源岩已进入高成熟—过成熟阶段，可大量生气，玛河气田、呼图壁气田、高探 1 井、呼探 1 井、天湾 1 井等一批中小型气田和出气井点的天然气即来自该套烃

源岩；除上述 2 套腐殖型烃源岩外，盆地下二叠统风城组还发育一套优质的咸水湖相腐泥型烃源岩，近年来，在盆地腹部、西部和南缘均发现了一些来自风城组烃源岩的高成熟油气，风城组的腐泥型成因天然气勘探潜力受到越来越多的关注。

二、深部温压条件使生气门限延伸

深部烃源岩是否能够供烃对深层油气富集至关重要。准噶尔盆地莫深 1 井深度 7298.16m，地层温度为 180.72℃，此时还保存有液态烃，同时，石炭系天然气样干燥系数约 96%，并未达到天然气干燥系数的极限 100%。盆地埋深 4500~7500m 范围内剩余出油气井点（未达到工业油气流标准的探井，包括低产油气流井、有油气显示井）多表现为油气共存，可见盆地油气的保存深度至少超过 7500m。

准噶尔盆地地温场具有早热晚冷的特点。准噶尔盆地现今的地温梯度较低，为 18~24℃/km。从盆地不同地区现今成熟度与深度的关系看，盆地周缘隆起区（西部隆起、陆梁隆起、东部隆起、南缘冲断带）受构造抬升的影响，早期深埋的烃源岩后期被抬升至浅部位，显示出浅埋高成熟特征。晚古生代以来地温梯度持续下降，石炭纪末（距今 300Ma）为 5.5℃/100m，早侏罗世为 4.5℃/100m，现今为 2.3℃/100m（巩书华等，2013；潘长春等，1997；任战利，1998；邱楠生等，2000，2002），对深埋的气源岩生气潜力的保存有利。

热演化史模拟显示在白垩纪以前，伴随盆地周缘频繁的构造运动，盆地的古地温梯度比较高。取全盆地古地温梯度趋势分布的最高值（邱楠生，2002）对莫深 1 井进行热演化史模拟，结果显示二叠系—石炭系成熟度值为 1.2%~1.7%，处于高成熟阶段。根据趋势预测进入 8000~9000m，现今热演化阶段处于过成熟阶段，但 R_o 值小于 4%，温度小于 220℃。如图 6-2 所示，盆地南部佳木河组顶面的地层温度大多超过了 160℃，但地层温度大于 220℃ 的地区分布很有限。

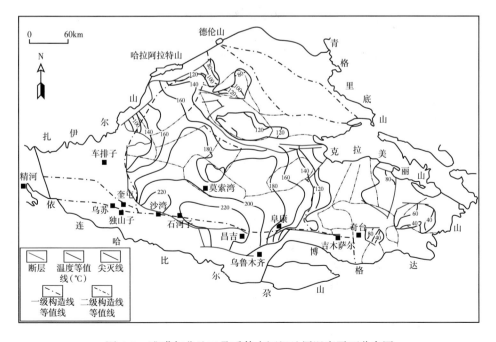

图 6-2　准噶尔盆地二叠系佳木河组地层温度平面分布图

依据胡国艺等（2014）对不同母质类型烃源岩在不同热演化阶段的转化率研究结果，可以判断虽然Ⅰ型、Ⅱ型干酪根转化率很高，但Ⅲ型干酪根及煤系烃源岩即使在 R_o 达到 4%的条件下，依然保存有 50% 左右的烃类转化率。并且，有机质接力成气模式认为干酪根热降解形成的液态烃只有一部分可排出烃源岩形成油藏，相当多的部分则呈分散状仍滞留在烃源岩内，在高成熟过成熟阶段会发生热裂解，使烃源岩仍具有良好的生气潜力（赵文智等，2005；李剑等，2015）。因此，深层的二叠系、石炭系烃源岩不仅能够生成干气，若有液态烃生成则应该存在油型裂解气。

侏罗系由于发育煤层，生气能力更大。根据莫深 1 井烃源岩样品成熟度测试结果，埋深 5000m 左右侏罗系烃源岩 R_o 值最高仅为 0.8%，埋深 7000m 的烃源岩 R_o 值仅约 1.3%。可以看出，根据莫深 1 井深部地层热史恢复结果模拟得出的成熟度值明显高于其实测值（图 6-3），主要原因是在模拟过程中未考虑深部地层存在异常高压的影响。

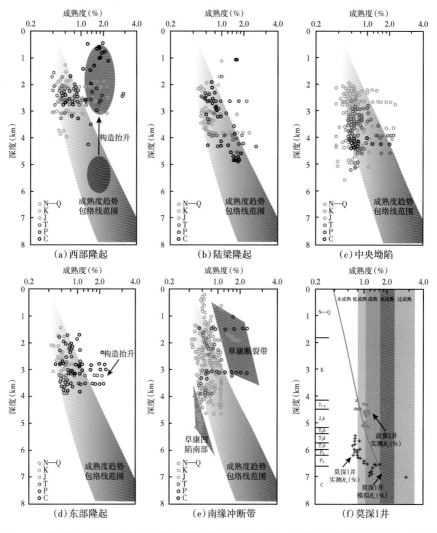

图 6-3　准噶尔盆地不同地区成熟度随深度变化及莫深 1 井热演化模拟与实测 R_o 关系

准噶尔盆地深部普遍存在高压异常，超压对有机质演化和生烃有抑制作用。准噶尔盆地超压顶界面具有明显穿层性，整体具有向西北方向埋深变浅、向凹陷内埋深变深的特点（吴海生等，2017）。自玛湖凹陷周缘的三叠系（冯冲等，2014）向腹部地区的侏罗系三工河组再至南缘地区的白垩系（赵桂萍，2003）以下地层均存在显著的异常高压。从过玛湖1井—莫深1井—吐001井压力预测剖面图（图6-4）中看出，在5000m凹陷深部，压力系数能达到2.0以上。谭绍泉等（2014）研究指出在超压作用影响下，准噶尔盆地烃源岩中的烃类演化将保持较长的时限，因此对于盆地有效烃源岩的长期演化有利。准噶尔盆地部分深层井，例如腹部的莫深1井，在4500m以深出现强超压，孔隙流体压力系数达到1.7以上，其对应的R_o较中浅层正常的R_o演化规律出现明显的抑制特征（图6-5）。这种超压异常对有机质生烃演化的抑制将使烃源岩的生排烃时期延长，使准噶尔盆地深部烃源岩的有机质演化长期处于一个有利的阶段，其实际生烃能力可能比目前生烃模拟得出的结果还要大。

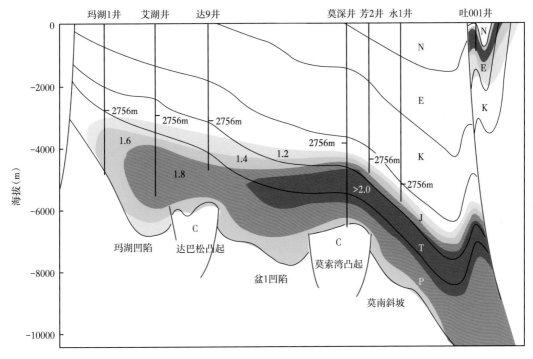

图6-4　过玛湖1井—莫深1井—吐001井压力预测剖面图

低地温场特点决定烃源岩热演化相对滞后，达到相同成熟度及生气门限需要更大的埋深。再加上深部异常高压对有机质热演化和生烃过程的抑制作用，导致主生气窗向深层延拓，主力气源灶埋深明显加大。对于准噶尔盆地天然气而言，目前勘探主要集中在中浅层，目前的发现以中小型次生气藏为主，考虑到深层高温高压背景下有机质及油气演化的特点，大型原生气藏应发育于中深层主力气源灶附近。盆地呈现出油多气少的特点可能与现有勘探深度及认识程度不足有关，深层天然气资源潜力可能被低估。

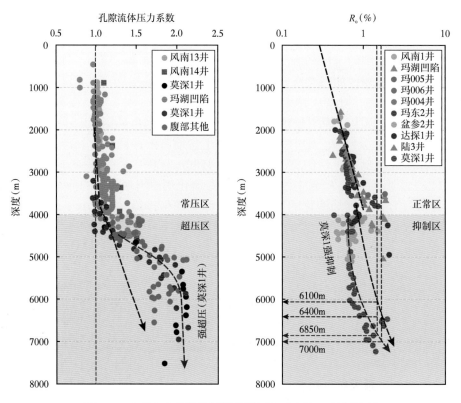

图 6-5　准噶尔盆地部分深层井强超压对应的 R_o 抑制特征

三、深层天然气成藏系统复式分布

准噶尔盆地纵向发育石炭系、二叠系和侏罗系三套主力气源岩，平面上对应形成石炭系、二叠系和侏罗系三大主力气源灶和三大含气系统。各含气系统形成的天然气藏均围绕气源灶近源聚集、环凹分布。受烃源岩分布的控制，三大主力气源灶的平面分布具有明显的分区性（图 6-6）：石炭系主力气源灶受残余生烃凹陷控制，主要分布在盆地东北部、东南部和西北部三大活动陆缘带；二叠系主力气源灶受高成熟生烃凹陷控制，分布于盆 1 井西、沙湾及阜康凹陷；侏罗系主力气源灶受侏罗系烃源岩分布和晚期深埋控制，主要分布在南缘及阜康凹陷。

目前已发现的天然气藏分布均受到主力气源灶控制。如受滴水泉和五彩湾主力气源灶控制，克拉美丽和五彩湾等石炭系天然气田分布于与其相邻的滴南凸起带。莫索湾和莫北等以二叠系为源的中浅层气藏，主要分布在与二叠系高成熟气源灶配置较好的气源断裂附近。呼图壁和玛河等以侏罗系为源的天然气田（藏）主要分布于南缘地区侏罗系主力气源灶之上。因此，主要依据前述的准噶尔盆地深层的主力烃源岩分布，将准噶尔盆地深层天然气成藏系统划分为三类：东部的石炭系天然气系统、盆地中央坳陷带内的下二叠统天然气系统、南缘下组合的侏罗系天然气系统。不同主力烃源岩控制的天然气系统在空间上存在一定交叉和重叠，形成复合含气系统（图 6-6）。

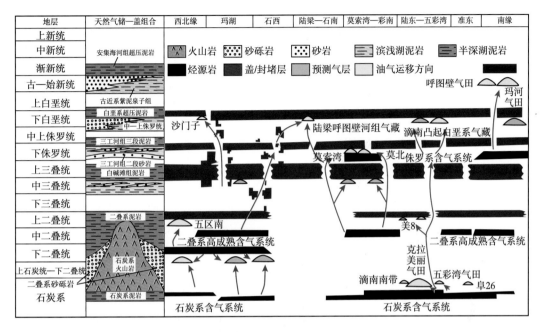

图 6-6　准噶尔盆地复合含气系统成藏组合划分示意图

1. 中东部的石炭系天然气系统

基于北疆地区剩余磁异常资料分析，准噶尔盆地东北部、西北部和东南部三大活动陆缘带均发育规模性火山岩体，分布于三大隆起区，遭受长期风化剥蚀（一般大于20Ma），距风化壳顶部400m范围之内广泛发育风化壳储层（吴桐等，2016），孔隙空间主要为溶蚀孔和裂缝。风化壳之下还发育火山岩内幕储层，同样为孔隙型储层和裂缝型储层，孔隙度为6.07%~19.10%，渗透率为0.03~0.28mD，具有较好的储集能力。莫深1井石炭系7000m以深发育凝灰岩、岩屑凝灰岩、沉凝灰岩，测井解释孔隙度为6.2%~11.0%，在7134~7160m和7350~7374m井段试油为自喷高产水层，证实准噶尔盆地7000m以深石炭系仍发育有效储层。

石炭系规模火山岩储层与上乌尔禾组湖泛泥岩配置形成优质储—盖组合，平面上主要集中分布在4个有利区（图6-7）：（1）滴南凸起区，面积为3495.8km^2；（2）东部隆起区，面积为7064.4km^2；（3）莫索湾隆起区，面积为593.6km^2；（4）中拐凸起区，面积为1831.7km^2。有利区总面积达12986km^2。

2. 中央坳陷带内的下二叠统天然气系统

中央坳陷带内的下二叠统天然气系统主要由玛湖、盆1井西、沙湾、阜康、东道海子共5个次级凹陷构成，发育石炭系、二叠系、侏罗系等多套烃源岩。烃源岩埋深大，一般为5000~10000m，最大埋深达15000m。二叠系风城组和下乌尔禾组是两套主力烃源岩，在中央坳陷带广泛分布。生烃模拟研究表明，风城组烃源岩以生油为主，当R_o值大于2%时，可生成一定量的天然气（支东明等，2016）。下乌尔禾组烃源岩早期生油，晚期生气，R_o值大于 1% 时达到生油高峰，R_o 值大于 2% 时开始大量生气。下乌尔禾组烃源岩生气强度为（5~160）$\times 10^8 m^3/km^2$，生气强度大于 $20 \times 10^8 m^3/km^2$ 的面积达 $1.5 \times 10^4 km^2$，第三次资源评价预测天然气地质资源量 $8351 \times 10^8 m^3$，说明中央坳陷带具有天然气成藏的资源基础（齐雪峰等，2010）。

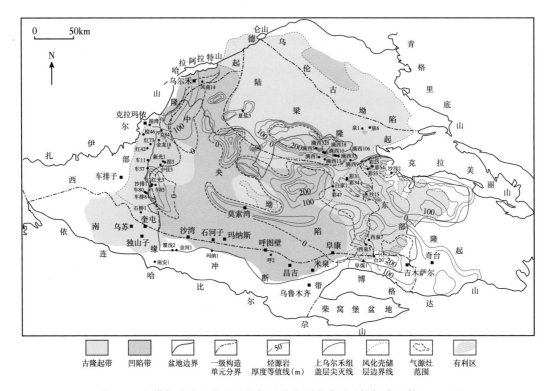

图 6-7　准噶尔盆地石炭系天然气系统有利分布区（据胡素云等，2020）

中央坳陷带发育深层大构造和大型地层岩性两类勘探目标。深层大构造目标主要包括玛湖、玛南、玛北、达 1 井区等 7 个大型背斜圈闭，以深层石炭系—二叠系为目的层，圈闭面积达 $1784 km^2$，具新生古储、自生自储两种成藏模式。玛北和玛南背斜圈闭资源量为 $6000 \times 10^8 m^3$，是中央坳陷带深层探索的重点目标。地层岩性圈闭主要分布在三叠系—白垩系，包括中拐凸起断层—岩性圈闭群和石西鼻凸断层—岩性圈闭群，累计面积达 $5369 km^2$，二叠系烃源岩生成的油气，经过断裂输导，在大型地层岩性圈闭群中次生成藏，潜在资源量为 $5000 \times 10^8 m^3$，是油气勘探的重要领域（卫延召等，2016；尹伟等，2008）。

受天山强烈隆升的影响，准噶尔盆地中央坳陷带南部地层埋深和厚度均较大，向北埋深变浅，地层逐渐减薄甚至尖灭，沙湾凹陷二叠系烃源岩最大埋藏深度超过 9000m（图 6-8）。这决定了二叠系烃源岩的热演化程度必然南高北低，反映在所生烃类相态上，南部和深层应以轻质油气为主，如达探 1 井在 5600~5900m，原油密度约为 $0.79 g/cm^3$。可以预测，在烃源岩生烃母质和成熟度等因素控制下，在凹陷深部，天然气聚集的可能性更高。

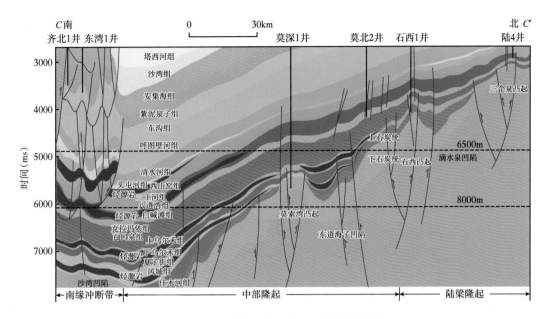

图 6-8 准噶尔盆地南北向地质格架剖面

3.南缘下组合侏罗系深层天然气系统

准噶尔盆地南缘前陆冲断带面积约 $2.3 \times 10^4 km^2$，第四次资源评价得到的天然气地质资源量为 $9800 \times 10^8 m^3$、剩余资源量为 $9454 \times 10^8 m^3$，发育上、中、下三套成藏组合，勘探工作与油气发现主要集中在中组合、上组合，下组合勘探程度低，至今无重大突破。综合分析南缘下组合天然气成藏条件好，具有两大有利条件。

一是南缘下组合构造层保持较为完整，有利于形成大中型气田。受安集海河组和吐谷鲁群两套区域性泥岩盖层控制，南缘发育了上、中、下三套构造层和三套成藏组合。上构造层为安集海河组以上地层，以侏罗系、白垩系及古近系—新近系烃源岩为源，塔西河组泥岩与沙湾组砂岩形成良好储—盖组合，构成上部成藏组合。上部成藏组合埋藏浅，泥岩封盖性差，构造变形破坏严重，天然气不易保存。中构造层为安集海河组和吐谷鲁群两套泥岩之间的地层，以侏罗系、白垩系烃源岩为源，安集海河组泥岩与紫泥泉子组—东沟组砂岩形成良好储—盖组合，构成中部成藏组合。中部成藏组合埋藏较深，泥岩盖层具有一定封闭性，下盘构造完整性较好，可形成中型气藏。下构造层为白垩系吐谷鲁群泥岩以下地层，主要以侏罗系烃源岩为源，吐谷鲁群泥岩与下伏清水河组—头屯河组砂岩形成优质储—盖组合，构成下部成藏组合。下部成藏组合埋藏深，泥岩盖层封盖性好，构造完整，易形成大中型气田（藏）（图 6-9）。

二是南缘下组合发育多套有效碎屑岩储层，具备大中型气田（藏）形成的储集条件。白垩系吐谷鲁群泥岩以下发育了白垩系清水河组（K_1q）、侏罗系喀拉扎组（J_3k）和头屯河组（J_2t）3 套规模碎屑岩储层（韩守华等，2012），主体构造部位埋藏深度相对较浅。白垩系清水河组为一套厚层块状砾岩及砂岩，厚度为 40~80m，剩余粒间孔发育，孔隙度为 6%~18%，主体构造部位清水河组储层埋深 6000~6500m。侏罗系喀拉扎组为一套厚层块状砂岩、砂砾岩，厚度为 200~600m，孔隙度为 5%~10%，主体构造带喀拉扎组储层埋深 6500~7000m。侏罗系头屯河组为一套互层状砂岩，厚度为 50~280m，主体构造带头屯河组砂岩储层埋深大于 7000m。根据南缘及邻区储层孔隙度与深度关系推断南缘主体乌奎构造带埋深 6000~7000m 的储层孔隙度为 5%~10%，对深层天然气成藏来说已达到有效储层标准。而实际钻探的西湖 1 井在 5970~6171m 井段钻揭 201m 头屯河组厚层中细砂层，实测孔隙度为 7%~10%，平均孔隙度 8%，也验证了上述孔隙度预测结果。针对该井 5996~6018m 和 6139~6160m 井段压裂试油，分别日产水 50.29m^3 和 55.3m^3，并产少量油，说明南缘下组合主体构造埋深 6000~7000m 仍然发育规模有效储层，具备天然气规模成藏的储集条件。

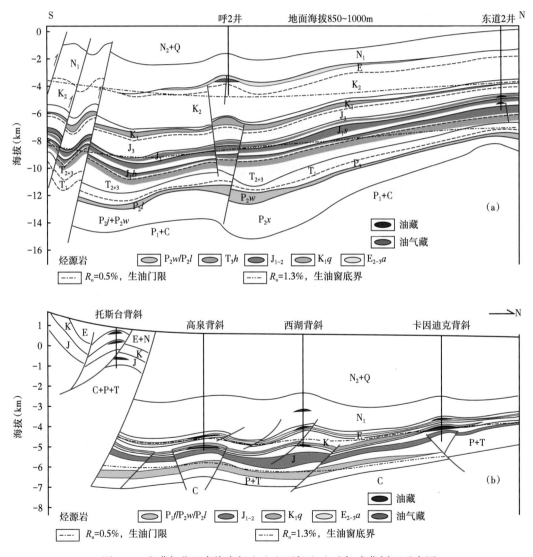

图 6-9　准噶尔盆地南缘中部（a）和西部（b）油气成藏剖面示意图

第三节 准噶尔盆地深部存在多源多成因类型天然气

盆地不同地区及不同层位天然气成因类型及性质都具有差异性，整体显示与烃源岩的有机质类型和成熟度有关。烃源岩中有机质的性质决定了深层天然气，是油型气还是煤型气或是混合气。腐泥型有机质带有较多长链结构和少量环状结构的化合物，因此热演化断链后主要形成液态烃和重烃气；而腐殖型有机质多数是缩合的环状结构化合物，带有较短的侧链，故只能形成相对少量的液态烃和重烃气，主要产物是甲烷。烃源岩的热演化程度决定了天然气的成熟度，例如油型气的种类和成藏特点。

环玛湖地区目前发现的天然气以油藏气为主，气源分析显示气源岩是玛湖凹陷的风城组和佳木河组（高岗等，2012）；陆东凸起周缘天然气的气源岩为石炭系，其生烃母质为腐殖型有机质；盆地东部白家海凸起—北三台地区发现的油气藏，其中油源来源于二叠系平地泉组，气源则为阜康凹陷侏罗系成熟的煤系地层有机质；盆地腹部及南缘大部分地区发现的气藏主要来源于侏罗系气源，莫索湾凸起及莫北凸起发现的油气藏则主要来源于二叠系下乌尔禾组成熟—高成熟的烃源岩（杨永泰等，2002）；中拐凸起新光2井区佳木河组气藏多认为是来自于佳木河组自生的气源，但也有认为是主要来源于高成熟的下乌尔禾组烃源岩（李二庭等，2019）。由于准噶尔盆地深部的（＞4500m）地质环境基本为高温高压，所以和其他盆地一样，到了深层，天然气多为凝析气藏或纯干气藏。下文以准噶尔盆地东部地区、西北缘地区、南缘地区为例，分别介绍准噶尔盆地发现的几种典型天然气类型。

一、石炭系煤型气成因的高成熟凝析气

石炭系煤型气为主控成因的高成熟凝析气以准噶尔盆地克拉美丽气田石炭系凝析气藏为代表。该区天然气同层中的凝析油显示主要来源于北部滴水泉凹陷石炭系与南部东道海子凹陷二叠系烃源岩。由于后期保存条件较差，普遍遭受了严重的生物降解作用。石炭系来源的凝析油 Pr/Ph 值相对较高（平均为 2.84）（表 6-1），具有伽马蜡烷含量相对较高、全油碳同

表 6-1 准噶尔盆地凝析气藏凝析油基础参数

凝析油来源	凝析油分布	Pr/nC_{17}	Ph/nC_{18}	Pr/Ph	全油碳同位素（‰）
石炭系烃源岩	克拉美丽地区	0.15~0.43/0.26	0.07~0.16/0.11	2.00~3.67/2.84	-24.00~-30.00/-25.68
	准东地区	0.31~0.34/0.33	0.11~0.12/0.12	2.97~3.16/3.07	-27.00~-28.00/-27.39
二叠系烃源岩	西北缘风城组	0.58~0.60/0.59	0.56~0.62/0.59	1.23~1.32/1.28	-29.00~-30.00/-29.86
	西北缘佳木河组	0.63	0.67	1.94	29.84
	腹部地区下乌尔禾组	0.40~0.51/0.45	0.30~0.43/0.36	1.33~1.80/1.54	-28.00~-30.00/-29.12
	克拉美丽地区	0.18~0.36/0.25	0.15~0.24/0.19	1.25~1.71/1.49	-27.00~-28.00/-28.12
	准东地区	0.42	0.31	1.53	-29.41
侏罗系烃源岩	准东地区	0.30	0.10	2.01	-25.85
白垩系烃源岩	南缘冲断带中段	0.24~0.46/0.35	0.31~0.84/0.46	0.58~1.04/0.88	-28.00~-30.00/-28.31

注："/"后为平均值。

位素偏重（平均为 -25.68‰）的特点。二叠系来源的凝析油 Pr/Ph 值相对较低（平均为 1.49），与石炭系凝析油相比，伽马蜡烷含量相对较低，全油碳同位素较轻（平均为 -28.12‰）（图 6-10）。

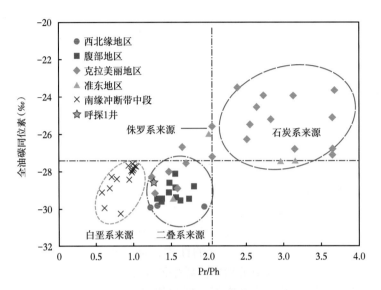

图 6-10　凝析油姥植比与全油碳同位素关系

该区的天然气主要来源于石炭系，$\delta^{13}C_1$ 组成较重（图 6-11），普遍在 -26‰~-34‰（表 6-2）。该区还发现部分 $\delta^{13}C_1$ 偏轻、$\delta^{13}C_2$ 偏重的天然气，考虑到该地区生物降解现象较为普遍，推测应为生物降解气与石炭系晚期高成熟天然气混合所致。天然气 C_7 轻烃组成中，甲基环己烷指数占绝对优势，范围在 31.65%~73.78% 之间，平均为 52.74%，正庚烷指数与二甲基环戊烷指数平均值则分别为 32.59% 和 14.69%。

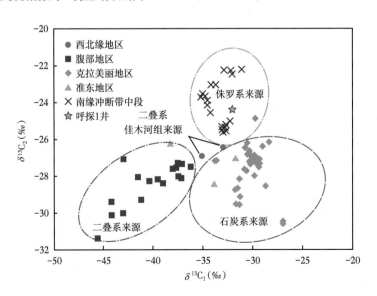

图 6-11　天然气 $\delta^{13}C_1$ 与 $\delta^{13}C_2$ 关系

表 6-2 准噶尔盆地凝析气特征

凝析气来源	凝析气分布	$\delta^{13}C_1$（‰）	$\delta^{13}C_2$（‰）	$\delta^{13}C_3$（‰）	甲基环己烷指数（‰）
石炭系烃源岩	克拉美丽地区	−26.00~34.00/−30.62	−22.00~−31.00/−27.31	−21.00~−30.00/−25.26	31.65~73.78/52.74
	准东地区	−32.00~38.00/−34.48	−26.00~−29.00/−26.86	−23.00~−25.00/−23.66	29.00~56.00/47.00
二叠系烃源岩	西北缘地区	−31.00~35.00/−32.77	−26.00~−29.00/−27.48	−24.00~−29.00/−26.34	34.43~52.94/42.32
	腹部地区	−34.00~46.00/−38.21	−22.00~−23.00/−27.72	−23.00~−29.00/−26.73	31.82~58.37/42.11
侏罗系烃源岩	准东地区	−33.00~−35.00	−28.00~−30.00	−26.00~−28.00	
	南缘中段地区	−30.00~35.00/−33.81	−22.00~−25.00/−23.99	−21.00~−24.00/−22.63	41.67~66.42/54.96

注："/"后为平均值。

该区的凝析气藏为油气同源的热成因型，主要指油气为同一套烃源岩高成熟阶段生成的产物直接运聚而成，该阶段烃源岩生成的油气在地层条件下多呈气相存在，油气生成后直接在有利圈闭中成藏即形成凝析气藏，属于典型的热成因型。该区凝析气藏中凝析油密度为 0.7136~0.8137g/cm³，气油比 GOR 主体大于 1×10⁴m³/m³，天然气乙烷碳同位素分布在 −28.60‰~−25.86‰ 之间，呈现出煤成气的性质，且天然气偏干，干燥系数主要分布在 88%~96% 之间，表明克拉美丽气田天然气主要来源于石炭系偏腐殖型烃源岩，是高成熟阶段生成的产物。凝析气藏中凝析油密度低，碳同位素较重（平均值为 −26.03‰），Pr/Ph 值相对较高（平均值为 2.90），也为典型的石炭系烃源岩产物。由于石炭系腐殖型烃源岩在高成熟阶段生油能力较差，结合油气成因分析认为：克拉美丽气田石炭系凝析气藏中油气同源，主体均来自于滴水泉凹陷高成熟的石炭系烃源岩，为高成熟演化阶段热成因的产物。

二、二叠系风城组和佳木河组成因的西北缘油型气和煤型气

地质剖面推测西部深大凹陷深部存在二叠系来源的凝析气和干气藏。前已述及，烃源岩热演化程度可能受到多方面因素影响，在几个深大凹陷（玛湖凹陷和沙湾凹陷）周边，目前的样品并未达到目前预测的过成熟阶段。在玛湖和沙湾几个富油凹陷，其周缘从深到浅存在不同成熟度序列的天然气藏。准噶尔盆地西北缘迄今发现的气藏中，天然气赋存形式主要为溶解气（或气顶气）和凝析气而缺乏纯气藏。以玛湖凹陷为例，天然气赋存形式包括溶解气（或气顶气）和凝析气藏，区内以油型气为主，自东向西，天然气成因类型从油型气到煤型气，两者中间区域为混合气区。其中溶解气主要分布在油型气区内，亦即主体含油区内，由于重力分异作用，部分天然气从原油中脱出，在构造高部位形成气顶，具有底油或油环特征，即为气顶气藏，如夏子街三叠系气藏。凝析气主要分布在煤型气区和混合气区内，尤以煤型气最为典型，它主要赋存在上二叠统上乌尔禾组或岩性尖灭带及下二叠统佳木河组火山岩或火山碎屑岩之中，如克 75 井区二叠系气藏。

根据天然气组分和碳同位素的分析和判别（图 6-12），西北缘分布有油型气、煤型气和这两类的混合气。同层的凝析油全油碳同位素组成主体在 −29‰~−31‰ 之间（图 6-10），较轻的碳同位素组成反映较好的生烃母质类型（王万春等，1997），因此凝析油特征指示主要来自二叠系风城组，少量来自佳木河组。风城组来源的凝析油姥植比 Pr/Ph 值较低，主体小于 1.4（表 6-1），佳木河组来源的凝析油 Pr/Ph 值较高，约为 2.0。

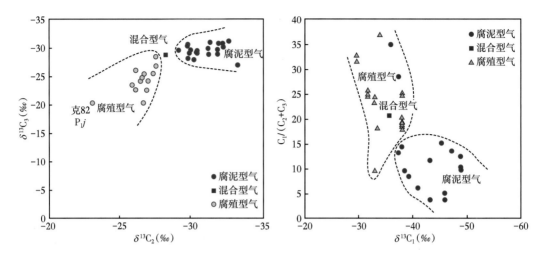

图 6-12 克百地区天然气不同组分碳同位素比值交会图

西北缘天然气的赋存形式与天然气的成因类型密切相关，进而可以认为，不同的生源控制了天然气的类型，造成平面分布上的明显分带性。准噶尔盆地西北缘的主力烃源岩是上二叠统风城组，这套地层发育于油区以南、玛湖凹陷东侧，类型为Ⅰ—Ⅱ₁型，中等成熟度，但向西地层厚度减薄，岩性变粗，这对于生油气不利。因此，西北缘油区内由东向西油型气成分越来越少，显然与这套烃源岩的发育地区或供油气范围有关。近年来，西北缘的勘探实践证实，下二叠统佳木河组为一套火山岩和沉凝灰岩，主要沉积于西北缘西侧油区范围内，其中近 300m 的暗色泥岩呈狭长状分布于五区至斜坡带的南北方向上，恰与典型的煤型气区，即克 75 井区吻合。这套泥岩的有机质类型为Ⅲ型，热演化程度相对较高，可认为是煤型气的气源岩。从混合气的分布来看，主要聚集在油型气区和煤型气区接合处的 546 井区及五区北侧的四区和西侧的红山嘴部分井中，形成东、北、西三面环绕煤型气区的混合气分布区，推测是来自玛湖凹陷风城组的油型气与来自五区佳木河组煤型气混合聚集的结果。根据天然气母质成熟度的计算结果，油型气的母质成熟度主要为成熟—高成熟阶段，少部分显示过成熟；煤型气的母质成熟度主要为高成熟—过成熟，少部分为成熟（图 6-13）。

上述特征可概括为两套气源岩、两个生气中心、两类不同成因天然气分布区带。从油型区到煤型气区，天然气单井产量增加，高产气井出现于煤型气区。油型气区内的天然气，无论是溶解气还是气顶气其产量均较低。向西至煤型气区，即克 75 井区，天然气单井产量均达到 $2 \times 10^4 m^3$ 以上，特别是克 75 井达到 $50 \times 10^4 m^3$ 以上，同时有近 $30m^3$ 的无色凝析油产出。显然，两套烃源岩的不同母质类型及成熟度决定不同的生气强度，从而控制了平面上天然气的单井产量。煤型气主要为气藏气，在平面分布聚集上有很强的集中性。从煤型气与佳木河组的分布关系（图 6-14）来看，佳木河组内部或其顶部不整合面之下分布的煤型气很难来自佳木河组以外的其他烃源岩。在佳木河组顶部不同程度地覆盖着上乌尔禾组泥岩，气藏主要都分布在这套泥岩厚度较大的构造部位之下，薄泥岩部位保存条件差，气藏难以形成。

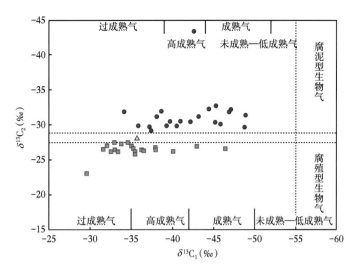

图 6-13　西北缘克百地区天然气甲烷—乙烷碳同位素比值划分天然气成因类型图

纵向分布上，油型气为多层系储集，煤型气主要集中在二叠系储集。油型气主要分布于上乌尔禾组、三叠系和侏罗系，其次是断裂带上盘埋藏较浅的石炭系，佳木河组未见油型气分布。煤型气主要分布于佳木河组及其上覆的上乌尔禾组，极少量分布在克拉玛依组。来自玛湖凹陷的油型气，当沿着二叠系不整合面运移至断阶带后，断裂的沟通造成上盘、下盘不同层系均含油气，或者说断裂断至哪个层位，哪个层位就含油气。而煤型气由于来自克乌断裂下盘的佳木河组暗色泥岩层，天然气可以在佳木河组内部火山岩裂缝性储层中聚集起来，如 561 井和 581 井佳木河组气藏（图 6-14）；也可以继续就近向上运移，当上覆上乌尔禾组有良好的储集条件时，天然气便聚集于其中，如克 75 井、克 77 井上乌尔禾组气藏。

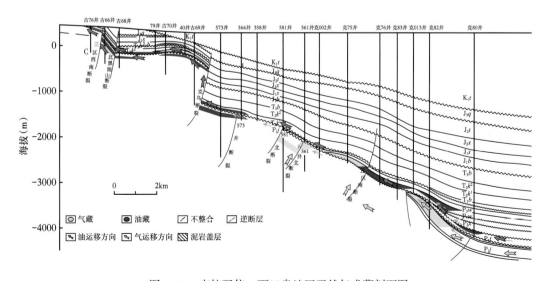

图 6-14　克拉玛依—百口泉地区天然气成藏剖面图

风城组泥岩由于处于咸水环境和高压环境下，会更有利于生油，因此造成玛湖凹陷边缘以煤型气为主，而油型气往往是在成熟阶段生油窗内形成的成熟度不高的原油伴生气。佳木河组烃源岩正处于生气阶段，勘探结果也证实玛湖凹陷油多气少，油气源对比研究认为天然气主要来自佳木河组。

三、凹陷深层液态烃裂解成因的干气

盆地石炭系、二叠系烃源岩在凹陷部位进入高成熟阶段，以生气为主；深部地层中早期充注的原油也可裂解成气。总体上几个富油凹陷包括玛湖和沙湾凹陷风城组、佳木河组和下乌尔禾组烃源岩都已经开始进入凝析气阶段（R_o介于1.3%~2.0%），并且凹陷主体P_1f烃源岩部分现今已进入干气阶段（$R_o > 2.0\%$）。

以玛湖凹陷为例，玛湖凹陷西北缘的克百地区油气藏中的原始气油比分布特征显示，随埋藏深度增大，原始气油比增大，这也指示着向玛湖凹陷深部，气油比值会进一步增大，可能会有规模性纯气藏存在。从玛湖凹陷过玛页1井—玛北1井—夏盐2井的地质剖面看（图6-15），下二叠统风城组和佳木河组及石炭系埋藏深度都已经超过6500m，对应的热演化成熟度R_o基本处在1.3%~2.0%之间。考虑到该剖面还不是经过凹陷中央部位，因此在玛湖凹陷中央部位，埋藏更深，成熟度也更高，在凹陷深部，会有大量的腐殖型有机质生成高成熟的煤型气；同时也可能有风城组腐泥型有机质生成的液态烃在源内发生裂解，生成原油裂解气。

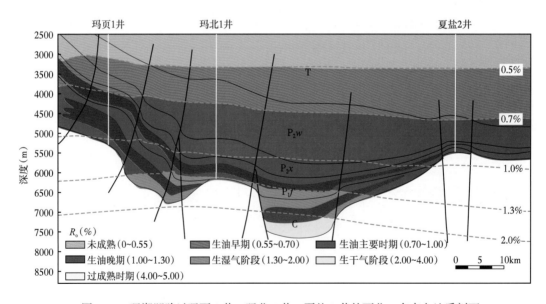

图6-15 玛湖凹陷过玛页1井—玛北1井—夏盐2井的西北—东南向地质剖面

以沙湾凹陷为例，从中拐凸起南部已发现油气藏的分布特点来看，在远离沙湾凹陷的断裂带，拐16井、拐15井等井在浅层白垩系发现油藏，向凹陷斜坡与断裂带过渡区域的拐303井和拐13井在侏罗系发现带气顶油藏，凹陷斜坡部位的中佳1井、新光2井及沙排1井发现了带油环的气藏，按照差异聚集理论推测沙湾深部储层中应聚集了大规模的天然气，可能存在纯天然气藏（图6-16）。从南部的沙湾凹陷经过凹陷中央部位近东西向（过车

探 1 井，北北西—东东南）的地质剖面看（图 6-17），整个二叠系和石炭系都埋藏很深，演化程度相对较高，二叠系埋深基本超过 6000m，几套主力气源岩包括风城组、佳木河组和石炭系在中央部位基本已经处在 10000m 以深，对应的成熟度 R_o 基本超过 4.0%，有机质处于过成熟状态，当然这种状态也不利于生烃，但是源内生成的液态烃和重烃气会裂解成为干气。另外，向凹陷边缘和斜坡部位，烃源岩的成熟度会有所降低，刚好处在湿气和干气阶段，会生成成熟到高成熟—过成熟的天然气。

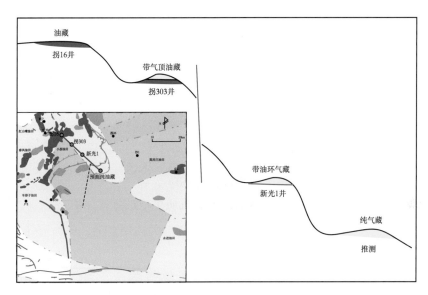

图 6-16　沙湾凹陷周缘天然气的差异聚集指示深层有纯气藏存在

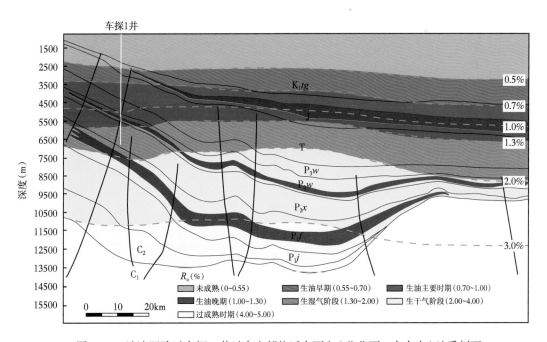

图 6-17　沙湾凹陷过车探 1 井过中央部位近东西向（北北西—东东南）地质剖面

总之，埋深大的几个凹陷（玛湖凹陷和沙湾凹陷）中烃源岩成熟度会更高，靠近凹陷深部地带可能会有大规模天然气藏，其成因类型可以是下乌尔禾组、佳木河组和石炭系的腐殖型生成的煤型气，也可以是深部风城组腐泥型有机质生成的原油之后裂解成的原油裂解气，深层天然气应主要是凝析气和干气相态。

四、二叠系下乌尔禾组成因的油型—煤型混合气

靠近盆1井西凹陷东部的腹部地区的凝析油主要来自于二叠系下乌尔禾组，与盆地西北缘来自二叠系的凝析油在一定程度上具有相似的地球化学特征。凝析油中三环萜烷相对含量较高，C_{20}、C_{21} 和 C_{23} 三环萜烷以山峰型分布为主，伽马蜡烷指数主要为 0.1~0.2，C_{27}、C_{28}、C_{29} 规则甾烷同样呈上升型分布，全油碳同位素主要为 -28‰~-30‰。

该区天然气同样来源于二叠系下乌尔禾组烃源岩，其中混有少量风城组来源的油型气。碳同位素整体偏轻（表 6-2），呈现出混合气为主的特征（图 6-11）。天然气 C_7 轻烃组成中，代表藻类和细菌的正庚烷与代表高等植物的甲基环己烷含量相当，均在 40%~50%，表明腹部地区生成天然气的母质类型具有较大差异（孙平安等，2012），而造成这种差异的原因，除了混源因素之外，可能主要是由于二叠系下乌尔禾组烃源岩相变引起的（陈建平等，2016）。二叠系下乌尔禾组发育腐泥型—腐殖型混合有机质，可生成油型—煤型混合气。

另外，在北部陆梁油田，还存在部分干燥系数高（＞0.97）、$\delta^{13}C_1$ 轻（＜-49‰），$\delta^{13}C_2$ 和 $\delta^{13}C_3$ 较重的天然气，其分布正好位于存在生物降解的油层之上，应为遭受生物降解所形成的次生生物气（陈建平等，2016）。

五、侏罗系煤型气为主要成因的混合型天然气藏

准噶尔盆地南缘地区天然气烃类组分变化大，总体以湿气为主，少量干气。西部四棵树凹陷天然气干燥系数为 73%~93%，以湿气为主；中部第 2、3 排构造天然气干燥系数为 63%~95%，由西向东逐渐增大，基本上为湿气。第 1 排构造天然气和东部马庄气田天然气为干气。

南缘地区天然气碳同位素组成总体较重，而氢同位素组成较轻，绝大多数天然气组分碳同位素组成呈现正序分布，少量呈倒转分布，均属于有机热成因天然气，由淡水—微咸水沉积有机质生成，可以分为煤型气、混合气与油型气 3 类，以煤型气与混合气为主。根据天然气组分和碳、氢同位素特征及相关图版（图 6-18、图 6-19）分析表明，西部卡因迪克、西湖及独山子背斜构造以煤型气和混合气为主；中部安集海、霍尔果斯、玛纳斯、吐谷鲁及呼图壁背斜构造以煤型气为主，南安集海背斜天然气为油型气，齐古背斜天然气为混合气和煤型气；东部三台地区马庄气田天然气属于油型气。

在南缘天然气中，西部四棵树凹陷卡因迪克、西湖和独山子等背斜构造天然气 $C_1/$（C_2+C_3）值最小（图 6-18），甲烷碳同位素组成最轻，与吐哈盆地台北凹陷来源于中下侏罗统煤系烃源岩的天然气（王昌桂等，1998；Ni 等，2015）比较相似，大多数属Ⅲ型干酪根来源的热成因气，少数属于偏Ⅱ型干酪根来源的有机热成因气。南缘西部四棵树凹陷高泉背斜构造高探 1 井下白垩统清水河组天然气具有较轻的甲烷碳同位素组成和非常低的 $C_1/$（C_2+C_3）值，与西部地区大多数天然气有所差异，该天然气为煤型气和油型气的混合气，侏罗系煤系和二叠系湖相烃源岩的贡献各占一半左右，揭示南缘西部不仅只有侏罗系一套

油气烃源岩，还应该有二叠系气烃源岩。

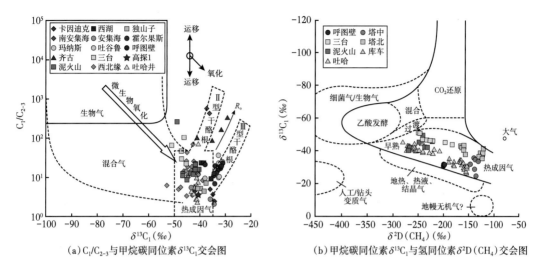

（a）C_1/C_{2-3}与甲烷碳同位素$\delta^{13}C_1$交会图　　　　　（b）甲烷碳同位素$\delta^{13}C_1$与氢同位素$\delta^2D(CH_4)$交会图

图 6-18　南缘地区不同背斜构造天然气组分成因类型判识（据陈建平等，2019）

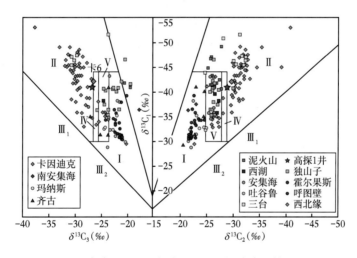

图 6-19　南缘地区天然气类型判识（据陈建平等，2019）

Ⅰ—煤成气；Ⅱ—油型气；Ⅲ—碳同位素系列倒转混合气区；Ⅳ—煤成气和油型气区；Ⅴ—煤成气、油型气和混合气区

　　侏罗系煤系烃源岩是南缘地区最主要的天然气烃源岩，二叠系和上三叠统烃源岩在局部地区也是重要的天然气烃源岩。中部第2、3排构造的天然气主要来源于侏罗系煤系烃源岩，第1排构造天然气来源于二叠系湖相烃源岩和侏罗系煤系烃源岩，可能有上三叠统湖相—湖沼相烃源岩的贡献；西部构造的天然气主要来源于侏罗系煤系烃源岩和二叠系湖相烃源岩；东部三台地区的天然气来源于二叠系湖相烃源岩。

　　盆地南缘多为异源混合型天然气藏，后期异源形成的高成熟天然气对早期天然气藏发生气侵，形成气侵型凝析气藏。这在盆地南缘中段比较典型，凝析气藏中天然气偏干，碳同位素重，为侏罗系腐殖型烃源岩高（过）成熟阶段的产物；凝析油主体偏腐泥型，相对凝析气藏中的天然气演化程度较低，为腐泥型烃源岩低演化阶段的油气充注成藏，之后高成熟腐殖型天然气大量侵入而形成。高成熟腐殖型天然气的大量侵入一方面与早期已充注的低演化阶段原油混合，另一方面在气侵分馏作用下，低碳数的烃类溶解于气相中，受不同碳数溶解能力及气侵分馏作用强弱的影响形成（带油环的）凝析气藏。例如，呼探 1 井清水河组凝析气藏的天然气干燥系数为 94%，甲烷碳同位素值为 -31.70‰~-31.53‰，乙烷碳同位素值为 -24.38‰~-24.28‰，为典型的侏罗系高成熟阶段的腐殖型天然气；其凝析油密度为 0.8192g/cm^3，明显重于呼图壁气田凝析油，且凝析油的正构烷烃碳数分布宽，与偏干的天然气演化阶段不符，反映油、气不同源或不同期。全油碳同位素值在 -28.73‰~-28.46‰之间，Pr/Ph 值在 1.14~1.27 之间，凝析油 C$_7$ 轻烃组成中代表高等植物来源的甲基环己烷指数为 53%。分析认为，呼探 1 井原油为混源油，轻烃主要来源于腐殖型烃源岩，重烃组分可能来自二叠系烃源岩，呼探 1 井区凝析气藏为二叠系烃源岩受侏罗系腐殖型有机质高成熟演化阶段生成的天然气气侵而形成。

第四节 深层天然气成藏的主控因素及模式

深层天然气成藏的宏观分布规律与常规油气藏具有一致性，但深层天然气藏更多强调的是天然气成因及来源对于深层高成熟凝析油气成藏的控制，即供烃相态特征的变化。其他因素诸如断裂、有利储层相带、不整合等也控制着深层天然气的运移与聚集。

一、深层天然气成藏的主控因素

1. 断裂是深层天然气运移的关键输导要素

前已述及，深层凝析气藏分布的源控特征明显，但准噶尔盆地油气分布受断裂的控制作用已形成共识——无断裂不成藏。区带性的大断裂主要起油气输导作用，小断裂起控藏作用。凝析气藏的分布同样受到断裂的控制（图 6-20），如西北缘凝析气藏的分布与断裂的

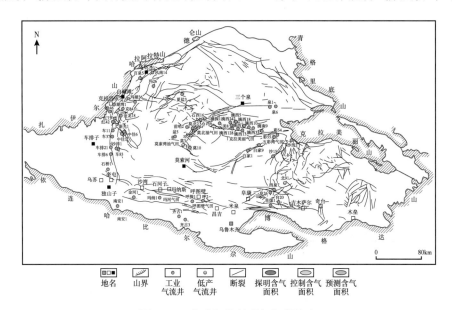

图 6-20 准噶尔盆断裂与气藏叠合

发育有着密切关系。莫索湾—克拉美丽地区发现的凝析气藏均为源外成藏，油气源主要来自凹陷区石炭系、二叠系（王绪龙等，2013；刘刚等，2019），油气聚集在凸起区石炭系、二叠系、侏罗系、白垩系等，油气的长距离输导主要依靠不整合面、断裂、砂体组成的复杂输导体系，其中，断裂起到纵向调配的作用，使油气能从深部的石炭系、二叠系运移到浅层的侏罗系、白垩系成藏。

　　对于同源热成因型凝析气藏，以克拉美丽石炭系凝析气藏为例，来自石炭系松喀尔苏组烃源岩的油气，往往需要海西期断裂的调整，从而沟通石炭系顶部或者内部优质储层而聚集。对于油气不同源气侵型凝析气藏，源、储分离，不仅需要油源断裂的沟通，还需要断裂的调整与控藏。如前哨地区三工河组凝析气藏，来自二叠系下乌尔禾组的油气源经过海西期断裂的沟通，印支期断裂的纵向接力输导，进入燕山期正断层与砂体配置形成的断块岩性圈闭，形成断块岩性油气藏。所以断裂的形成、发展和组合形式对凝析油气聚集有明显的控制作用。

　　此外，对于源内运聚而言，无论断裂性质如何，在构造活动期断裂都起着输导作用，在构造休眠期大多数断裂对油气起遮挡作用。对于源外运聚而言，断裂活动期多为输导断裂，对油气从生烃凹陷到聚集单元的运移起到了"高速公路"的作用，依附断裂形成的成排展布的局部构造控制了油气的聚集和展布，断裂断至相应的储—盖组合，便可聚集成藏。例如，玛湖凹陷下二叠统烃源岩生成的天然气运移到上乌尔禾组和百口泉组，即为源储大跨度对接型油气成藏模式（图6-21）。

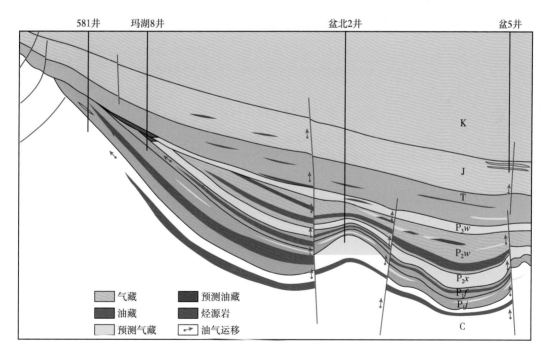

图6-21　玛湖凹陷断裂沟通实现源储大跨度对接型油气成藏模式

　　断裂活动使断裂带附近构造裂缝发育，储集性能和渗滤条件改善，油气更易富集。中央坳陷浅层发育自南而北的阶梯状输导断裂，造就了与断裂有关的油气高丰度区和高丰度层位呈阶状分布。断裂和其他要素的良好匹配，可以实现天然气从深层到浅层的立体成藏。例如，在盆1井下凹陷东侧的石西油气田和石南油气田，断裂主要和砂体配置，形成"沟槽富砂、断裂垂向输导"的立体油气成藏模式（图6-22）；而在西北缘中拐地区附近，断裂主要和不整合面相匹配，实现"断裂垂向沟通，不整合面侧向输导"的立体油气成藏模式。

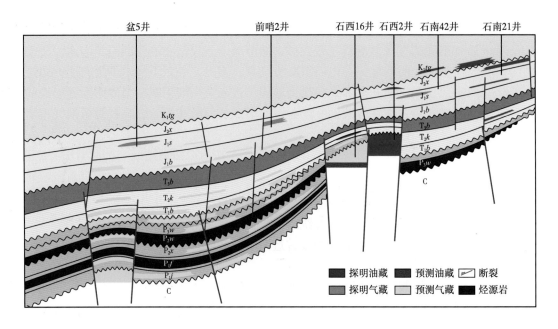

图6-22 "沟槽富砂、断裂垂向疏导"立体成藏模式

2. 优势相带控制了局部深层天然气成藏规模与分布

无论哪一类深层天然气藏，其成藏都受控于优质储层分布，储层规模控制着深层凝析气藏的规模。由于多期构造演化及复杂的区域构造运动，准噶尔盆地存在新近系—侏罗系砂岩、三叠系—二叠系砂岩和砾岩、二叠系白云质混积岩、石炭系火山岩四大类有效储层（陈建平等，2016）。砂岩的沉积环境以（辫状河、曲流河）三角洲沉积相带为主。目前盆地南部侏罗系的八道湾组、三工河组、头屯河组，白垩系清水河组及古近系紫泥泉子组油气最为丰富，发现了莫北油气田、莫索湾油气田和莫西庄油田。其中，莫西庄含油气构造的储集体为由北东向南西推进的三角洲砂体。

砾岩的沉积环境以冲积扇—扇三角洲沉积体系为主，广泛分布在富烃凹陷的斜坡区。准噶尔盆地扇沉积相模式分为稳定边缘缓坡型相模式和不稳定边缘陡坡型相模式。由于盆地内水体振荡运动、湖水面进退的变化，烃源岩与储集体形成侧向变化、垂向叠置的组合，烃源岩与储集体接触面积大（或断裂沟通烃源层与储层），构成良好的输导条件，为大面积成藏形成了有利条件，如西北缘地区扇体成藏。砂砾岩中见到的气藏相对较少，以油藏为主，但深入凹陷内的砂砾岩体多为轻质油藏、凝析油气藏。该类优质储层以三叠系百口泉组、二叠系上乌尔禾组的发现最为丰富。近期，在阜康凹陷的风险探井康探1井上乌尔禾组薄层储层两层试油均获得高气油比的凝析油气藏，油质很轻，原油密度普遍低于0.83g/cm³。

火山岩储层在盆地内广泛发育，主要集中在石炭系和下二叠统，酸性火山岩、中性火山岩、基性火山岩均有发育，以爆发相火山角砾岩和溢流相玄武安山岩为最优。滴南地区百里气区的分布及规模整体表现为岩相控藏的特点，爆发相、溢流相的高孔隙度火山岩往往高产，如滴西14井、滴西10井等，但其他类火山岩储层物性较差，油气显示也弱。火山岩以石炭系最为发育，但存在风化壳型和内幕型两种类型，受多期火山活动及地表淡水淋滤作用的影响，往往形成高孔隙度火山岩，但也有相当一部分火山通道内的爆发相及溢流相优质火山岩被快速覆盖，形成了优质的内幕高孔隙度储层，与石炭系烃源槽匹配，配合断裂输导，也能形成规模气藏，如美8井。

总体而言，盆地凝析油气分布主要受高成熟烃源岩生烃灶的控制，具有近源成藏的特点，规模性凝析气藏往往发育于凹陷区贴近烃源岩的优质储集体中，在油气源充足的条件下，储集体的规模控制着成藏的规模。

3. 储—盖组合控制了天然气藏的纵向分布

受3套区域性泥岩盖层控制，准噶尔盆地发育下、中、上三套天然气储盖组合。下部发育上二叠统上乌尔禾组顶部泥岩与二叠系砂砾岩及石炭系火山岩的储—盖组合；中部发育上三叠统白碱滩组泥岩与中—下三叠统砂砾岩储—盖组合及白垩系吐谷鲁群泥岩与侏罗系、白垩系砂岩的储—盖组合；上部发育古近系安集海河组泥岩与紫泥泉子组砂砾岩的储盖组合。

三套储—盖组合控制了天然气藏的纵向分布。目前已发现的大型、中型气田主要受上、下两套储—盖组合控制。上乌尔禾组泥岩超覆于古隆起区之上，控制了石炭系—二叠系天然气藏的分布，克拉美丽、五彩湾和金龙等气田均受该套储—盖组合控制。南缘安集海河组超压泥岩与紫泥泉子组砂岩形成优质储—盖组合，是目前南缘发现天然气最多的储盖组合，已发现的呼图壁和玛河气田即为此类储—盖组合（侯启军等，2018）。中央坳陷带三叠系—白垩系发育多套湖相泥岩与砂岩优质储—盖组合，控制了中浅层次生气藏的分布，已发现的莫索湾和莫北等气藏即受该套储—盖组合控制。尽管目前这套组合中发现的气藏规模较小，但仍值得关注。

4. 稳定构造背景是深层大中型气田形成与保存的重要保障

准噶尔盆地属于多期改造型含油气盆地，经历了海西、印支、燕山和喜马拉雅等多期构造调整改造，对大中型天然气藏的形成与保存不利。相同地质条件下，天然气较石油具有更强的扩散能力，天然气成藏对盖层封盖性要求更高。泥岩盖层在后期构造挤压变形过程中易发生脆变破裂，而稳定的构造背景可以避免泥岩盖层因构造改造而脆变破裂，有利于大型、中型天然气藏的形成与保存。构造背景的稳定性主要体现在三个方面：(1)构造继承性或持续性，即成藏期古构造继承性保持为正向构造单元；(2)后期构造改造弱，即成藏期后构造很少经历抬升剥蚀；(3)后期断裂对油气藏的破坏少，即成藏期后断裂对早期成藏期构造不破坏或少破坏。如盆地西北缘断阶带和山前冲断带经历多期构造运动的调整改造，早期形成的气藏往往难以规模有效聚集与保存，因此在西北缘断阶带、克拉美丽山前仅发现中型、小型气田。相反，位于盆地腹部的隆起带在海西期构造抬升后基本上保持持续沉降，早期形成的气藏后期不易被破坏，有利于形成大型、中型气田，如克拉美丽气田就位于腹部陆梁隆起东段的滴南凸起带。

二、深层天然气存在多种成藏模式

"多源、多期、多改造"的油气成藏演化过程，致使深层油气藏形成的控制因素多变。准噶尔盆地深层油气成藏的主要控制因素可以概括为：（1）以烃源岩为根本，油气分布沿着有效源灶分布，供烃能力的大小影响着油气富集的规模；（2）区域性盖层对油气分布起着至关重要的控制作用，如南缘地区上组合有着有利的源—圈条件，但往往圈闭遭受破坏，中组合侏罗系、白垩系受到吐谷鲁群厚层泥岩盖层的有效遮挡，形成非常高效的油气藏；（3）断裂对油气纵向调整及油气富集起到了至关重要的作用，如玛湖凹陷斜坡区下组合三叠系—二叠系呈现出"断裂所至，藏之所成"，即通源断裂沟通了风城组烃源岩及二叠系、三叠系砂砾岩；（4）部分地区局部的古构造、不整合面及沉积相带对油气成藏与分布也具有一定影响。

深层油气富集的差异性，主要表现在匹配条件上。腹部及南缘地区深层侏罗系—白垩系为源外成藏，以断裂与输导层的空间配置控制油气富集；深层二叠系碎屑岩为源内或近源成藏，断裂系统与封盖条件控制油气富集；而深层石炭系以岩性控藏为主，具有近源隆控、断裂输导、岩体聚集的特点；玛湖凹陷二叠系风城组、吉木萨尔凹陷芦草沟组、五彩湾—沙帐地区二叠系平地泉组的云质岩则形成自生自储的致密油。

准噶尔盆地富烃凹陷区具有近源或者源内成藏的优势，盆地边缘冲断带可能受到构造运动影响，形成以断裂、不整合为输导体系的远源成藏。从已发现油气分布特征分析，平面上，油气分布沿富烃凹陷周缘呈环带状分布；纵向上，盆地南深北浅的"箕状"特征决定了油气向北部高部位运移，受控于通源断裂与中浅层多期的断裂搭接，形成立体高效的输导网络，油气多富集于四套区域盖层之下。然而，盆地深层—超深层因埋深、勘探层系、目标类型等不同，成藏组合在不同地区有所差异，成藏控制因素也存在区域性与局部差异性，因此表现出不同的成藏模式。

二叠系—三叠系深层—超深层碎屑岩领域存在源储一体、源储相离两种成藏类型。源储相离的油气成藏模式主要表现为：中—下二叠统烃源岩生成的油气经过近距离的初次运移—二次运移，于源外二叠系—三叠系砂砾岩储层中聚集（图6-23）。油气藏主要分布在中央坳陷斜坡区，该区深层构造活动相对弱，地层结构稳定，且靠近烃源岩层系，油气成藏受控于断裂、储层及局部微幅度构造。以玛湖凹陷二叠系—三叠系砂砾岩油藏为例，凹陷内二叠系—三叠系储层处于玛湖生烃凹陷中心区，构造简单，基本表现为南东倾的平缓地层，发育搭接连片的扇三角洲沉积，扇体及其控制下的沉积相带控制油气分布与成藏富集。

此外，凹陷斜坡区的鼻状构造背景是油气运移有利指向区，高陡断裂贯穿风城组烃源岩和覆于其上的砂砾岩储层，是油气运移高效输导体，油气主要分布在二叠系、三叠系之间不整合面上下的砂砾岩储层中，主要富集在二叠系—三叠系优质扇三角洲前缘相带中。此外，围绕玛湖凹陷风城组还存在局部源储相离的成藏模式，受控于风城组，在盆地边缘为冲积扇砾岩沉积，逐渐过渡到烃源岩发育区，源内生成的油气仅初次横向运移，在边缘区的砾岩中聚集成藏。而源储一体型主要以中—下二叠统咸化湖相烃源岩层系内的油气聚集为主。中—下二叠统受前陆坳陷活动的影响，形成一套白云质粉砂岩、泥页岩互层型细粒沉积，既富有机质，提供充足油气源，又能形成一定储集空间，聚集油气，进而形成源储一体的页岩油（致密油）油气藏。

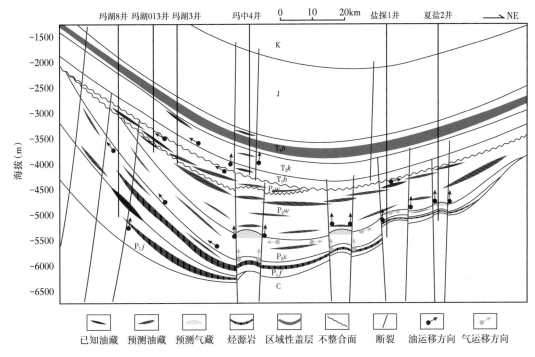

图 6-23　玛湖凹陷中部深层区下乌尔禾组立体油气成藏模式（天然气藏为预测）

对于腹部—南缘地区深层侏罗系—白垩系成藏组合而言，油气成藏主要受断裂及不整合面控制。该区烃源条件优越，但油气源需要经历海西期通源断裂与燕山期次级断裂的纵向接力调整，两期断裂的纵向匹配关系及与储层的搭接关系决定油气成藏的有效性。腹部地区存在深、浅两套断裂体系，来自深部二叠系的油气首先沿二叠系—三叠系中的优质储层或不整合面运移，遇到深层断裂后向上运移，沿途在适当部位成藏。当深部断裂与浅部断裂搭接时，油气便运移到浅部侏罗系—白垩系储层中聚集成藏（图 6-24）。目前，腹部地区深层中组合的发现主要集中在围绕盆 1 井西凹陷东北环带的莫北—莫索湾—莫南一线，构造上主体属于"洼中隆"，油气成藏过程复杂。该类成藏模式以断裂、不整合面、砂体为运移通道，沿古凸起遇圈闭富集，形成古生新储型油气藏，由于烃源岩达到高成熟，多为凝析油气藏。

南缘地区深层油气富集主要受控于烃源岩、断裂，以及具备良好封盖条件的背斜构造，形成源上挤压背斜型油气成藏模式（图 6-25）。南缘地区油气勘探证实该区深层有效的油气源以中侏罗统、下侏罗统煤系烃源岩为主，但不排除二叠系烃源岩的贡献。南缘山前沙湾—阜康凹陷一带侏罗系—白垩系是准噶尔盆地沉积中心，侏罗系烃源岩厚度大、有机质丰度高，热演化程度高，燕山期开始大量生成油气，燕山晚期达到高成熟—过成熟阶段，开始大量生排天然气，一直持续到第四纪。同时，受晚期再生前陆盆地演化的影响，南缘造山带快速隆升，挤压形成近东西向排带状分布的深大构造。构造圈闭主要在燕山末期形成，在喜马拉雅期改造定型，为早期排出的油气提供了有利的聚集场所。目前上组合已发现油气藏，背斜圈闭往往遭受破坏严重，油气藏规模不大。但受白垩系吐谷鲁群厚层泥岩盖层的控制，大规模完整的背斜圈闭伏于其下，呼探1井部署于呼图壁背斜带，目标为吐谷鲁群泥岩盖层之下的侏罗系与白垩系底部砂岩，清水河组获日产油 60m³、日产天然气 32×10⁴m³ 的高产突破，证实南缘中组合、下组合的巨大勘探潜力。

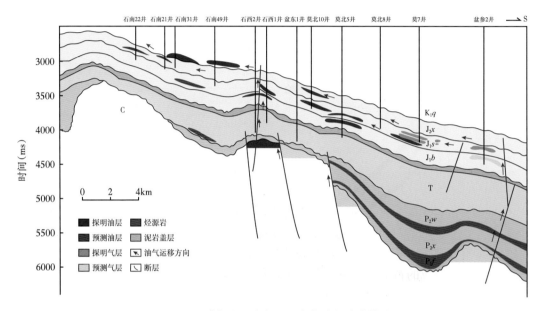

图 6-24　准噶尔盆地腹部地区断控阶状成藏模式图

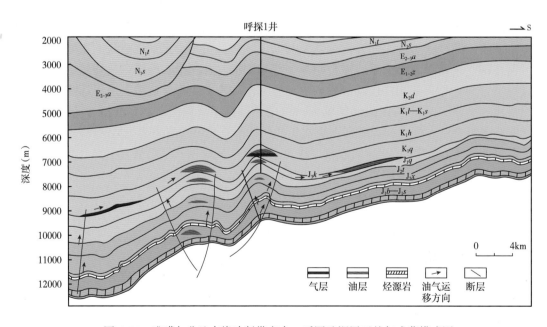

图 6-25　准噶尔盆地南缘冲断带齐古—呼图壁深层天然气成藏模式图

第五节　准噶尔盆地深层天然气勘探潜力与方向

准噶尔盆地资源评价结果显示：盆地深层常规石油资源量约 14×10^8t，占全盆地常规石油资源的 17%；常规天然气资源量约 9700×10^8m^3，占全盆地常规天然气总资源量的 42%；同时，盆地 4500m 以深的致密油、致密气资源丰富，深层领域油气勘探潜力巨大。

一、深层天然气勘探以近源圈闭为主要目标

近年在玛湖凹陷内、盆 1 井西凹陷及其之间的达巴松凸起部位开展深层勘探，发现多个埋深 4500~6700m 的大型背斜、断鼻构造，部署的达探 1 井、盆东 1 井、玛中 4 井等井虽然在石炭系、二叠系没有获得较大规模的油气藏，但为深层勘探提供了更多详细的地质资料，也为深层勘探向富烃凹陷转变提供了依据。盆地目前的深层勘探主要集中于正向构造单元上，以构造圈闭为目标，这些目标距离生烃灶有一定距离，油气需要经过一系列的通源断裂、不整合、砂体等输导体系的纵横向调整聚集成藏，不易形成大规模油气藏，这也是目前在深部发现的多为剩余出油气点，规模性油气藏较少的原因。

对于深层油气聚集，近源或者源内更为有利。因此，准噶尔盆地深部的勘探应以富烃凹陷内或者斜坡区的大型正向构造、岩性—地层圈闭为目标，致密气领域也应引起重视。富烃凹陷内石炭系、二叠系具备非常有利的自生自储成藏条件：其内烃源岩已进入高成熟阶段，加之早期形成的古油藏裂解成气，可以提供充足的气源。盆地在晚石炭世、二叠纪构造活动强烈，在石炭系顶部、二叠系内部发育多个区域性不整合，凹陷斜坡区地层圈闭十分发育。石炭系火山岩及二叠系砂砾岩、云质岩大面积分布，形成类型多样的岩性油气藏。如玛湖凹陷西北斜坡区二叠系早期超覆沉积，晚期构造抬升遭受剥蚀，发育了石炭系与二叠系、二叠系内部各组之间、上二叠统—三叠系与下伏地层之间的区域性不整合，形成了成群、成带的大型地层超覆、削蚀尖灭带。在盆 1 井西凹陷同样也分布着大型地层—岩性圈闭。

中拐凸起南斜坡新光 2 井佳木河组气藏具有典型致密气藏特征（杨镫婷等，2017）。根据地震资料分析，佳木河组烃源岩厚度中心位于克百地区断裂带下盘，其有效烃源岩厚度比沙湾凹陷地区大很多，对于致密气的勘探更加有利。另外，盆地腹部地区侏罗系砂岩埋深大，物性差，但其具有源内成藏的优势，埋深 4500~6000m 范围内，煤系烃源岩与砂岩储层间互发育，也易形成天然气的有效聚集。初步估算盆地腹部地区侏罗系致密砂岩气地质资源量为（13630~11740）$\times10^8$m^3（吴晓智等，2016），资源潜力大，勘探前景良好。

二、三大源控为主的天然气勘探领域

根据凝析气藏的源控、断控和相控分布规律，并考虑到目的层埋深及烃源岩成熟度，以烃源岩含油气系统为划分依据，以二叠系、侏罗系、石炭系为源在盆地中南部呈现出 3 个规模深层凝析气藏勘探领域，共 5 个重点勘探有利区（表 6-3），其均具备形成规模凝析气藏的有利地质条件。

表 6-3　准噶尔盆地深层天然气藏勘探领域

勘探领域	有利区	目的层	目标类型
二叠系为源	盆1井西凹陷及其周缘	侏罗系、二叠系、石炭系	断层—岩性、构造
	沙湾凹陷西斜坡	二叠系、石炭系	地层、构造
侏罗系为源	南缘冲断带中段	侏罗系、白垩系	构造
石炭系为源	滴水泉—五彩湾烃源槽周缘	石炭系	火山岩
	东道海子—吉木萨尔烃源槽周缘	石炭系	火山岩

1. 以石炭系为源的勘探领域

石炭系烃源岩主要分布在盆地东部和陆梁隆起东段,发育滴水泉—五彩湾和东道海子—吉木萨尔两个大型烃源槽。其中滴水泉—五彩湾烃源槽及周缘有利勘探区勘探程度较高,有利区面积约为 $1.2×10^4km^2$,已发现了克拉美丽、五彩湾等气田,探明地质储量为 $823×10^8m^3$,该烃源槽的东西两翼仍具有拓展的潜力。东道海子—吉木萨尔烃源槽及周缘有利勘探区勘探程度较低,烃源槽认识程度较低,有利区面积约为 $1.5×10^4km^2$,前期已发现了多个剩余出气井点,是凝析气藏重点勘探拓展领域。

2. 以二叠系为源的勘探领域

二叠系是准噶尔盆地最重要的烃源岩层系,主要发育风城组和下乌尔禾组两套烃源岩,在盆地中央坳陷的五大凹陷具备烃源岩厚度大、油气并存、气藏凝析油含量高、多期成藏、勘探层系多的特点。根据烃源岩成熟度及已发现凝析气藏的分布特点,主要有利勘探区是盆1井西凹陷及其周缘和沙湾凹陷西斜坡两大领域。

盆1井西凹陷二叠系烃源岩埋深普遍超过 6500m,均处于高成熟大量生气阶段,受深、浅多期断裂的影响,形成了上、下两套储—盖组合及相对应的规模油气藏群。上组合凝析气藏主要发育在侏罗系,以中—小型为主。如前哨地区三工河组凝析气藏,单个气藏面积小、储量规模小、普遍带油环,以断层—岩性型为主,凹陷区是上组合凝析气藏重点勘探方向。下组合凝析气藏主要为发育在石炭系、二叠系的中型气藏,石炭系主要岩性为火成岩,以爆发相高孔隙度火山岩体为最有利储层,储层孔隙度最高可达20%,深入凹陷的多个鼻状构造带是凝析气成藏的最有利区。二叠系主要发育砂砾岩储层,以前缘相带断层—岩性目标为主,勘探程度最低,目前尚无勘探发现。

沙湾凹陷二叠系烃源岩埋深普遍超过 7000m,已处于高成熟—过成熟阶段,具备大量生气潜力。根据构造部位的差异,发育沙湾凹陷斜坡区二叠系和车排子凸起石炭系两大有利勘探领域。沙湾凹陷斜坡区二叠系发育多期大型地层超削带,面积达 3000km²,储层主要类型为砂砾岩,厚度为 100~150m,已钻井普遍获良好显示,勘探潜力大。车排子凸起呈三角形隆起与两侧凹陷区烃源岩对接,主要目的层石炭系与烃源岩对接、供烃窗大、大型构造目标发育,具备规模勘探拓展潜力。

基于地震资料和实测镜质组反射率绘制的中二叠统底界 R_o 等值线图表明,其进入生凝析气阶段($R_o > 1.3\%$)的面积为 $3.0×10^4km^2$,进入生干气阶段($R_o > 2.0\%$)的面积为

$1.5×10^4km^2$，而 P_1f 烃源岩埋深更大，现今热演化程度更高，天然气资源规模十分可观。此外，在阜康凹陷东侧的北三台凸起，已经发现了少量来自中二叠统湖相烃源岩的高成熟油型气，$C_1/\sum C_{1-4}$ 高达 0.95（龚德瑜等，2019）。上述事实表明，二叠系湖相烃源岩生成的高成熟油型气有望成为准噶尔盆地第三个天然气重点勘探领域。

另外，存在深层二叠系源内非常规天然气重大领域。在全油气系统理论指导下，已开展了一些勘探工作，取得了良好发现。如沙湾凹陷沙探 2 井日产天然气 $2.036×10^4m^3$，甲烷碳同位素为 -38.1‰，乙烷碳同位素为 -31.0‰，为风城组腐泥型气。在盆 1 井西凹陷区，盆 5 气田也有风城组来源的高成熟天然气，碳同位素具海相腐泥型气与煤系腐殖型气的混合特征。总之，向凹陷深层，虽然目前尚无钻井揭示，但从沉积相带展布来看，自凹陷向边缘依次发育滨浅湖相白云质泥岩，扇三角洲前缘相白云质砂岩、砂砾岩及扇三角洲平原相砂砾岩（图 6-26），沉积相带发育齐全，凹陷区具有致密气藏和白云质泥岩页岩气藏的勘探潜力。

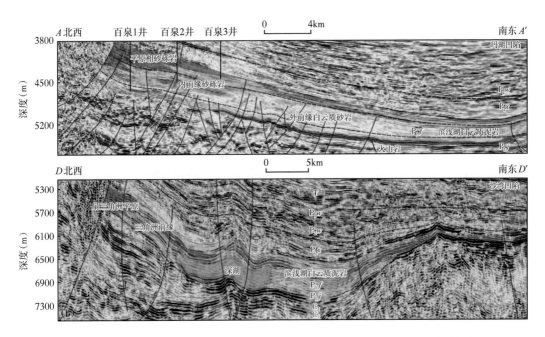

图 6-26　玛湖凹陷（a）与沙湾凹陷（b）地震相剖面及预测风城组沉积相带展布指示源内非常规天然气潜在领域

3. 以侏罗系为源的勘探领域

侏罗系有效烃源岩主要分布在盆地南部，南缘冲断带中段侏罗系埋藏深（> 8000m）、烃源岩厚度大（600~800m）、成熟度高（R_o > 1.3%），是深层凝析气藏最有利的勘探领域。中组合的古近系已发现呼图壁、玛河、霍尔果斯等凝析气田（藏），储层厚度薄、规模较小。下组合侏罗系、白垩系埋藏普遍较深，下白垩统清水河组发育辫状河三角洲沉积体系，有利勘探面积约为 $1.2×10^4km^2$。上侏罗统喀拉扎组主要发育在南缘中东段，向北削蚀尖灭，有利勘探面积约为 $1.1×10^4km^2$。白垩系上部发育巨厚泥岩盖层，厚度为 1000~2000m，具备良好的封盖能力。下组合已发现大型背斜和隐伏构造圈闭 15 个，累计面积达 1629km²，是寻找中—大型凝析气藏的有利目标区。呼探 1 井在下组合白垩系清水河组（7367~7382m）井段试气，8mm 油嘴获产气量为 61×10⁴m³/d、产油量为 106.3m³/d，南缘中段下组合勘探首获重大突破，证实南缘中段下组合具备形成大型凝析气田的有利条件。

南缘下组合第Ⅱ排构造中东段圈源时空匹配最优，是重点突破目标。南缘从山前向盆地依次发育了 3 排构造带（图 6-27）。第Ⅰ排为山前齐古断褶带，构造圈闭形成时间距今150Ma 左右；第Ⅱ排为霍玛吐构造带，构造圈闭形成时间距今 10—8Ma；第Ⅲ排为独山子—安集海—呼图壁构造带，构造圈闭形成时间距今 2.58Ma 左右（李本亮等，2011）。中—下侏罗统煤系烃源岩以生气为主，八道湾组（J₁b）烃源岩生排气高峰期距今 140—65Ma，西山窑组（J₂x）烃源岩生排气高峰期距今 22—6Ma（黄家旋，2017）。从构造形成时间与生排烃高峰期匹配关系看，第Ⅰ、Ⅱ排构造带圈闭形成时间早，与生排烃高峰期匹配，第Ⅲ排构造带形成时间在两套主力烃源岩生排烃高峰期之后，与生排烃高峰期匹配性差。第Ⅰ排构造带由于山前带构造挤压破碎严重，保存条件差，整体成藏不利。因此，第Ⅱ排构造带圈源时空匹配性最好，保存条件最佳，为最有利构造带。同时，南缘中生代以来沉积沉降中心位于中东段，晚喜马拉雅期前陆冲断带深埋，中—下侏罗统烃源岩埋深为 6000~8000m，达到成熟—过成熟演化阶段，主生气中心位于南缘中东段。因此，从资源潜力和成藏匹配条件分析，第Ⅱ排构造带中东段下组合天然气成藏条件最好，是南缘天然气勘探重点突破方向。

第 4 次资源评价结果表明，南缘中东段天然气地质资源量为 9738×10⁸m³，占整个南缘总资源量的 99%，其中下组合天然气地质资源量为 7608×10⁸m³，占南缘总资源量的 78%。南缘中东段下组合发育了吐谷鲁、玛纳斯和霍尔果斯等 7 个大型构造圈闭，圈闭面积为19.2~211.5km²，累计达 788.2km²，高点埋深为 3200~7200m，潜在圈闭资源量为 4250×10⁸m³，具备形成大型天然气田（藏）的潜力，是下一步天然气勘探突破的重点目标。

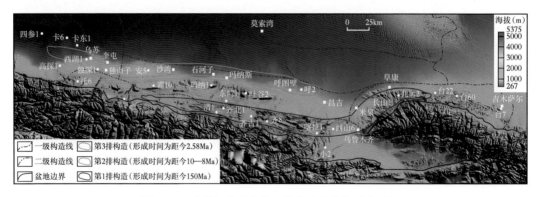

图 6-27　准噶尔盆地南缘 3 排构造分布与形成时间

参考文献

阿布力米提·依明，曹剑，陈静，等，2015.准噶尔盆地玛湖凹陷高成熟油气成因与分布 [J].新疆石油地质，36（4）：379-384.

蔡希源，刘传虎，2005.准噶尔盆地腹部地区油气成藏的主控因素 [J].石油学报，26（5）：1-4.

操应长，远光辉，李晓艳，等，2013.东营凹陷北带古近系中深层异常高孔带类型及特征 [J].石油学报，34（4）：683-691.

曹剑，雷德文，李玉文，等，2015.古老碱湖优质烃源岩：准噶尔盆地下二叠统风城组 [J].石油学报，36（7）：781-790.

曹正林，李攀，王瑞菊，2022.准噶尔盆地玛湖凹陷 P—T 转换期层序结构、坡折发育及油气地质意义 [J].天然气地球科学，33（5）：807-819.

常秋生，2003.影响准噶尔盆地碎屑岩储层储集性的主要因素 [J].新疆石油学院学报，15（3）：18-20.

陈程，2000.油田开发后期扇三角洲前缘微相分析与应用 [J].现代地质，15（1）：88-93.

陈根法，王泓，刘宝宏，等，2012.新疆油田勘探口述史 [M].乌鲁木齐：新疆人民出版社.

陈建平，王绪龙，倪云燕，等，2019.准噶尔盆地南缘天然气成藏及勘探方向 [J].地质学报，93（5）：1002-1019.

陈建平，王绪龙，倪云燕，等，2019.准噶尔盆地南缘天然气成因类型与气源 [J].石油勘探与开发，46（3）：461-473.

陈建平，赵文智，王招明，等，2007.海相干酪根天然气生成成熟度上限与生气潜力极限探讨——以塔里木盆地研究为例 [J].科学通报，52（S1）：95-100.

支东明，王小军，2018.准噶尔盆地油气田典型油气藏.腹部分册 [M].北京：石油工业出版社.

支东明，王小军，2018.准噶尔盆地油气田典型油气藏.南缘分册 [M].北京：石油工业出版社.

戴金星，邹才能，张水昌，等，2008.无机成因和有机成因烷烃气的鉴别 [J].中国科学（D 辑：地球科学），38（11）：1329-1341.

董桂玉，何幼斌，2016.陆相断陷盆地基准面调控下的古地貌要素耦合控砂机制 [J].石油勘探与开发，43（4）：529-539.

杜金虎，何海清，皮学军，等，2011.中国石油风险勘探的战略发现与成功做法 [J].中国石油勘探，16（1）：1-8.

杜金虎，支东明，李建忠，等，2019.准噶尔盆地南缘高探 1 井重大发现与下组合勘探前景展望 [J].石油勘探与开发，46（2）：205-215.

高岗，向宝力，任江玲，等，2016.准噶尔盆地玛湖凹陷北部—乌夏断裂带天然气成因与来源 [J].天然气地球科学，27（4）：672-680.

高勇，张连雪，2001.板桥—北大港地区深层碎屑岩储集层特征及影响因素研究 [J].石油勘探与开发，28（2）：36-39.

高志勇，胡永军，张莉华，等，2010.准噶尔南缘前陆盆地白垩纪—新近纪构造挤压作用与储层关系的新表征：镜质体反射率与颗粒填集密度 [J].中国地质，37（5）：1336-1352.

关士聪，1985.从沙参二井井喷谈起 [J].石油与天然气地质，6（S1）：9-11.

郭旭光，何文军，杨森，等，2019.准噶尔盆地页岩油"甜点区"评价与关键技术应用：以吉木萨尔凹陷二叠系芦草沟组为例 [J].天然气地球科学，30（8）：1168-1177.

国土资源部，2005.石油天然气储量计算规范：DZ/T 0217—2005[S].北京：中国标准出版社.

国土资源部油气资源战略研究中心，2009.新一轮全国油气资源评价 [M].北京：中国大地出版社.

韩晓东，楼章华，姚炎明，等，2000. 松辽盆地湖泊浅水三角洲沉积动力学研究 [J]. 矿物学报，20（2）：305-313.

昊崇筼，薛叔浩，1993. 中国含油气盆地沉积学 [M]. 北京：石油工业出版社.

何登发，张义杰，2004. 论准噶尔盆地油气富集规律 [J]. 石油学报，25（3）：1-10.

何登发，赵文智，雷振宇，等，2000. 中国叠合型盆地复合含油气系统的基本特征 [J]. 地学前缘，7（3）：23-35.

何海清，支东明，雷德文，等，2019. 准噶尔盆地南缘高泉背斜战略突破与下组合勘探领域评价 [J]. 中国石油勘探，24（2）：137-146.

何生，杨智，何治亮，等，2009. 准噶尔盆地腹部超压顶面附近深层砂岩碳酸盐胶结作用和次生溶蚀孔隙形成机理 [J]. 地球科学（中国地质大学学报），34（5）：759-768.

何文军，费李莹，阿布力米提·依明，等，2019. 准噶尔盆地深层油气成藏条件与勘探潜力分析 [J]. 地学前缘，26（1）：189-201.

何文军，钱永新，赵毅，等，2021. 玛湖凹陷风城组全油气系统勘探启示 [J]. 新疆石油地质，42（6）：641-655.

何文军，宋永，汤诗棋，等，2022. 玛湖凹陷二叠系风城组全油气系统成藏机理 [J]. 新疆石油地质，43（6）：663-673.

何治亮，张军涛，丁茜，2017. 深层—超深层优质碳酸盐岩储层形成控制因素 [J]. 石油与天然气地质，38（4）：633-644.

贺振建，刘宝军，王朴，2011. 准噶尔盆地永进地区侏罗系层理缝成因及其对储层的影响 [J]. 油气地质与采收率，18（1）：15-17.

胡朝元，1982. 生油区控制油气田分布：中国东部陆相盆地进行区域勘探的有效理论 [J]. 石油学报，3（2）：9-13.

胡朝元，1982. 渤海湾盆地的形成机理与油气分布特点新议 [J]. 石油实验地质，4（3）：161-167.

胡海燕，李平平，2007. 准噶尔永进地区深部储层的保存与发育机理 [J]. 中国地质，34（1）：81-85.

胡海燕，李平平，王国建，2008. 准噶尔永进地区深层次生孔隙带发育机理 [J]. 地质科技情报，27（3）：21-25.

胡见义，徐树宝，刘淑萱，等，1986. 非构造油气藏 [M]. 北京：石油工业出版社.

胡见义，徐树宝，童晓光，1986. 渤海湾盆地复式油气聚集区（带）的形成和分布 [J]. 石油勘探与开发，13（1）：1-8.

胡受权，颜其彬，张永贵，1999. 断陷湖盆陡坡带陆相层序体系域与油气藏成藏类型 [J]. 石油勘探与开发，26（1）：13-17.

胡素云，王小军，曹正林，等，2020. 准噶尔盆地大中型气田（藏）形成条件与勘探方向 [J]. 石油勘探与开发，47（2）：247-259.

胡文瑞，鲍敬伟，胡滨，2013. 全球油气勘探进展与趋势 [J]. 石油勘探与开发，40（4）：409-413.

胡鑫，邹红亮，胡正舟，等，2021. 扇三角洲砂砾岩储层特征及主控因素——以准噶尔盆地东道海子凹陷东斜坡二叠系上乌尔禾组为例 [J]. 东北石油大学学报，45（6）：15-26.

胡忠良，2000. 北部湾盆地涠西南凹陷超压体系与油气运移 [J]. 地学前缘，7（3）：73-79.

黄立良，王然，邹阳，等，2022. 准噶尔盆地玛南斜坡区上二叠统上乌尔禾组连续型砂砾岩油藏群成藏特征 [J]. 石油实验地质，44（1）：51-59.

何吉祥，高阳，2019. 吉木萨尔凹陷芦草沟组页岩油开发难点及对策 [J]. 新疆石油地质，40（4）：379-387.

纪友亮，李清山，王勇，等，2012. 高邮凹陷古近系戴南组扇三角洲沉积体系及其沉积相模式 [J]. 地球科学与环境学报，34（1）：9-19.

贾承造，2003.中国石油勘探的新成果及新领域展望［J］.世界石油工业，10（3）：20-25.

贾承造，庞雄奇，2015.深层油气地质理论研究进展与主要发展方向［J］.石油学报，36（12）：1457-1469.

贾承造，魏国齐，姚慧君，等，1995.盆地构造演化与区域构造地质［M］.北京：石油工业出版社.

贾承造，赵文智，邹才能，等，2007.岩性地层油气藏地质理论与勘探技术［J］.石油勘探与开发，34（3）：257-272.

贾承造，邹才能，杨智，等，2018.陆相油气地质理论在中国中西部盆地的重大进展［J］.石油勘探与开发，45（4）：546-560

姜兰兰，潘长春，刘金钟，2009.矿物对原油裂解影响的实验研究［J］.地球化学，38（2）：165-173.

姜在兴，李华启，1995.层序地层学原理及应用［M］.北京：石油工业出版社.

蒋中发，江梦雅，陈海龙，等，2022.准噶尔盆地玛湖凹陷下二叠统风城组烃源岩热演化及沉积古环境评价［J］.现代地质，36（4）：1118-1130.

解习农，李思田，葛立刚，等，1996.琼东南盆地崖南凹陷海湾扇三角洲体系沉积构成及演化模式［J］.沉积学报，40（3）：66-73.

金凤鸣，崔周旗，王权，等，2017.冀中坳陷地层岩性油气藏分布特征与主控因素［J］.岩性油气藏，29（2）：19-27.

金振奎，苏奎，苏妮娜，2011.准噶尔盆地腹部侏罗系深部优质储层成因［J］.石油学报，32（1）：25-31.

金之钧，2011.叠合盆地油气成藏体系研究思路与方法：以准噶尔盆地中部地区油气藏为例［J］.高校地质学报，17（2）：161-169.

金之钧，张刘平，杨雷，等，2002.沉积盆地深部流体的地球化学特征及油气成藏效应初探［J］.地球科学，27（6）：659-665.

靳军，刘明，刘雨晨，等，2021.准噶尔盆地南缘下组合现今温压场特征及其控制因素［J］.地质科学，56（1）：28-43.

匡立春，高岗，向宝力，等，2014.吉木萨尔凹陷芦草沟组有效源岩有机碳含量下限分析［J］.石油实验地质，36（2）：224-229.

匡立春，吕焕通，王绪龙，等，2010.准噶尔盆地天然气勘探实践与克拉美丽气田的发现［J］.天然气工业，30（2）：1-6.

匡立春，唐勇，雷德文，等，2014.准噶尔盆地玛湖凹陷斜坡区三叠系百口泉组扇控大面积岩性油藏勘探实践［J］.中国石油勘探，19（6）：14-23.

匡立春，支东明，王小军，等，2022.准噶尔盆地上二叠统上乌尔禾组大面积岩性—地层油气藏形成条件及勘探方向［J］.石油学报，43（3）：325-340.

赖志云，张金亮，1994.中生代断陷湖盆沉积学研究与沉积模拟实验［M］.西安：西北大学出版社.

雷德文，陈能贵，李学义，等，2012.准噶尔盆地南缘下部成藏组合储集层及分布特征［J］.新疆石油地质，33（6）：648-650.

李德生，1997.中国石油天然气总公司院士文集：李德生集［M］.北京：中国大百科全书出版社.

李军，唐勇，吴涛，等，2020.准噶尔盆地玛湖凹陷砾岩大油区超压成因及其油气成藏效应［J］.石油勘探与开发，47（4）：679-690.

李明诚，李剑，2010."动力圈闭"—低渗透致密储层中油气充注成藏的主要作用［J］.石油学报，31（5）：718-722.

李娜，刘淑慧，雷玲，等，2003.准噶尔盆地油气储量、产量增长规律及趋势预测［J］.新疆地质，21（4）：445-449.

李丕龙，金之钧，张善文，等，2003.济阳坳陷油气勘探现状及主要研究进展［J］.石油勘探与开发，30（3）：1-4.

李丕龙，庞雄奇，张善文，等，2004.陆相断陷盆地隐蔽油气藏形成——以济阳坳陷为例 [M].北京：石油工业出版社.

李庆明，1999.双河油田油砂体建筑结构要素识别 [J].河南石油，17（1）：11-16.

李术元，郭绍辉，刘宗玉，1999.盐水介质中煤的早期热解生烃特征和动力学 [J].石油大学学报（自然科学版），23（2）：71-74.

李思田，1996.含能源盆地沉积体系研究 [M].武汉：中国地质大学出版社.

李思田，解习农，王华，等，2004.沉积盆地分析基础与应用 [M].北京：高等教育出版社，13-58.

李威，张元元，倪敏婕，等，2020.准噶尔盆地玛湖凹陷下二叠统古老碱湖成因探究：来自全球碱湖沉积的启示 [J].地质学报，94（6）：1839-1852.

李学义，李天明，2003.准噶尔盆地南缘三个油气成藏组合研究 [J].石油勘探与开发，30（6）：32-34.

梁顺军，雷开强，王静，等，2014.库车坳陷大北—克深砾石区地震攻关与天然气勘探突破 [J].中国石油勘探，19（5）：19-56.

梁新平，金之钧，刘全有，等，2021.火山灰对富有机质页岩形成的影响——以西西伯利亚盆地中生界巴热诺夫组为例 [J].石油与天然气地质，42（1）：201-211.

林畅松，夏庆龙，施和生，等，2015.地貌演化、源—汇过程与盆地分析 [J].地学前缘，22（1）：9-20.

林隆栋，2015.20世纪50年代准噶尔盆地油气勘探方向大争论的启示 [J].新疆石油地质，36（2）：234-237.

林潼，李文厚，孙平，等，2013.新疆准噶尔盆地南缘深层有利储层发育的影响因素 [J].地质通报，32（9）：1461-1470.

刘刚，卫延召，陈棡，等，2019.准噶尔盆地腹部侏罗系—白垩系次生油气藏形成机制及分布特征 [J].石油学报，40（8）：32-45.

刘晖，操应长，徐涛玉，等，2007.沉积坡折带控砂的模拟实验研究 [J].山东科技大学学报（自然科学版），26（1）：34-37.

刘伟，1997.苏北溱潼凹陷戴南组一段次生孔隙形成与分布特征 [J].岩相古地理，17（2）：24-31.

刘伟，朱筱敏，2006.柴西南地区第三系碎屑岩储集层次生孔隙分布及成因 [J].石油勘探与开发，33（3）：315-318.

楼章华，兰翔，卢庆梅，等，1999.地形、气候与湖面波动对浅水三角洲沉积环境的控制作用——以松辽盆地北部东区葡萄花油层为例 [J].地质学报，73（1）：83-92.

马新华，2017.四川盆地天然气发展进入黄金时代 [J].天然气工业，37（2）：1-10.

蒙启安，李军辉，李跃，等，2019.陆相断陷湖盆斜坡区类型划分及油气富集规律——以海拉尔盆地乌尔逊—贝尔凹陷为例 [J].大庆石油地质与开发，38（5）：1-10.

孟元林，高建军，刘德来，等，2006.辽河坳陷鸳鸯沟地区成岩相分析与异常高孔带预测 [J].吉林大学学报（地球科学版），36（2）：227-233.

庞雄奇，贾承造，宋岩，等，2022.全油气系统定量评价：方法原理与实际应用 [J].石油学报，43（6）：727-759

庞雄奇，汪文洋，汪英勋，等，2015.含油气盆地深层与中浅层油气成藏条件和特征差异性比较 [J].石油学报，36（10）：1167-1187.

钱永新，邹阳，赵辛楣，等，2022.准噶尔盆地玛湖凹陷玛页1井二叠系风城组全井段岩心剖析与油气地质意义 [J].油气藏评价与开发，12（1）：204-214.

谯汉生，牛嘉玉，等，2003.中国东部深层石油地质 [M].北京：石油工业出版社.

秦莉，雷玲，王屿涛，等，2014.准噶尔盆地天然气产量增长趋势及加快发展策略 [J].新疆石油天然气，10（1）：55-61.

邱荣华，李纯菊，郭双亭，1994.泌阳凹陷三类三角洲沉积特征及储集性能 [J].石油勘探与开发，21（1）：99-105.

瞿建华，郭文建，尤新才，等，2015.玛湖凹陷夏子街斜坡坡折带发育特征及控砂作用 [J].新疆石油地质，36（2）：127-133.

瞿建华，杨荣荣，唐勇，等，2019.准噶尔盆地玛湖凹陷三叠系源上砂砾岩扇—断—压三控大面积成藏模式 [J].地质学报，93（4）：915-927.

任明达，1983.冲积扇比较沉积学—地下水和油气的富集规律 [J].沉积学报，1（4）：78-91.

任征平，顾惠荣，殷培龄，1995.油气成藏组合在东海陆架盆地油气评价中的应用 [J].上海地质，56（4）：41-48.

商晓飞，李蒙，刘君龙，等，2022.基于源—汇系统的砂体分布预测与三维地质建模——以四川盆地川西坳陷新场构造带须二段为例 [J].天然气工业，42（1）：62-72.

沈平，徐人芬，党录瑞，等，2009.中国海相油气田勘探实例之十一：四川盆地五百梯石炭系气田的勘探与发现 [J].海相油气地质，14（2）：71-78.

宋永，杨智峰，何文军，等，2022.准噶尔盆地玛湖凹陷二叠系风城组碱湖型页岩油勘探进展 [J].中国石油勘探，27（1）：60-72.

宋永，周路，吴勇，等，2019.准噶尔盆地玛东地区百口泉组多物源砂体分布预测 [J].新疆石油地质，40（6）：631-637.

孙龙德，邹才能，朱如凯，等，2013.中国深层油气形成、分布与潜力分析 [J].石油勘探与开发，40（6）：641-649.

唐勇，曹剑，何文军，等，2021.从玛湖大油区发现看全油气系统地质理论发展趋势 [J].新疆石油地质，42（1）：1-9.

唐勇，郭文建，王霞田，等，2019.玛湖凹陷砾岩大油区勘探新突破及启示 [J].新疆石油地质，40（2）：127-137.

唐勇，何文军，姜懿洋，等，2023.准噶尔盆地二叠系咸化湖相页岩油气富集条件与勘探方向 [J].石油学报，44（1）：125-143.

唐勇，雷德文，曹剑，等，2022.准噶尔盆地二叠系全油气系统与源内天然气勘探新领域 [J].新疆石油地质，43（6）：654-662.

唐勇，宋永，郭旭光，等，2022.准噶尔盆地玛湖凹陷源上致密砾岩油富集的主控因素 [J].石油学报，43（2）：192-206.

唐勇，宋永，何文军，等，2022.准噶尔叠合盆地复式油气成藏规律 [J].石油与天然气地质，43（1）：132-148.

唐勇，徐洋，李亚哲，等，2018.玛湖凹陷大型浅水退覆式扇三角洲沉积模式及勘探意义 [J].新疆石油地质，39（1）：16-22.

唐勇，徐洋，瞿建华，等，2014.玛湖凹陷百口泉组扇三角洲群特征及分布 [J].新疆石油地质，35（6）：628-635.

唐勇，郑孟林，王霞田，等，2022.准噶尔盆地玛湖凹陷风城组烃源岩沉积古环境 [J].天然气地球科学，33（5）：677-692.

唐智，1979.对渤海湾油气区"断块体成油理论"的初步认识 [J].石油勘探与开发，5（5）：1-8.

田春志，卢双舫，李启明，等，2002.塔里木盆地原油高压条件下裂解成气的化学动力学模型及其意义 [J].沉积学报，20（3）：488-492.

田在艺，1960.中国陆相沉积生油和找油论文集（第一集）[M].北京：石油工业出版社.

汪孝敬，赵长永，邹红亮，等，2022.东道海子凹陷东斜坡上乌尔禾组源—汇控砂控相规律 [J].西安石油大学学报（自然科学版），37（5）：36-45.

王芙蓉，何生，洪太元，2006.准噶尔盆地腹部地区深埋储层物性特征及影响因素 [J].新疆地质，24（4）：423-428.

王剑，张欣吉，高崇龙，等，2021.准噶尔盆地玛南地区乌尔禾组砂砾岩类型及沉积模式 [J].新疆地质，39（1）：104-110.

王剑，周路，靳军，等，2021.准噶尔盆地玛南地区乌尔禾组砂砾岩优质储层特征 [J].岩性油气藏，33（5）：34-44.

王娟，金强，马国政，等，2009.高成熟阶段膏岩等盐类物质在烃源岩热解生烃过程中的催化作用 [J].天然气地球科学，20（1）：26-31.

王俊辉，姜在兴，张元福，等，2013.三角洲沉积的物理模拟 [J].石油与天然气地质，34（6）：758-764.

王力宝，厚刚福，卜保力，等，2020.现代碱湖对玛湖凹陷风城组沉积环境的启示 [J].沉积学报，38（5）：913-922.

王寿庆，1993.扇三角洲模式 [M].北京：石油工业出版社.

王桐，姜在兴，张元福，等，2008.罗家地区古近系沙河街组水进型扇三角洲沉积特征 [J].油气地质与采收率，15（1）：47-49.

王铜山，耿安松，李霞，等，2010.海相原油沥青质作为特殊气源的生气特征及其地质应用 [J].沉积学报，28（4）：808-814.

王先彬，郭占谦，妥进才，等，2009.中国松辽盆地商业天然气的非生物成因烷烃气体 [J].中国科学（D辑：地球科学），39（5）：602-614.

王小军，宋永，郑孟林，等，2021.准噶尔盆地复合含油气系统与复式聚集成藏 [J].中国石油勘探，26（4）：29-43.

王小军，王婷婷，曹剑，等，2018.玛湖凹陷风城组碱湖烃源岩基本特征及其高效生烃 [J].新疆石油地质，39（1）：9-15.

王延杰，杨瑞麒，邹正银，等，2011.中国油气田开发志（卷7，新疆油气区卷）[M].北京：石油工业出版社.

王延章，宋国奇，王新征，等，2011.古地貌对不同类型滩坝沉积的控制作用——以东营凹陷东部南坡地区为例 [J].油气地质与采收率，18（4）：13-16.

王永诗，张善文，曾溅辉，等，2001.沾化凹陷上第三系油气成藏机理及勘探实践 [J].油气地质与采收率，7（6）：32-34.

王屿涛，罗建玲，高奇，等，2012.准噶尔盆地天然气储量增长趋势预测及勘探潜力分析 [J].新疆石油地质，33（5）：614-616.

王振平，付晓泰，卢双舫，等，2001.原油裂解成气模拟实验、产物特征及其意义 [J].天然气工业，21（3）：12-15.

魏国齐，贾承造，李本亮，2005.我国中西部前陆盆地的特殊性和多样性及其天然气勘探 [J].高校地质学报，11（4）：552-557.

魏国齐，王志宏，李剑，等，2017.四川盆地震旦系、寒武系烃源岩特征、资源潜力与勘探方向 [J].天然气地球科学，28（1）：1-12.

文沾，刘忠保，何幼斌，等，2012.黄骅坳陷歧口凹陷古近系沙三亚段辫状河三角洲沉积模拟实验研究 [J].古地理学报，14（4）：487-498.

吴宝成，李建民，邬元月，等，2019.准噶尔盆地吉木萨尔凹陷芦草沟组页岩油上甜点地质工程一体化开发实践 [J].中国石油勘探，24（5）：679-688.

吴崇筠，1986.湖盆砂体类型 [J].沉积学报，4（4），1-27.

吴德云，张国防，1994.盐湖相有机质成烃模拟实验研究 [J].地球化学，23（S1）：173-181.

吴涛，王彬，费李莹，等，2021. 准噶尔盆地凝析气藏成因与分布规律 [J]. 石油学报，42（12）：1640-1653.

吴晓智，丁靖，齐雪峰，等，2012. 准噶尔盆地陆梁隆起带构造演化特征与油气聚集 [J]. 新疆石油地质，33（3）：277-279.

吴因业，吕佳蕾，方向，等，2019. 湖相碳酸盐岩—混积岩储层有利相带分析——以柴达木盆地古近系为例 [J]. 天然气地球科学，30（8）：1150-1157.

夏刘文，曹剑，边立曾，等，2022. 准噶尔盆地玛湖大油区二叠纪碱湖生物—环境协同演化及油源差异性 [J]. 中国科学：地球科学，52（4）：732-746.

肖丽华，孟元林，侯创业，等，2003. 松辽盆地升平地区深层成岩作用数值模拟与次生孔隙带预测 [J]. 地质论评，49（5）：544-551.

肖芝华，胡国艺，钟宁宁，等，2009. 塔里木盆地煤系烃源岩产气率变化特征 [J]. 西南石油大学学报，31（1）：9-13.

谢宏，赵白，林隆栋，等，1984. 准噶尔盆地西北缘逆掩断裂区带含油特点 [J]. 新疆石油地质，5（3）：1-15.

徐长贵，杜晓峰，2017. 陆相断陷盆地源—汇理论工业化应用初探——以渤海海域为例 [J]. 中国海上油气，29（4）：9-18.

徐国盛，李建林，朱平，等，2007. 准噶尔盆地中部 3 区块侏罗—白垩系储层成岩作用及孔隙形成机理 [J]. 石油天然气学报，29（3）：1-7.

杨雷，金之钧，2001. 深部流体中氢的油气成藏效应初探 [J]. 地学前缘，8（4）：387-392.

杨天宇，王涵云，1987. 岩石中高温高压模拟试验 [J]. 石油与天然气地质，8（4）：380-389.

于兴河，李顺利，谭程鹏，等，2018. 粗粒沉积及其储层表征的发展历程与热点问题探讨 [J]. 古地理学报，20（5）：713-736.

于兴河，瞿建华，谭程鹏，等，2014. 玛湖凹陷百口泉组扇三角洲砾岩岩相及成因模式 [J]. 新疆石油地质，35（6）：619-627.

于志超，刘可禹，赵孟军，等，2016. 库车凹陷克拉 2 气田储层成岩作用和油气充注特征 [J]. 地球科学（中国地质大学学报），41（3）：533-545.

袁静，2003. 东营凹陷下第三系深层成岩作用及次生孔隙发育特征 [J]. 煤田地质与勘探，31（3）：20-23.

袁静，张善文，乔俊，等，2007. 东营凹陷深层溶蚀孔隙的多重介质成因机理和动力机制 [J]. 沉积学报，25（6）：840-846.

袁选俊，谯汉生，2002. 渤海湾盆地富油气凹陷隐蔽油气藏勘探 [J]. 石油与天然气地质，23（2）：130-133.

张福顺，2005. 白音查干凹陷扇三角洲与辫状河三角洲沉积 [J]. 地球学报，26（6）：553-556.

张国俊，王仲侯，吴庆福，等，1993. 中国石油地质志（卷 15，新疆油气区，上册：准噶尔盆地）[M]. 北京：石油工业出版社.

张厚福，高先志，1999. 石油地质学 [M]. 北京：石油工业出版社.

张厚福，徐兆辉，2008. 从油气藏研究的历史论地层—岩性油气藏勘探 [J]. 岩性油气藏，20（1）：114-123.

张惠良，张荣虎，杨海军，等，2014. 超深层裂缝—孔隙型致密砂岩储集层表征与评价——以库车前陆盆地克拉苏构造带白垩系巴什基奇克组为例 [J]. 石油勘探与开发，41（2）：158-167.

张纪易，1985. 粗碎屑洪积扇的某些沉积特征和微相划分 [J]. 沉积学报，3（3）：75-85.

张金亮，1993. 早期油藏地质研究及油藏表征 [M]. 西安：西北大学出版社.

张丽霞，李民，2000. 准东下侏罗统三工河组砂岩成岩作用及其对孔隙的影响 [J]. 矿物岩石，20（1）：61-65.

张旗，金维浚，王金荣，等，2016. 岩浆热场对油气成藏的影响 [J]. 地球物理学进展，31（4）：1525-1541.

张水昌，帅燕华，朱光有，2008.TSR 促进原油裂解成气：模拟实验证据 [J]. 中国科学（D 辑），38（3）：307-311.

张文才，李贺，李会军，等，2008. 南堡凹陷高柳地区深层次生孔隙成因及分布特征 [J]. 石油勘探与开发，35（3）：308-312.

张文昭，1997. 中国陆相大油田 [M]. 北京：石油工业出版社.

张希明，1997. 扇三角洲的概念及其发展 [J]. 石油勘探与开发，24（5）：71.

张义杰，况军，王绪龙，等，2003. 准噶尔盆地油气勘探新进展 [M]. 乌鲁木齐：新疆科学技术出版社.

张元元，李威，唐文斌，等，2018. 玛湖凹陷风城组碱湖烃源岩发育的构造背景和形成环境 [J]. 新疆石油地质，39（1）：48-54.

赵孟军，宋岩，柳少波，等，2009. 准噶尔盆地天然气成藏体系和成藏过程分析 [J]. 地质论评，55（2）：215-223.

赵文智，窦立荣，2001. 中国陆上剩余油气资源潜力及其分布和勘探对策 [J]. 石油勘探与开发，28（1）：1-5.

赵文智，何登发，瞿辉，等，2001. 复合含油气系统中油气运移流向研究的意义 [J]. 石油学报，22（4）：7-13.

赵文智，何登发，宋岩，等，1999. 中国陆上主要含油气盆地石油地质基本特征 [J]. 地质论评，45（3）：232-240.

赵文智，沈安江，潘文庆，等，2013. 碳酸盐岩岩溶储层类型研究及对勘探的指导意义——以塔里木盆地岩溶储层为例 [J]. 岩石学报，29（9）：3213-3222.

赵文智，汪泽成，王红军，等，2008. 中国中、低丰度大油气田基本特征及形成条件 [J]. 石油勘探与开发，35（6）：641-650.

赵文智，王兆云，王红军，等，2011. 再论有机质"接力成气"的内涵与意义 [J]. 石油勘探与开发，38（2）：129-135.

赵文智，王兆云，张水昌，等，2005. 有机质"接力成气"模式的提出及其在勘探中的意义 [J]. 石油勘探与开发，32（2）：1-7.

赵文智，王兆云，张水昌，等，2007. 不同地质环境下原油裂解生气条件 [J]. 中国科学（D 辑），37（2）：63-68.

赵文智，邹才能，汪泽成，2004. 富油气凹陷"满凹含油"论—内涵与意义 [J]. 石油勘探与开发，31（2）：5-13.

赵贤正，金凤鸣，王权，等，2011. 渤海湾盆地牛东 1 超深潜山高温油气藏的发现及其意义 [J]. 石油学报，32（6）：915-927.

赵政璋，何海清，2004. 中国石油近几年新区油气勘探成果及下步工作面临的挑战和措施 [J]. 沉积学报，32（S1）：1-7.

赵政璋，李永铁，叶和飞，等，2001. 青藏高原大地构造特征及盆地演化 [M]. 北京：科学出版社.

支东明，2016. 玛湖凹陷百口泉组准连续型高效油藏的发现与成藏机制 [J]. 新疆石油地质，37（4）：373-382.

支东明，曹剑，向宝力，等，2016. 玛湖凹陷风城组碱湖烃源岩生烃机理及资源量新认识 [J]. 新疆石油地质，37（5）：499-506.

支东明，唐勇，何文军，等，2021. 准噶尔盆地玛湖凹陷风城组常规—非常规油气有序共生与全油气系统成藏模式 [J]. 石油勘探与开发，48（1）：38-51.

支东明，唐勇，郑孟林，等，2018. 玛湖凹陷源上砾岩大油区形成分布与勘探实践 [J]. 新疆石油地质，39（1）：1-8.

支东明，唐勇，郑孟林，等，2019. 准噶尔盆地玛湖凹陷风城组页岩油藏地质特征与成藏控制因素 [J]. 中国石油勘探，24（5）：615-623.

钟大康，朱筱敏，王红军，2008. 中国深层优质碎屑岩储层特征与形成机理分析 [J]. 中国科学（D辑：地球科学），56（S1）：11-18.

杨海军，韩剑发，等，2009. 中国海相油气田勘探实例之十二：塔里木盆地轮南奥陶系油气田的勘探与发现 [J]. 海相油气地质，14（4）：67-77.

周中毅，范善发，潘长春，等，1997. 盆地深部形成油气藏的有利因素 [J]. 勘探家，2（1）：7-11.

朱红涛，李敏，刘强虎，等，2010. 陆内克拉通盆地层序地层构型及其控制因素 [J]. 地球科学（中国地质大学学报），6（6）：1035-1040.

朱红涛，杨香华，周心怀，等，2013. 基于地震资料的陆相湖盆物源通道特征分析：以渤中凹陷西斜坡东营组为例 [J]. 地球科学（中国地质大学学报），9（1）：121-129.

朱黎鹂，童敏，阮宝涛，等，2010. 长岭1号气田火山岩气藏产能控制因素研究 [J]. 天然气地球科学，21（3）：375-379.

朱筱敏，邓秀芹，刘自亮，等，2013. 大型坳陷湖盆浅水辫状河三角洲沉积特征及模式：以鄂尔多斯盆地陇东地区延长组为例 [J]. 地学前缘，20（2）：19-28.

朱筱敏，刘媛，方庆，等，2012. 大型坳陷湖盆浅水三角洲形成条件和沉积模式：以松辽盆地三肇凹陷扶余油层为例 [J]. 地学前缘，19（1）：89-99.

朱筱敏，潘荣，赵东娜，等，2013. 湖盆浅水三角洲形成发育与实例分析 [J]. 中国石油大学学报（自然科学版），37（5）：7-14.

朱筱敏，王英国，钟大康，等，2007. 济阳坳陷古近系储层孔隙类型与次生孔隙成因 [J]. 地质学报，86（2）：197-204.

卓勤功，赵孟军，李勇，等，2014. 库车前陆盆地古近系岩盐对烃源岩生气高峰期的迟缓作用及其意义 [J]. 天然气地球科学，25（12）：1903-1912.

邹才能，陶士振，侯连华，等，2013. 非常规油气地质（第2版）[M]. 北京：地质出版社.

邹才能，陶士振，薛叔浩，2005. "相控论" 的内涵及其勘探意义 [J]. 石油勘探与开发，32（6）：7-12.

邹才能，陶士振，袁选俊，等，2009. "连续型" 油气藏及其在全球的重要性：成藏、分布与评价 [J]. 石油勘探与开发，36（6）：669-681.

邹才能，赵文智，张兴阳，等，2008. 大型敞流坳陷湖盆浅水三角洲与湖盆中心砂体的形成与分布 [J]. 地质学报，82（6）：813-825.

邹志文，郭华军，牛志杰，等，2021. 河控型扇三角洲沉积特征及控制因素：以准噶尔盆地玛湖凹陷上乌尔禾组为例 [J]. 古地理学报，23（4）：756-770.

Allen P A, 2005. Striking a chord[J]. Nature, 434（7036）：961-961.

Allen P A, 2008. From landscapes into geological history[J]. Nature, 451（7176）：274-276.

Amorosi A, Maselli V, Trincardi F, 2016. Onshore to offshore anatomy of a late Quaternary source-to-sink system（Po Plain-Adriatic Sea, Italy）[J]. Earth-Science Reviews, 51（153）：212-237.

Appert O, 1998. Production of reservoir fluids in frontier conditions[J]. Revue de L' Institut Francais du Petrole, 53（3）：249-252.

Barker C, Takach N E, 1992. Prediction of natural gas composition in ultradeep sandstone reservoirs[J]. AAPG Bulletin, 76（12）：1859-1873.

Barton C C, La Pointe P R, 1995. Fractals in petroleum geology and earth processes[M]. New York：Plenum Press, 23-89.

Baskin D K, 1997. Atomic H/C ratio of kerogen as an estimate of thermal maturity and organic matter conversion[J]. AAPG bulletin, 81（9）：1437-1450.

Bestland E A, 1991. A Miocene Gilbert-type fan-delta from a volcanically influenced lacustrine basin, Rusinga Island, Lake Victoria, Kenya[J]. Journal of the Geological Society, 148（6）：1067-1078.

Bloch S, Lander R H, Bonnell L, 2002. Anomalously high porosity and permeability in deeply buried sandstone reservoirs：Origin and predictability[J]. AAPG bulletin, 86（2）：301-328.

Bonda R E, Koel M, 1998. Application of supercritical fluid extraction to organic geochemical studies of oil shales[J]. Fuel, 77（3）：211-213.

Brain D Ricketts, Carola Evenchick, 2007. Evidence of different contractional styles along foredeep margins provided by Gilbert deltas：examples from Bowser Basin, British Columbia, Canada[J]. Bulletin of Canadian Petroleum Geology, 55（4）：243-261.

Cabello P, Falivene O, López-Blanco, et al., 2011. Modelling facies belt distribution in fan deltas coupling sequence stratigraphy and geostatistics：The Eocene Sant Llorenç del Munt example（Ebro foreland basin, NE Spain）[J]. Marine and Petroleum Geology, 27（1）：254-272.

Cabello P, Falivene O, López-Blanco M, et al., 2011. An outcrop-based comparison of facies modelling strategies in fan-delta reservoir analogues from the Eocene Sant Llorenç del Munt fan-delta（NE Spain）[J]. Petroleum Geoscience, 17（1）：65-90.

Cao J, Lei D W, Li Y W, et al., 2015. Ancient high-quality alkaline lacustrine source rocks discovered in the Lower Permian Fengcheng Formation, Junggar Basin[J]. Acta Pet. Sin, 36（7）：781-790.

Catherine A R, 1994. Deepening-upward sequences in oligocene and lower western Santa Ynez Mountains, California[J]. Journal of Sedimentary Research, 64（3）：380-391.

Chen G H, Lu S F, Li J B, et al., 2015. The oil-bearing pore size distribution of Lacustrine Shale from E2 S42 Sub-Member in Damintun Sag, Liaohe Depression, Bohai Bay Basin, China[J]. Acta Geologica Sinica, 89（Z1）：8-10.

Cilblert G K, 1885. The topographic features of lake shores[J]. United States Geological Survey Annual Report, 7（1）：104-108.

Colella A, 1988. Pliocene Holocene fan deltas and braid deltas in the Crati basin, southern Italy：a consequence of varying tectonic conditions[M]. London：Blackie and Son, 50-74.

Demaison G, 1984. The generative basin concept. Petroleumgeochemistry and basin evolution[J]. AAPG Memoir（35）：1-14.

Doan T V L, Bostrom N W, Burnham A K, et al., 2013. Green Rivr oil shale pyrolysis：semi-open conditions[J]. Energy & Fuels, 27（11）：6447-6459.

Domine F, 1991. High pressure pyrolysis of n-hexane, 2, 4-dimethylpentane and 1-phenylbutane：Is pressure an important geochemical parameter[J]. Org Geochem, 17（5）：619-634.

Domine F, Enguehard F, 1992. Kinetics of hexane pyrolysis at very high pressure：Application to geochemical modeling[J]. Org Gechem, 18（1）：41-49.

Dou Q, Sun Y, Sullivan C, et al., 2011. Paleokarst system development in the San Andres Formation, Permian Basin, revealed by seismic characterization[J]. Journal of Applied Geophysics, 75（2）：379-389.

Dow W G, 1974. Application of oil-correlation and source-rock data to exploration in Williston Basin[J]. AAPG Bulletin, 58（7）：1253-1262.

Druckman Y, Moore Jr C H, 1985. Late subsurface porosity in a Jurassic grainstone reservoir, Smackover Formation, Mt. Vernon field, southern Arkansas. Carbonate petroleum reservoir[J]. New York：Springer-Verlag, 371-383.

Dunne L A, Hempton M R, 1984. Deltaic sedimentation in the Lake Hazar pull-apart basin, south-eastern Turkey[J]. Sedimentology, 31（3）: 401-412.

Dutton S P, Loucks R G, 2010. Diagenetic controls on evolution of porosity and permeability in Lower Tertiary Wilcox sand-stones from shallow to ultradeep（200-6700m）burial, Gulf of Mexico Basin, U.S.A[J]. Marine and Petroleum Geology, 27（1）: 69-81.

Ehrenberg S N, Nadeau P H, 2005. Sandstone vs. carbonate petroleum reservoirs: A global perspective on porosity-depth and porosity-permeability relationships[J]. AAPG bulletin, 89（4）: 435-445.

Ehrenberg S N, Walderhaug O, Bjørlykke K, 2012. Carbonate porosity creation by mesogenetic dissolution: Reality or illusion[J]. AAPG bulletin, 96（2）: 217-233.

Elliott T, Reading H G, 1986. Sedimentary environments and facies. Siliciclastic shorelines[J]. Blackwell: Oxford, 155-188.

Erdmann M, Horsfield B, 2006. Enhanced late gas generation potential of petroleum source rocks via recombination reactions: Evidence from the Norwegian North Sea[J]. Geochimica et Cosmochimica Acta, 70（15）: 3943-3956.

Fawad M, Mondol N H, Jahren J, et al., 2010. Microfabric and rock properties of experimentally compressed silt-clay mixtures. Marine and Petroleum[J]. Geology, 27（8）: 1698-1712.

Fisk H N, Kolb C R, McFarlan E, et al., 1954. Sedimentary framework of the modern Mississippi delta（Louisiana）[J]. Journal of Sedimentary Research, 24（2）: 76-99.

Gale J F W, Laubach S E, Olson J E, et al., 2014. Natural fractures in shale: A review and new observations[J]. AAPG Bulletin, 98（11）: 2165-2216.

Galloway W E, 1976. Sediments and stratigraphic framework of the Copper River fan delta, Alaska[J]. Journal of Sedimentary Research, 46（3）: 726-737.

Gautier D L, Mast R F, 1995. US geological survey methodology for the 1995 national assessment[J]. AAPG Bulletin, 78（1）: 1-10.

Girard J P, Munz I A, Johansen H, et al., 2002. Diagenesis of the Hild Brent sandstones, northern North Sea: isotopic evidence for the prevailing influence of deep basinal water[J]. Journal of Sedimentary Research, 72（6）: 746-759.

Glasmann J R, 1992. The fate of feldspar in Brent Group reservoirs, North Sea: a regional synthesis of diagenesis in shallow, intermediate, and deep burial environments[J]. Geological Society, London, Special Publications, 61（1）: 329-350.

Gloppen T G, Steel R, 1983. The Deposits, Internal Structure and Geometry in Six Alluvial Fan-Fan Delta Bodies （Devonian, Norway）—A Study in the Significance of Bedding Sequence in Conglomerates: REPLY[J]. Journal of Sedimentary Research, 53（1）: 325-329.

Helgeson H C, Knox A M, Owens C E, et al., 1993. Petroleum, oil field waters, and authigenic mineral assemblages Are they in metastable equilibrium in hydrocarbon reservoirs[J]. Geochimica et Cosmochimica Acta, 57（14）: 3295-3339.

Hill R J, Tang Y C, Kaplan I R, et al., 1996. The influence of pressure on the thermal cracking of oil[J]. Energ Fuel, 10（4）: 873-882.

Horton B K, Schmitt J G, 1996. Sedimentology of a lacustrine fan-delta system, Miocene Horse Camp Formation, Nevada, USA[J]. Sedimentology, 43（1）: 133-155.

Hoy R G, Ridgway K D, 2003. Sedimentology and sequence stratigraphy of fan-delta and river-delta deposystems, Pennsylvanian Minturn Formation, Colorado[J]. AAPG bulletin, 87（7）: 1169-1191.

Huang W L, 1996. A new pyrolysis technique using a diamond anvil cell: in situ visualization of kerogen transformation[J]. Organic geochemistry, 24（1）: 95-107.

Hunt J M, 1975. Is there a geochemical depth limit for hydrocarbons[J]. Petroleum Engineer, 47（3）: 112-124.

Ingram G M, Urai J L, 1999.Top-seal leakage through faults and fractures: The role of mudrock properties[J]. Geological Society, London, Special Publications, 158（1）: 25-135.

Ingram G M, Urai J L, Naylor M A, 1997. Sealing processes and top seal assessment[J]. Norwegian Petroleum Society Special Publications, 7（7）: 165-174.

Jackson K J, Burham A K, Braun R L, et al., 1995. Temperature and pressure dependence of N-hexadecane cracking[J]. Org Geochem, 23（10）: 941-953.

Jia Chengzao, 2000. Breakthrough and significance of unconventional oil and gas to classical petroleum geology theory[J]. Petroleum Exploration and Development, 44（1）: 1-10.

Jin Z J, Zhu D Y, Hu W X, et al., 2006. Geological and geochemical signatures of hydrothermal activity and their influence on carbonate reservoir beds in the Tarim Basin[J]. Acta Geol Sin, 80（2）: 245-253.

Keller M, Lehnert O, 2010. Ordovician paleokarst and quartz sand: Evidence of volcanically triggered extreme climates[J]. Palaeogeography, Palaeoclimatology, Palaeoecology, 296（3-4）: 297-309.

Kerans C, 1988. Karst-controlled reservoir heterogeneity in Ellenburger Group carbonates of west Texas[J]. AAPG bulletin, 72（10）: 1160-1183.

Kristian Soegaard, 1990. Fan-delta and braid-delta systems in Pennsylvanian Sandia Formation, Taos Trough, northern New Mexico: Depositional and tectonic implications[J]. Geological Society of America Bulletion, 102（10）: 1325-1343.

Larsena B, Gudmundsson A, 2010. Linking of fractures in layered rocks: implications for permeability[J]. Tectonophysics, 492（14）: 108-120.

Larter S, Mills N, 1991. Phase-controlled molecular fractionations in migrating petroleum charges[J]. Geological Society, London, Special Publications, 59（1）: 137-147.

Law B E, Curtis J B, 2002. Introduction to unconventional petroleum systems[J]. AAPG Bulletin, 86（11）: 1851-1852.

Lemons D R, Chan M A, 1999. Facies architecture and sequence stratigraphy of fine-grained lacustrine deltas along the eastern margin of late Pleistocene Lake Bonneville, northern Utah and southern Idaho[J]. AAPG bulletin, 83（4）: 635-665.

Levorsen A I, Berry F A, 1967. Geology of petroleum[M]. San Francisco: W H Freeman and company.

Lewan M D, 1997. Experiments on the role of water in petroleum formation[J]. Geochimica et Cosmochimica Acta, 61（17）: 3691-3723.

Lin C, Liu J, Eriksson K, et al., 2014. Late Ordovician, deep-water gravity-flow deposits, palaeogeography and tectonic setting, Tarim Basin, Northwest China[J]. Basin Research, 26（2）: 297-319.

Magoon L B, 1988. The petroleum system of the United States[J]. U. S. Geological Survey Bulletin（1870）: 68.

Mango F D, 2001. Methane concentrations in natural gas: the genetic implications[J]. Organic Geochemistry, 32（10）: 1283-1287.

Mango F D, Hightower J, 1997. The catalytic decomposition of petroleum into natural gas[J]. Geochimica et Cosmochimica Acta, 61（24）: 5347-5350.

Marcussen Ø, Maast T E, Mondol N H, et al., 2010. Changes in physical properties of a reservoir sandstone as a function of burial depth-The Etive Formation, northern North Sea[J]. Marine and Petroleum Geology, 27（8）: 1725-1735.

McConnico T S, Kari N B, 2007. Gravelly Gilbert-type fan delta on the Conway Coast, New Zealand: foreset depositional processes and clast imbrication[J]. Sedimentary Geology, 198 (3-4): 147-166.

Mckirdy D M, Chivas A R, 1992. Nonbiodegraded aromatic condensate associated with volcanic supercritical carbon dioxide, Otway Basin: implications for primary migration from terrestrial organic matter[J]. Organic Geochemistry, 18 (5): 611-627.

McPherson J G, Shanmugam G, Moiola R J, 1987. Fan-deltas and braid deltas: varieties of coarse-grained deltas[J]. Geological Society of America Bulletin, 99 (3): 331-340.

Meng Y, Liang H, Meng F, et al., 2010. Distribution and genesis of the anomalously high porosity zones in the middle-shallow horizons of the northern Songliao Basin[J]. Petroleum Science, 7 (7): 302-310.

Olariu C, Bhattacharya J P, 2006. Terminal distributary channels and delta front architecture of river-dominated delta systems[J]. Journal of sedimentary research, 76 (2): 212-233.

Orton G J, 1988. A spectrum of Middle Ordovician fan deltas and braid plain deltas, North Wales: a consequence of varying flucial clastic input[J]. London: Blackie and Son, 23-49.

Pan C H, 1941. Non-marine origin of petroleum in north Shensi, and the Cretaceous of Szechuan, China[J]. AAPG Bulletin, 25 (11): 2058-2068.

Pang X Q, Jia C Z, Wang W Y, 2015. Petroleum geology features and research developments of hydrocarbon accumulation in deep petroliferous basins[J]. Petroleum Science, 12 (12): 1-53.

Perrodon. A, 1980. Western European Oilfields: An Outline[J]. Episodes, 3 (3): 37-38.

Plint A G, 2000. Sequence stratigraphy and paleogeography of a Cenomanian deltaic complex: the Dunvegan and lower Kaskapau formations in subsurface and outcrop, Alberta and British Columbia, Canada[J]. Bulletin of Canadian Petroleum Geology, 48 (1): 43-79.

Postma G, 1990. An analysis of the variation in delta architecture[J]. Terra Nova, 2 (2): 124-130.

Price L C, 1993. Thermal stability of hydrocarbon in nature: Limits, evidence, characteristics, and possible controls[J]. Geochem Acta, 57 (14): 3261-3280.

Price L C, 1994. Metamorphic free-for-all[J]. Nature, 370 (2): 253-254.

Richard G H, 2003. Sedimentology and sequence stratigraphy of fan-delta and river-delta deposystems, Pennsylvanian Minturn Formation, Colorado[J]. AAPG Bulletin, 87 (7): 1169-1191.

Roehler H W, 2001. Introduction to greater Green River basin geology, physiography, and history of investigations[J]. Bulletin of Experimental Biology & Medicine, 131 (4): 305-308.

Rouchet J D, 1981. Stress fields, a key to oil migration[J]. AAPG bulletin, 65 (1): 74-85.

Schimmelmann A, Boudou J P, Lewan M D, et al., 2001. Experimental controls on D/H and $^{13}C/^{12}C$ ratios of kerogen, bitumen and oil during hydrous pyrolysis[J]. Organic Geochemistry, 32 (8): 1009-1018.

Schimmelmann A, Lewan M D, Wintsch R P, 1999. D/H isotope ratios of kerogen, bitumen, oil, and water in hydrous pyrolysis of source rocks containing kerogen types I, II, IIS, and III[J]. Geochimica et Cosmochimica Acta, 63 (22): 3751-3766.

Schmidt V, McDonald D A, 1979. The role of secondary porosity in the course of sandstone diagenesis. Scholle P A, Schluger P R. Aspects of Diagenesis[J]. Tulsa: SEPM Special Publication, 26 (3): 175-207.

Schmoker J W, 1995. National assessment report of USA oil and gas resources[M]. Reston: USGS.

Seewald J S, 1994. Evidence for metastable equilibrium between hydrocarbons under hydrothermal conditions[J]. Nature, 370 (6487): 285-287.

Seewald J S, 2003. Organic-inorganic interaction in petroleum-producing sedimentary basins[J]. Nature, 426 (6964): 327-333.

Sneh A, 1979. Late Pleistocene fan-deltas along the Dead Sea rift[J]. Journal of Sedimentary Research, 49 (2):

541-551.

Sohn Y K, 2000. Coarse-grained debris-flow deposits in the Miocene fan deltas, SE Korea: a scaling analysis[J]. Sedimentary Geology, 130 (1-2): 45-64.

Sømme T O, Helland-Hansen W, Martinsen O J, et al., 2009. Relationships between morphological and sedimentological parameters in source-to-sink systems: A basis for predicting semi-quantitative characteristics in subsurface systems[J]. Basin Research, 21 (4): 361-387.

Sømme T O, Jackson C A, Vaksdal M, 2013. Source-to-sink analysis of ancient sedimentary systems using a subsurface case study from the Møre-Trøndelag area of southern Norway: Part 1–Depositional setting and fan evolution[J]. Basin Research, 25 (5): 489-511.

South D L, Talbot M R, 2000. The sequence stratigraphic framework of carbonate diagenesis within transgressive fan-delta deposits: Sant Llorenc Ë del Munt fan-delta complex, SE Ebro Basin, NE Spain[J]. Sedimentary Geology, 138 (1-4): 179-198.

Southgate P N, Lambert I B, Donnelly T H, et al., 1989. Depositional environments and diagenesis in Lake Parakeelya: a Cambrian alkaline playa from the Officer Basin, South Australia[J]. Sedimentology, 36 (6): 1091-1112.

Surdam R C, Boese S W, Crossey L J, 1982. Role of organic and inorganic reactions in development of secondary porosity in sandstones: abstract[J]. AAPG Bull, 66 (66): 635.

Surdam R C, Crossey L J, Hagen E S, et al., 1989. Organic-inorganic interactions and sandstone diagenesis[J]. Aapg Bulletin, 73 (1): 1-23.

Tanaka J, Maejima W, 1995. Fan-delta sedimentation on the basin margin slope of the Cretaceous, strike-slip Izumi Basin, southwestern Japan[J]. Sedimentary Geology, 98 (1-4): 205-213.

Taylor T R, Giles M R, Hathon L A, et al., 2010. Sandstone diagenesis and reservoir quality prediction: Models, myths, and reality[J]. AAPG bulletin, 94 (8): 1093-1132.

Tissot B P, du Petrole E N S, Welte D H, 1978. Petroleum formation and occurrence. A new approach to oil and gas exploration[J]. New York: Springer-Verlag, 185-188.

Tony J T, 2000. Reservoir characterizatio, paleoenvironment, and paleogeomorphology of the Mississippian Redwall limestone paleokarst, Hualapai Indian Reservation, Grand Canyon area, Arizona[J]. AAPG Bulletin, 84 (11): 1875.

Toru T, Fujio M, 2003. Shallow-marine fan delta slope deposits with large-scale cross-stratification: the Plio-Pleistocene Zaimokuzawa formation in the Ishikari Hills, northern Japan[J]. Sedimentary Geology, 158 (3-4): 195-207.

Ulmishek G F, 1986. Stratigraphic Aspects of Petroleum Resource Assessment[J]. AAPG Studies in Geology, 21 (3): 59-68.

Wescott W A, Ethrideg F G, 1982. Bathymetry and sediment dispersal dynamics along the Yallahs fan-delta front, Jatnaica[J]. Marine Geology, 46 (3-4): 245-260.

Wescott W A, Ethridge F G, 1980. Fan-delta sedimentology and tectonic setting—Yallahs fan delta, Southeast Jamaica[J]. AAPG Bulletin, 64 (3): 374-399.

White. D. A, 1980. Assessing oil and gas plays in facies-cycle wedges[J]. AAPG Bulletin, 64 (8): 1158-1178.

White. D. A, 1988. Oil and gas play maps in exploration and assessment[J]. AAPG Bulletin, 72 (8): 944-949.

Wilkinson M, Darby D, Haszeldine R S, et al., 1997. Secondary porosity generation during deep burial associated with overpressure leak-off: Fulmar Formation, United Kingdom Central Graben[J]. AAPG bulletin, 81 (5): 803-813.

Wood L J, 2000. Chronostratigraphy and tectonostratigraphy of the Columbus basin, eastern offshore Trinidad[J]. AAPG Bulletin, 84（12）: 1905-1928.

Xiao Q, He S, Yang Z, et al., 2010. Petroleum secondary migration and accumulation in the central Junggar Basin, northwest China: Insights from basin modeling[J]. AAPG Bulletin, 94（7）: 937-955.

Young K, Sohn, 2000. Depositional processes of submarine debris flows in the miocene fan deltas, Plhang Basin, SE Korea, with specia reference to flow transformation[J]. Journal of sedimentary research, 70（3）: 491-503.